碳达峰 碳中和知识手册

谢剑锋 等◎编著

经济日报出版社

图书在版编目（CIP）数据

碳达峰碳中和知识手册 / 谢剑锋等编著 . -- 北京 :
经济日报出版社 , 2022.8
ISBN 978-7-5196-1158-3

Ⅰ . ①碳… Ⅱ . ①谢… Ⅲ . ①二氧化碳－减量－排气
－问题解答 Ⅳ . ① X511-44

中国版本图书馆 CIP 数据核字 (2022) 第 142047 号

碳达峰碳中和知识手册

作　　者	谢剑锋 等
责任编辑	陈礼滟
责任校对	李晟北
出版发行	经济日报出版社
地　　址	北京市西城区白纸坊东街 2 号 A 座综合楼 710 室（邮政编码：100054）
电　　话	010-63567684 （总编室）
	010-63584556 （财经编辑部）
	010-63567687（企业与企业家史编辑部）
	010-63567683（经济与管理学术编辑部）
	010-63538621 63567692（发行部）
网　　址	www.edpbook.com.cn
E - mail	edpbook@126.com
经　　销	全国新华书店
印　　刷	中国电影出版社印刷厂
开　　本	710 毫米 ×1000 毫米 1/16
印　　张	22.25
字　　数	292 千字
版　　次	2022 年 8 月第 1 版
印　　次	2022 年 8 月第 1 次印刷
印　　数	5800 册
书　　号	ISBN 978-7-5196-1158-3
定　　价	69.00 元

题记

INSCRIPTION

推进碳达峰、碳中和是党中央经过深思熟虑作出的重大战略决策，是我们对国际社会的庄严承诺，也是推动高质量发展的内在要求。实现碳达峰碳中和目标要坚定不移，但不可能毕其功于一役，要坚持稳中求进，逐步实现。要坚持全国统筹、节约优先、双轮驱动、内外畅通、防范风险的原则。立足以煤为主的基本国情，狠抓绿色低碳技术攻关，完善能耗“双控”制度，统筹做好“双控”“双碳”工作，加快建设能源强国。

——摘自习近平

《正确认识和把握我国发展重大理论和实践问题》

（《求是》杂志2022年第10期）

本书编写委员会

主　编：谢剑锋

副主编：韩永辉　刘力敏　刘家豪　吴伟鹏　柴彦霄

编　委：王锦慧　张岱平　郝广民　王　辉　孙玉娟

王晓伟　张同刚　于开宁　靳睿杰　封　哲

高　鹏　马会梅　王晓楠　谢振辉　赵　凡

董　丽　刘　宁　谢　涛　田建立　路瑞娟

刘智慧　谢丽霞　卢昶雨　李红涛　高　凤

王珍珍　李　霞　冯浩森　王晓昆　张雅倩

序
PREFACE

树立生态文明理念　推动绿色低碳发展

今年是《联合国气候变化框架公约》（简称《公约》）达成30周年。三十年来，国际社会携手应对气候变化经历了艰难非凡的历程，从1992年5月《公约》正式通过，到《京都议定书》《巴黎协定》等一系列文件的签署和落实，联合国共召开了26次缔约方大会，期间也包括无数次的多边或双边磋商，并取得了令人瞩目的成就。特别是《巴黎协定》明确了2020年后全球气候治理的制度安排，使积极应对气候变化成为人类共识，绿色低碳转型成为全球行动。

2020年9月22日，习近平主席在第七十五届联合国大会一般性辩论上宣布，中国将提高国家自主贡献力度，采取更有力的政策和举措，二氧化碳排放力争于2030年前达到峰值，努力争取2060年前实现碳中和。碳达峰、碳中和目标是以习近平同志为核心的党中央经过深思熟虑作出的重大决策，是贯彻创新、协调、绿色、开放、共享五大发展理念、实现“两个百年”奋斗目标，推动经济社会高质量发展的内在要求，也是积极参与全球治理、构建人类命运共同体的责任担当，对中华民族的永续发展具有重大历史意义。

气候变暖是全人类面临的共同挑战，没有一个国家能够独善其身。2021年联合国政府间气候变化专门委员会发布的第六次评估报告显示，人类活动造成的温室气体排放致使全球气候正以前所未有的速度变暖，气候变化正在给自然界造成严峻而广泛的危害，甚至是不可逆转的损害，影响了全球数十亿人的生产生活。联合国格拉斯哥气候大会一致认为：全球气候变化已经不是未来的挑战，而是现实的危机。应对气候变化的关键是减少二氧化碳等温室气体的排放。我国作为最大的发展中国家、世界第二大经济体和碳排放大国，亟待化挑战和压力为推动低碳转型与能源革命的机遇和动力，按照党中央、国务院的决策部署，贯彻落实发展新理念，主动引领经济新常态，为人民创造良好生产生活环境，为全球生态安全作出新贡献。

2021年，中共中央、国务院先后印发《关于完整准确全面贯彻新发展理念做好碳达峰碳中和工作的意见》和《2030年前碳达峰行动方案》，提出重点实施“碳达峰十大行动”，推进经济社会发展全面绿色转型。这种转型不是就气候谈气候，就环境论环境，而是要把气候变化、保护环境和经济社会发展联系起来。要坚持全国统筹、节约优先、双轮驱动、内外畅通、防范风险的原则，走出一条技术创新、制度创新的道路。

在各国应对气候变化、实现绿色复苏的背景下，世界将迎来一场绿色低碳技术革命和产业变革，并蕴藏着很大的投资和市场机遇。为此，要加强生态文明的宣传教育，加快普及碳达峰、碳中和科学知识，增强全民节约意识、环保意识、生态意识，倡导简约适度、绿色低碳、文明健康的生活方式，引导企业主动适应绿色低碳发展新要求，推进节能降碳协同增效，把绿色理念转化为全体人民的自觉行动。要强化领导干部培训，将学习贯彻习近平生态文明思想作为干部教育培训的重要内容，把碳达峰、碳中和相关内容列入培训计划，深化各级领导干部对碳达峰、碳中和工作重要性、紧迫性、科学性、系统性的认识。

《碳达峰碳中和知识手册》是谢剑锋研究员及其专家团队在碳减排研究领域的又一项重要成果。该手册在对全球气候治理的发展历程、研究成果、国内外管理经验进行系统总结和分析的基础上，以宣传科普的视角，精心筛选编撰了300多个问题，涉及了绿色低碳发展的主要行业和管理部门，涵盖了碳达峰、碳中和工作应知应会的方方面面。我们有理由期待这本书的出版发行能够为各级干部，特别是从事绿色低碳发展相关工作的机关干部掌握碳减排的基本概念、基本理论提供帮助，切实提升专业素养和业务能力，增强推动绿色低碳发展的本领。

解振华

2022年6月

解振华，1949年11月生于天津，曾任国家环境保护总局局长、党组书记，国家发展和改革委员会副主任，全国政协人口资源环境委员会副主任，中国气候变化事务特别代表，生态环境部气候变化事务顾问等职。主持中国加入《巴黎协定》等谈判，曾荣获联合国环境保护最高奖“联合国环境署笹川环境奖”、全球环境基金“全球环境领导奖”、世界银行“绿色环境特别奖”及节能联盟“节能增效突出贡献奖”等。解振华长期领导气候变化领域工作，现担任中国气候变化事务特使。

前言
FOREWORD

《碳达峰碳中和知识手册》是我们研究团队在碳减排研究工作中的又一个成果，也是《碳减排基础及实务应用》的姊妹篇和精编拓展本。今年5月，《碳减排基础及实务应用》正式出版发行以来，受到各级党政部门、社会团体、重点排放企业、咨询服务机构以及高校、科研院所的一致认可和广泛欢迎。社会各界对碳达峰、碳中和工作的高度关注和对碳减排基础知识的热切期盼，使我们倍感振奋、深受鼓舞，也更加坚定了我们继续在应对气候变化领域深入研究的决心和信心。

在开展碳减排研究工作中，一些地方党政领导和工作人员提出了许多中肯的意见和建议。他们普遍反映，目前全社会关注碳达峰、碳中和的热情虽然很高，但很多人对应对气候变化科学知识的了解还十分有限，一些政府部门工作人员对碳达峰、碳中和的背景、意义缺乏全面准确的把握和理解，对相关制度安排以及时间表、路线图还没有一个完整清晰的概念，因而对于“双碳”工作究竟该从何着手、如何履职尽责等问题仍有诸多困惑，甚至对推动碳达峰、碳中和是否会影响经济社会发展也存在诸多疑虑。由此，我们更加深切地意识到，实现碳达峰、碳中和是一场广泛而深刻的经济社会变革，是一项兼具科学性、政策性、实践性、社会性和极具挑战性的系统工程。坚持不懈深入开展宣传教育培训，普及“双碳”基本知识是一项十分重要而紧迫的任务。

科学研究表明，气候变暖是全人类共同面临的现实危机，正在给地球和数十亿人的生产生活造成严峻而广泛的影响，甚至产生不可逆转的损害，在应对气候变化中没有一个国家能够独善其身，也没有一个人可以置身事外。碳达峰、碳中和目标是我国对国际社会的庄严承诺，也是推动高质量发展的内在要求。为加快推进经济社会绿色低碳转型，2021年中共中央、国务院先后印发《关于完整准确全面贯彻新发展理念做好碳达峰碳中和工作的意见》和《2030年前碳达峰行动方案》，做出了“碳达峰十大行动”等一系列重大决策部署。2022年5月，习近平总书记在《正确认识和把握我国发展重大理论和实践问题》一文中再次全面系统地阐述了碳达峰、碳中和的深刻内涵和重要意义，为我们完整理解新发展理念，正确处理生态环境保护与经济社会转型发展的关系，做好碳达峰、碳中和工作指明了方向。显而易见，在世界各国积极应对气候变化、实现绿色复苏的背景下，世界将迎来一场绿色低碳的技术革命和产业变革，其中蕴藏着广阔的市场空间和创新发展机遇。

为了尽可能全面系统地反映碳达峰、碳中和的知识体系，我们在编辑本书的过程中，先后收集整理了200多份文件、300多个标准规范指南、近200个CCER方法学，查阅了近千篇参考文献和科技词条，力求资料齐全、内容丰富；为努力诠释科普、实用、简明、通俗的编辑目标和理念，我们对文献资料进行反复研究分析，最终筛选出700多个知识要点，编写了315条问答题；为适应读者基于现实需要的认知逻辑和阅读习惯，我们没有拘泥于学科领域、知识体系的界限，而是按照背景篇、政策篇、管理篇、经济篇、技术篇的结构和叙述方式对全书内容进行了整合分类；此外，我们增加了附录章节，把政策法规、标准指南和国家温室气体自愿减排方法学等三大类文献资料收录其中，以便读者进一步查阅学习，弥补了《碳减排基础及实务应用》中未载入文件信息的遗憾和不足。

在本书的编写过程中，承蒙许多领导和专家学者的关心鼓励和悉心指导。尤其是作为中国环保事业的奠基者和主要领导者的曲格平先生和时任中国气候变化事务特使的解振华先生分别为我们的两本书题词作序，其垂爱勉励之情难以言表。此外，我们还以不同形式多次与省、市、县发改、环保、工信、农林、交通、建设等部门的同志进行交流，并邀请了省委党校、省社会主义学院的专家和媒体记者进行座谈，认真倾听收集社会各界的意见建议。这些来自各行各业特别是基层工作第一线的同志，为我们编写一本通俗易懂的知识读本提供了很好的帮助。在此，对各级领导、各位专家、各位朋友表示衷心感谢！

我们期待《碳达峰碳中和知识手册》在宣传普及碳减排基本知识方面能够发挥作用、做出贡献。谨以此书献给奋斗在为碳达峰、碳中和积极工作的同仁和关心生态环境保护事业的有识之士！

本书编写组

2022年7月

目 录

CONTENTS

第一篇 背景篇

第二篇　政策篇

管理篇

第四篇　经济篇

第五篇 技术篇

第一篇

背景篇

气候变化是全人类的共同挑战。2020年全球气温达到了近千年以来的最高值，比工业化前升高了约1.2℃，而大气中二氧化碳浓度也达到了300多万年以来的最高值。科学家预测，如果保持目前二氧化碳的排放水平，到21世纪末，地球的气温将上升3℃～5℃，将给地球和人类带来无法预知的灾难。应对气候变化的关键在于减少二氧化碳等温室气体的排放，尽快在全球实现“碳中和”。为此，全球近200个国家签署了《巴黎协定》，超过130个国家和地区制定了“碳中和”时间表。2020年9月，在第七十五届联合国大会上，习近平总书记向世界宣布，中国将提高国家自主贡献力度，采取更有力的政策和措施，力争2030年前实现碳达峰，努力争取2060年前实现碳中和。本篇共包括3章，分别介绍了碳达峰、碳中和的背景、目标和意义，气候变化相关知识以及全球应对气候变化国际合作的历程。

第一章

碳达峰、碳中和意义

1 什么是碳达峰？

碳达峰指特定区域（或组织）年二氧化碳排放在一段时间内达到峰值，之后在一定范围内波动，之后进入平稳下降阶段。碳达峰是二氧化碳排放量由增长转向下降的拐点。

碳达峰表面上是约束碳排放强度问题，而本质是能源转型和生态环境保护的问题。实现碳达峰意味着一个国家或地区的经济社会发展与二氧化碳排放实现“脱钩”，即经济增长不再以增加碳排放为代价。《巴黎协定》认为很多发展中国家仍处于经济发展和工业化的过程当中，碳排放还是会增加，经过一段时间达到峰值后将不再增加。

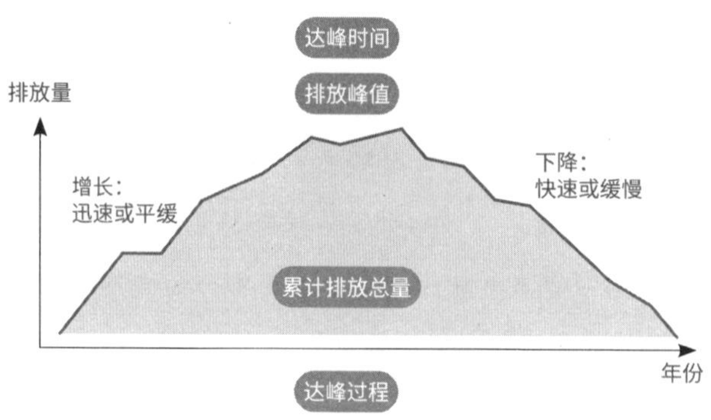

图 1–1　碳达峰示意图

2 什么是碳中和?

碳中和是指一个国家或地区通过产业结构调整和能源体系优化，调控二氧化碳排放总量，最终实现二氧化碳在人类社会与自然环境内的产消平衡。一般来说是通过坚持节能减排战略、发展绿色低碳经济、增强森林碳汇等途径将人类社会产生的二氧化碳全部抵消掉，从而构建一个“零碳”社会。

碳中和是碳达峰的最终目的，碳达峰是碳中和实现的前提。实现碳中和是一个循序渐进的过程，第一步是让碳排放总量不再增长，达到峰值，即碳达峰，第二步是在达峰后，碳排放总量逐步下降，在一定的经济发展水平下，使得排放量等于吸收量，实现“净零排放”，即碳中和。碳中和是为中国经济社会发展开创的一条兼具环境效益、经济效益和社会效益新的发展路径，是实现经济社会低碳转型和进步的里程碑。

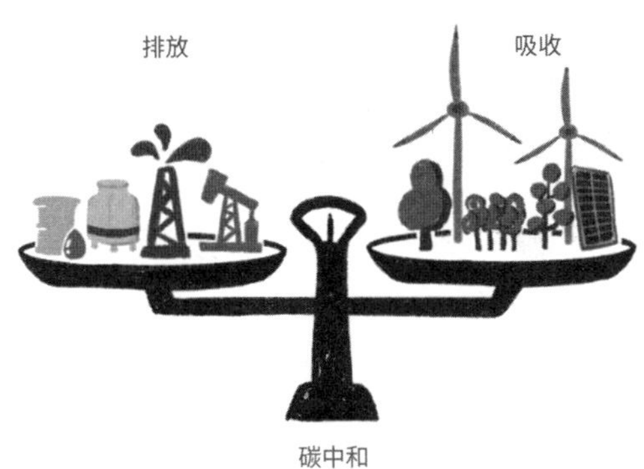

图 1–2　碳中和示意图

3 二氧化碳是大气污染物吗?

大气污染物是指由于人类活动或自然过程排入大气并对人体健康和环境产生危害的物质。如氮氧化物、硫氧化物以及飘尘、悬浮颗粒等，还包括甲醛、氡以及各种有机溶剂，其对人体或生态系统具有不良效应。

二氧化碳是一种碳氧化合物，化学式为CO_2，分子量为44.0095，常温常压下是一种无色无味或无色无嗅而略有酸味的气体，也是一种常见的温室气体，还是空气的组分之一（占大气总体积的0.03%~0.04%）。在物理性质方面，二氧化碳的沸点为-78.5℃，熔点为-56.6℃，密度比空气密度大（标准条件下），可溶于水；在化学性质方面，二氧化碳的化学性质不活泼，热稳定性很高（2000℃时仅有1.8%分解），不能燃烧，通常也不支持燃烧，属于酸性氧化物，具有酸性氧化物的通性，因与水反应生成的是碳酸，所以是碳酸的酸酐。

二氧化碳一般可由高温煅烧石灰石或由石灰石和稀盐酸反应制得，主要应用于冷藏易腐败的食品（固态）、作致冷剂（液态）、制造碳化软饮料（气态）和作均相反应的溶剂（超临界状态）等。关于其毒性，研究表明：低浓度的二氧化碳没有毒性，高浓度的二氧化碳则会使动物中毒。

目前，国内外尚未把二氧化碳定义为大气污染物，但属于温室气体范畴。国内相关污染物排放控制标准与环境空气质量控制标准中也没有涉及二氧化碳的排放限值或环境浓度限值。

4 为什么要控制二氧化碳排放？

自工业革命以来，大气中的温室气体含量不断增加，已引起全球气候变暖等一系列严重的问题，受到了全世界各国的关注。科学研究表明，减少二氧化碳等温室气体的产生速度和产生量可以有效减缓全球气温升高的趋势。

根据联合国政府间气候变化委员会（Intergovernmental Panel on Climate Change，IPCC）第四次评估报告，不同温室气体对地球温室效应增强的贡献度不同，其中二氧化碳贡献最大，是人类活动产生温室效应的主要气体。为便于比较，采用二氧化碳对气候的影响为基准，根据各种温室气体对气候变化的影响大小折算成当量的二氧化碳（即二氧化碳当量），作为度量温室效应增强程度的基本度量单位。我们常说的低碳、碳减排等术语中的碳，是二氧化碳的简称，实际上指的是包括二氧化碳在内的多种温室气体。

5　碳达峰、碳中和提出的背景是什么？

二氧化碳过度排放引发全球变暖，危及全人类生存，这是“双碳”目标提出的主要背景。工业革命以来，人类活动对自然界特别是气候方面的影响大幅增强。根据世界气象组织报告数据，目前全球平均气温较工业化前升高了1.1℃，上升速度是过去200年平均增速的7倍。研究表明，气温的升高显著缩短了农作物的生育期，降低了生长速度，气温每上升1℃，农作物的产量将降低10%。气温的普遍升高只是气候变化的一个方面，更严重的是由此产生的极端天气：热浪、洪水等“急性”自然灾害将日益频繁，干旱等“慢性”自然灾害也不断加剧；海洋水温上升加速水分蒸发，导致风速加大和风暴加重；冰川融化，海平面显著抬升，许多岛国和各国大片沿海地区面临被淹没的威胁，海平面上升也将从环境、物种入侵等方面影响海洋生态系统，引发沿海资源的损失并降低渔业和水产养殖业的生产率。如果不采取有效的措施进行控制，按照目前的升温速度，地球可能在2040年前后（可能范围2030—2050年）温升达1.5℃，这将给人类社会带来灾难性的后果。

在减缓气候变暖方面，科学家们普遍认为要控制排放到大气层中的二氧化碳以及其他温室气体。碳排放是全球性问题，减排需要全世界所有国家的共同合作。从19世纪90年代开始，已经有多轮全球气候变化的国际协调。2015年《巴黎协定》提出希望将全球气温升幅限制在工业化水平前的1.5℃～2℃，从而降低气候变化带来的风险和影响。为了实现这个目标，我们要控制向大气层中排放的碳。

由于二氧化碳等温室气体的排放对全球气候变化具有直接影响，控制温室气体的排放、推动经济社会发展全面绿色转型，逐步成为全球广泛共识。碳达峰、碳中和目标就是要在保持经济社会可持续发展的同时，推进能源转型、提高能源效率、优化产业结构，降低二氧化碳等温室气体的排放总量，以共同应对全球气候变化。在联合国的推动下，这一主张得到了全世界积极响应，130多个国家和地区先后提出了碳达峰、碳中和的时间表，做出了减少温室气体排放的承诺。

6 为什么要控制全球气温升高不超过2℃、1.5℃?

地表温度具有一定程度的调节能力，能够使温度保持相对恒定，从而稳定整体机能。在1850—1900年的50年间，地球的地表温度每年仅在±0.2℃的范围内波动，几乎保持恒定。资料显示，地球在白垩纪结束后曾出现过两个明显的暖期，温度分别上升了6℃~8℃和2℃。在第一次的温度大幅上涨之后，大量的海洋生物死亡和灭绝。这说明，物种生存对于温度的要求是存在临界值的。

2008年，欧盟气候变化专家小组发布的《2℃目标》评估报告认为，如果将全球平均升温幅度控制在2℃以内，人类社会还能够通过采取措施进行适应，基本能够承受气候变化所带来的经济、社会和环境损失；如果升高3℃或4℃，目前没有任何证据显示人类社会有能力适应。

但是一些气候脆弱的国家和小岛国认为2℃的目标不足以避免他们被上升的海平面淹没。经过多国协商努力，最终在2015年12月12日通过了《巴黎协定》，把主要目标“与工业化前水平相比将全球平均温度升幅控制在2℃以内并继续争取与工业化前水平相比把温度升幅限定在1.5℃以内”写进了协定。巴黎会议之后，IPCC对1.5℃的温升目标进行了研究评估，《全球升温1.5℃特别报告》主要回答了温升1.5℃的含义、预估气候变化及其潜在的影响和风险，并给出在可持续发展和努力消除贫困的前提下加强全球响应的建议。如果能将气温升高控制在1.5℃以内，会比升温2.0℃更好地避免一系列生态环境损害。

在自然状态下大气中CO_2浓度是保持基本稳定的，这种稳定状态下并不会引起全球温升。但是，由于工业化以来产生了人为碳排放，造成了目前全球相比工业化前超过1℃的温升。未来如果大气中温室气体浓度持续升高，全球气温也将继续升高。只有使人为碳排放达到净零状态，即碳中和，全球温升幅度才会稳定在一定水平上。

7　中国碳排放是什么状况？

据联合国环境规划署发布的数据，2019年中国温室气体排放量是102亿吨二氧化碳当量，但中国人均排放量在G20国家中位居第10位，是美国的一半，中国的历史排放量（1751—2017年）占全球的12.7%，也远低于欧盟的22%。2020年中国单位国内生产总值二氧化碳排放比2015年降低了18.7%，比2005年降低了48.4%，基本扭转了二氧化碳排放快速增长的局面。

从排放结构看，电力、热力等生产活动是第一大碳排放来源，排放占比超过一半，且有增加趋势；制造产业与建筑业是第二大排放来源，在2011年左右达到峰值30亿吨，之后占比逐渐降低；交通运输业是第三大排放来源，占比平缓提升。从1990年开始，随着我国经济快速增长，碳排放量迅速提升，到2018年电力、热力等行业碳排放量达到49.23亿吨；随着我国产业结构不断调整优化，第二产业比重逐渐下降，2018年制造产业与制造业碳排放量共26.7亿吨，占比约28%；随着对交通运输的需求不断增加，预计交通运输业的碳排放将会继续保持增长趋势，占比也将同样提升。2020年我国非化石能源占能源消费比重达15.9%，比2005年提升了8.5个百分点，对煤炭消费的依赖显著下降；光伏、风电等可再生能源装机容量均居世界首位，新能源汽车保有量占世界的一半。

8 中国碳达峰、碳中和的目标是什么？

在2020年第七十五届联合国大会上，中国宣布将提高国家自主贡献力度，采取更有力的政策和措施，力争2030年前实现碳达峰，努力争取2060年前实现碳中和。2020年12月，习近平总书记在气候雄心峰会上进一步提出了中国国家自主贡献新举措。2021年9月中共中央国务院出台《关于完整准确全面贯彻新发展理念做好碳达峰碳中和工作的意见》，2021年10月，国务院印发《2030年前碳达峰行动方案》，明确碳达峰、碳中和目标。具体如下：

（1）“十四五”期间，产业结构和能源结构调整优化取得明显进展，重点行业能源利用效率大幅提升，煤炭消费增长得到严格控制，新型电力系统加快构建，绿色低碳技术研发和推广应用取得新进展，绿色生产生活方式得到普遍推行，有利于绿色低碳循环发展的政策体系进一步完善。

到2025年，绿色低碳循环发展的经济体系初步形成，重点行业能源利用效率大幅提升。单位国内生产总值能耗比2020年下降13.5%；单位国内生产总值二氧化碳排放比2020年下降18%；非化石能源消费比重达到20%左右；森林覆盖率达到24.1%，森林蓄积量达到180亿立方米，为实现碳达峰、碳中和奠定坚实的基础。

（2）“十五五”期间，产业结构调整取得重大进展，清洁低碳安全高效的能源体系初步建立，重点领域低碳发展模式基本形成，重点耗能行业能源利用效率达到国际先进水平，非化石能源消费比重进一步提高，煤炭消费逐步减少，绿色低碳技术取得关键突破，绿色生活方式成为公众自觉选择，绿色低碳循环发展政策体系基本健全，顺利实现2030年前碳达峰目标。

到2030年，经济社会发展全面绿色转型取得显著成效，重点耗能行业能源利用效率达到国际先进水平。单位国内生产总值能耗大幅下降；单位国内生产总值二氧化碳排放比2005年下降65%以上；非化石能源消费比重达到25%左右，风电、太阳能发电总装机容量达到12亿千瓦以上；森林覆盖率达到25%左右，森林蓄积量达到190亿立方米，二氧化碳排放量达到峰值并实现稳中有降。

（3）到2060年，绿色低碳循环发展的经济体系和清洁低碳安全高效的能源体系全面建立，能源利用效率达到国际先进水平，非化石能源消费比重达到80%以上，碳中和目标顺利实现，生态文明建设取得丰硕成果，开创人与自然和谐共生新境界。

中国向世界宣布实现碳达峰、碳中和目标，一方面，体现了中国积极参与全球气候治理的决心；另一方面，双碳目标也符合我国可持续发展战略的内在需求，是提高经济发展的质量，把握产业升级的机会。双碳目标的实施，最终目的是营造更加绿色、健康的生存环境，满足广大民众日益增长的美好生活需要。

9　中国碳达峰、碳中和有何重要意义？

碳达峰、碳中和目标的提出是以习近平同志为核心的党中央统筹国内国际两个大局作出的重大战略决策，事关中华民族永续发展和构建人类命运共同体。在新发展阶段，做好碳达峰、碳中和工作，加快经济社会发展全面绿色转型，对我国实现高质量发展、全面建设社会主义现代化强国具有重大意义。

（1）做好碳达峰、碳中和工作是应对气候变化的必要手段。气候变化在全球范围内造成了规模空前的影响，极端天气为人类日常生产生活带来了诸多不便，如在一些地区导致粮食生产危机，洪灾、风灾风险不断加剧，生态平衡遭到破坏等。科学研究表明，推动气候变化的主要原因是二氧化碳的排放所导致的全球气候变暖。而碳达峰、碳中和正是减少二氧化碳排放的必由之路。

（2）做好碳达峰、碳中和工作是推动我国高质量发展的必然要求。我国经济社会发展取得了举世瞩目的伟大成就，人民群众的获得感、幸福感、安全感显著增强。与此同时，我国已进入高质量发展阶段，调结构转方式任务艰巨繁重，传统产业占比依然较高，战略性新兴产业、高技术产业尚未成为经济增长的主导力量，产业链供应链还处于向中高端迈进的重要关口。做好碳达峰、碳中和工作，加强我国绿色低碳科技创新，持续壮大绿色低碳产业，将加快形成绿色经济新动能和可持续增长极，显著提升经济社会发展质量效益，为我国全面建设社会主义现代化强国提供强大动力。

（3）做好碳达峰、碳中和工作是加强生态文明建设的战略举措。党的十八大以来，我国生态文明制度体系不断健全，生态环境质量不断提高，生态文明建设发生了历史性、转折性、全局性变化。但也要看到，我国生态文明建设仍然面临诸多矛盾和挑战，生态环境稳中向好的基础还不稳固。“十四五”时期，我国生态文明建设进入了以降碳为重点战略方向、推动减污降碳协同增效、促进经济社会发展全面绿色转型、实现生态环境质量改善由量变到质变的关键时期。做好碳达峰、碳中和工作，大力实施节能减排，全面推进清洁生产，加快发展循环经济，将加快形成绿色生产生活方式，不断促进生态文明建设取得新成就。

（4）做好碳达峰、碳中和工作是维护能源安全的重要保障。能源是经济社会发展不可缺少的资源。2020年，我国能源消费总量中非化石能源消费比重不足16%。随着工业化、新型城镇化进一步推进，能源消耗量还将刚性增长。目前我国不少领域能源利用效率与国际先进水平相比还存在较大差距，一些能源品类的外采率不断攀升，2020年石油、天然气外采比重分别达到73%和43%，能源安全保障面临较大压力。做好碳达峰、碳中和工作，坚持先立后破，以保障能源安全为前提构建现代能源体系，以绿色、可持续的方式满足经济社会发展所必需的能源需求，提高能源自给率，增强能源供应的稳定性、安全性、可持续性。

（5）做好碳达峰、碳中和工作是体现构建人类命运共同体的大国担当。中国积极参与全球气候治理，为《巴黎协定》的达成和生效实施发挥了重要作用，成为全球生态文明建设的重要参与者、贡献者、引领者。中国历来重信守诺，狠抓国内碳减排工作，2020年单位GDP碳排放比2005年累计下降48.4%，超额完成应对气候变化行动目标。中国作为世界上最大的发展中国家，提出力争2030年前实现碳达峰、努力争取2060年前实现碳中和的自主贡献目标，将完成碳排放强度全球最大降幅，用历史上最短的时间从碳排放峰值实现碳中和，体现了最大的雄心力度，需要付出艰苦卓绝的努力。中国实现碳达峰碳中和，必将为全球实现《巴黎协定》目标注入强大动力，为进一步构建人类命运共同体、共建清洁美丽世界作出巨大贡献。

10　全球碳排放是什么状况？

碳排放是关于温室气体排放的一个总称，分为自然界碳排放和人类活动碳排放。自然界的碳排放是地球上碳循环的一部分，是碳元素在生物圈、岩石圈、水圈及大气圈等中的循环交换过程。人类活动碳排放指人类在生产、生活活动中排放碳的过程，主要是由矿物能源燃烧后将碳元素释放出来产生的，碳排放累积打破了碳循环的平衡。人类生产活动过程中向外界排放CO_2等温室气体，主要包括矿物质开采、燃料燃烧、工业生产、农业生产、交通运输、日常生活等。评价碳排放量有六个基本要素：单位能源消费二氧化碳排放量（能源碳集约度）、单位GDP能源消费量（能源强度）、单位GDP二氧化碳排放量（碳强度）、人均GDP、人口的总量与结构、人均二氧化碳排放量。

20世纪70年代至今，全球碳排放与全球经济发展基本呈现出正相关关系，随着全球经济的发展，碳排放总量和人均排放量均有大幅增长，但增速近年来有所放缓。2021年全球碳排放量达到了历史最高值364亿吨，是1965年的3倍。从排放总量和增速来看，全球碳排放量与经济总量呈现同步上升趋势，原因是经济增长加大了对电力、石油、天然气等能源的需求，产生大量碳排放；而经济衰退时期，能源消费量下滑，碳排放量也同步下降，如2008年经济危机、2020年新冠肺炎疫情，都带来了阶段性的碳排放量下降。

从人均碳排放量来看，全球人均碳排放量和全球碳排放量基本呈现出相同的变化趋势，在波动中逐渐增长。2018年，全球人均碳排放量增长到了4.42吨/人，比1971年增长了20%。随着各国纷纷采取措施控制碳排放，碳排放增速开始放缓，直到2019年全球碳排放增长率已接近零。

从排放结构看，电力和热力生产活动是全球主要的碳排放来源，2018年全球碳排放量达到了139.8亿吨，占全球当年碳排放量的41.7%。交通运输产业是全球第二大碳排放来源，目前陆上交通、航空、航海对燃油的高需求也会带来大量的碳排放。此外，制造产业与建筑业是另一个主要的排放来源，钢铁冶炼、化工制造、采矿、建筑等行业对能源需求量大，生产过程中的原材料分解与转化也会带来碳排放。

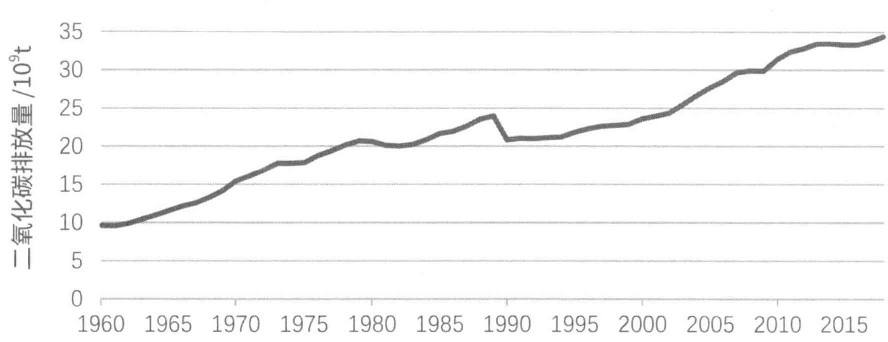

图 1-3　1960—2018 年全球二氧化碳排放量

注：数据来源于美国田纳西州橡树岭国家实验室环境科学部二氧化碳信息分析中心。

11 世界各国碳达峰、碳中和目标是什么？

面对碳排放快速增长带来的威胁，世界各国采取了立法、政策宣示等措施开展减排行动。目前已有超过130个国家和地区提出了“零碳”或“碳中和”的气候目标。截至2020年，全球已经有53个国家实现了碳达峰，见表（1-1），已有2个国家实现碳中和，见表（1-2）。

表 1-1　不同国家和地区碳达峰时间表

实现 / 预计碳达峰时间	国家名称
1990 年前	阿塞拜疆、白俄罗斯、保加利亚、克罗地亚、格鲁吉亚、捷克、爱沙尼亚、德国、匈牙利、哈萨克斯坦、拉脱维亚、摩尔多瓦、挪威、罗马尼亚、苏联加盟共和国、塞尔维亚、斯洛伐克、塔吉克斯坦、乌克兰
1990 年—2000 年	法国、立陶宛、卢森堡、黑山共和国、英国、波兰、瑞典、芬兰、比利时、丹麦、荷兰、哥斯达黎加、摩纳哥、瑞士

续表

实现 / 预计碳达峰时间	国家名称
2000 年—2010 年	爱尔兰、密克罗尼西亚、奥地利、巴西、葡萄牙、澳大利亚、加拿大、希腊、意大利、西班牙、美国、圣马力诺、塞浦路斯、冰岛、列支敦士登、斯洛文尼亚
2010 年—2020 年	日本、马耳他、新西兰、韩国
2030 年	中国、马绍尔群岛、墨西哥、新加坡

表 1–2　部分制定碳中和目标的国家和地区及其时间表

承诺类型	具体国家和地区（规划时间）
已实现	不丹，苏里南
已立法	瑞典（2045）、英国（2050）、法国（2050）、丹麦（2050）、新西兰（2050）、匈牙利（2050）
立法中	韩国（2050）、欧盟（2050）、西班牙（2050）、智利（2050）、斐济（2050）、加拿大（2050）
政策宣示	乌拉圭（2030）、芬兰（2035）、奥地利（2040）、冰岛（2040）、美国加州（2045）、德国（2050）、瑞士（（2050）、挪威（2050）、爱尔兰（2050）、葡萄牙（2050）、哥斯达黎加（2050）、马绍尔群岛（2050）、斯洛文尼亚（2050）、南非（2050）、日本（2050）、中国（2060）、新加坡（21 世纪下半叶尽早）、中国香港（2050）

气候变化

12 什么是气候和气候变化?

气候是指一个地区在一段较长时期里的平均气象状况及变化特征。与天气不同，它具有一定的稳定性。一个标准气候计算时间为30年。气候以冷、暖、干、湿这些特征来衡量，通常由某一时期的平均值和离差值表征。平均值的升降，表明气候平均状态的变化；离差值增大，表明气候状态不稳定性增加，气候异常越明显。

气候变化是指在全球范围内，气候平均状态统计学意义上的巨大改变或者持续较长一段时间（典型的为30年或更长）的气候变动。气候变化的原因可能是自然的内部进程，或是外部强迫，或者是人为地持续对大气组成成分和土地利用的改变。气候变化的重要表现是温度变化、降水量变化、日照时数变化、极端气候事件变化，其直接后果是全球气候变暖、酸雨、臭氧层破坏等。

13 气候类型有哪些?

通常，以气温、降水、自然植被等为指标，将全球气候类型主要划分为12种，分别为高山山地气候、温带大陆性气候、温带季风气候、寒带气候、温带海洋性气候、亚寒带针叶林气候、地中海气候、亚热带季风气候、热带季风气候、热带雨林气候、热带草原气候和热带沙漠气候。不同的气候特征是纬度位置（阳光直射与斜射）、大气环流、海陆位置（季风）、地形地势和洋流等因素综合影响的结果。

我国的气候类型分布主要是：西北地区大多为温带大陆性气候；青藏高原区是独特的高原气候；西部高山地区则表现出明显的垂直气候特征；东半部有大范围的季风气候，自南而北有热带季风气候、亚热带季风气候、温带季风气候。

我国是世界上气候类型最多的国家之一。我国主要有三类五种气候类型：

（1）温带大陆性气候——大兴安岭—阴山—横断山一线以西、以北；

（2）高原山地气候——昆仑山—祁连山—横断山一线以南、以西，喜马拉雅山以北；

（3）季风气候：

热带季风气候——大体上北回归线以南；

亚热带季风气候——大体上北回归线以北、横断山以东、秦岭淮河以南；

温带季风气候——大兴安岭—阴山—乌鞘岭以东、秦岭淮河以北。

我国温带大陆性气候面积广大，季风气候显著，雨热同期。

14 20世纪以来全球气候发生了哪些显著变化？

自然界本身排放着各种温室气体，也在吸收或分解它们。在地球的长期演化过程中，大气中温室气体的变化是很缓慢的，处于一种循环过程中。从天然森林来看，二氧化碳的吸收和排放基本是平衡的。人类活动极大地改变了土地利用形态，特别是工业革命后，大量森林植被被迅速砍伐一空，化石燃料使用量也以惊人的速度增长，人为的温室气体排放量相应不断增加，全球气候变化也是最为显著的。

同时，20 世纪以来，现代小冰期结束，全球气候进入现代升温阶段，此阶段虽仍有冷暖波动，但整体呈现升温趋势，全球平均气温屡破纪录。2020年1月，全球陆地和海洋表面气温比20世纪同期平均气温（12℃）高1.14℃，超过2016年创下的纪录，有气象记录以来最热的10个1月均出现在2002年以后。同时，全球升温还导致冰雪融化，2020年北极海冰覆盖面积比1981年到2010年的平均水平低5.3%，南极海冰覆盖面积比1981年到2010年的平均水平低9.8%。

从全球来看，从1975年到1995年，能源生产增长了50%，二氧化碳排放量相应地有了巨大增长。在工业化前，大气中二氧化碳浓度约为280ppm，2019年全球二氧化碳浓度为410.5ppm（ppm属于体积含量的单位，即百万分之一），创历史新高。由温室气体排放引起的气候变化，使得极端气象事件频发，例如暴雨、暴雪、干旱、热浪、寒潮以及风暴等，全球变暖对整个气候系统的影响是过去几个世纪甚至几千年来前所未有的。

15 什么是“曲棍球杆曲线”？

1998年，美国宾夕法尼亚大学迈克尔·曼教授在《自然》杂志上公布了“曲棍球杆曲线”，描述了1400—1980年近600年的全球平均温度的变化。这条曲线左边大部分阶段都比较平坦，而到了20世纪的100年陡然上升，看起来很像一根横摆的曲棍球球杆，故名“曲棍球杆曲线”。通过这条曲线我们看到，全球气温在近代出现迅速上升的趋势，这成为全球变暖的重要理论，如图（1–4）。

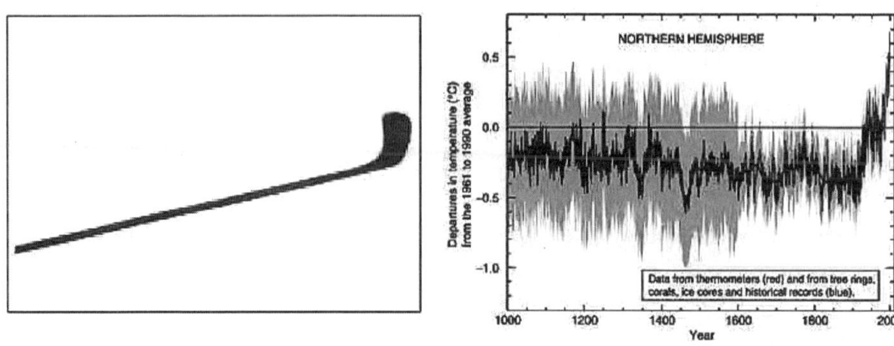

图 1-4　全球气温变化“曲棍球杆曲线”示意图

16 引起气候变化的主要因素有哪些?

引起气候变化的主要因素可分为自然因素和人为因素。

自然因素包括：太阳辐射的变化、地球轨道的变化、火山活动、大气与海洋环流的变化等。气候系统所有的能量基本上都来自太阳，因此太阳辐射的变化被认为是引起气候系统变化的一个外因。太阳总辐照度的变化幅度、紫外辐射的波动，对平流层和臭氧尤其重要，导致极端天气事件发生；地球周期性公转轨迹由椭圆形变为圆形轨迹时，地球距离太阳更近，造成温度升高；海底火山喷发时，大量来自地球深部的水蒸气、二氧化碳等会随着炽热的熔岩喷出，对水圈、生物圈、大气圈等多圈层的环境都会造成巨大影响，据统计全球有5%的海啸是由于火山爆发引发；大气环流引导着不同性质的气团活动，气旋和反气旋等的产生和移动，对气候的形成有着重要的意义。

而人类活动，特别是工业革命以来的人类活动，是造成目前以全球变暖为主要特征的气候变化的主要原因。近年来人口的剧增，人类活动直接导致大气中二氧化碳的含量不断地增加，人类活动造成大气、海洋生态环境破坏，不适当的农业生产造成土壤侵蚀和沙漠化，在世界范围内由于受人为因素的影响而造成森林面积锐减，这些都严重地威胁着自然生态环境间的平衡，也加剧了气候变化的趋势。

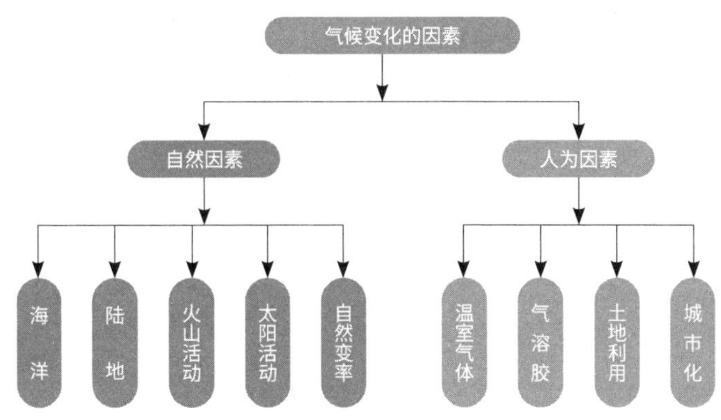

图 1–5　气候变化的主要因素

17 什么是温室效应?

温室效应指大气通过对辐射的选择吸收而使地面温度上升的效应。二氧化碳气体对太阳光的透射率较高，而对红外线的吸收力却较强。随着工业燃料的大量消耗，大气中二氧化碳成分增加，致使通过大气照射到地面的太阳光增强；同时地球表面升温后辐射的红外线也较多地被二氧化碳吸收，从而构成保温层。

温室效应会导致冰山融化，海平面上升，气候异常等众多变化。自工业革命以来，大气的温室效应不断增强，已引起全球气候变暖等一系列严重问题，引起了全世界各国的关注。

人类排放的温室气体和气温升高之间的关系非常复杂，特别是温室气体排放量、温室气体浓度和温升之间并不存在一一对应的同步变化关系；全球气候变暖的幅度与全球二氧化碳的累积排放量之间存在着近似线性的相关关系，全球二氧化碳的累积排放量越大，全球气候变暖的幅度就越高。IPCC第五次气候变化评估报告指出，如果将工业化以来全球温室气体的累积排放量控制在1万亿吨碳（约合3.7亿吨二氧化碳），那么人类有三分之二的可能性能够把全球升温幅度控制在2摄氏度以内（与1861—1880年相比）；如果把累积排放量放宽到1.6万亿吨碳（约合5.8亿吨二氧化碳），那么实现2℃的温控目标的概率只有三分之一。

需要指出的是，地球大气中本身就含有一定浓度的二氧化碳，地球上许多不同的自然生态系统过程也都吸收和释放二氧化碳，因此，大气中的二氧化碳浓度本身就存在时间和空间上的自然变率。当二氧化碳（不管是自然释放的还是人为排放的）进入大气中时会被风混合，并随着时间的推移而分布到全球各地。

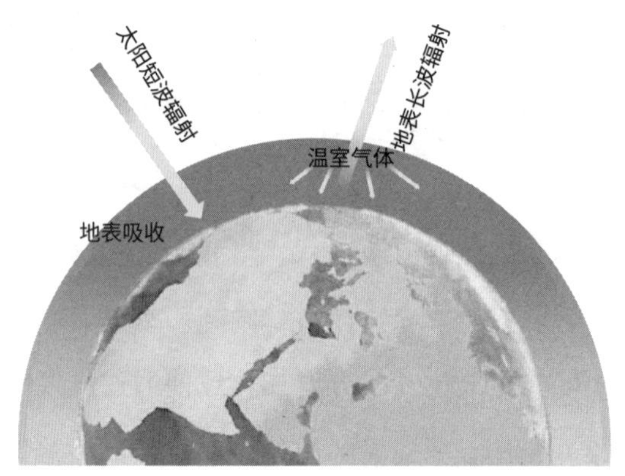

图 1-6　温室效应示意图

18 温室气体有哪些?

温室气体是指大气中能吸收地面反射的长波辐射和重新放出红外辐射的一些气体，可分为两类：一类是能在对流层均匀混合的，如二氧化碳、甲烷、氧化亚氮和氟氯烃等；另一类是在对流层不能均匀混合的，如非甲烷总烃。造成混合状态不同的原因是因为这些温室气体在大气中的寿命有差异，即在大气中的平均存留时间不同。寿命长的，容易混合的温室气体，在地球对流层任意流动，其温室效应具有全球特征。而寿命短的不容易混合的温室气体其温室效应只在局地上空停留，具有区域性特征。二氧化碳可在对流层任意流动，寿命长且不易分解，具有累积效应。因而，具有全球年度特征且排放量约占温室气体排放总量的75%，远大于其他温室气体的排放量。

《京都议定书》规定的温室气体有二氧化碳（CO_2）、甲烷（CH_4）、氧化亚氮（N_2O）、氢氟碳化物（HFCs）、全氟化碳（PFCs）和六氟化硫（SF_6）。《京都议定书多哈修正案》将三氟化氮（NF_3）纳入管控范围，使受管控的温室气体达到7种。

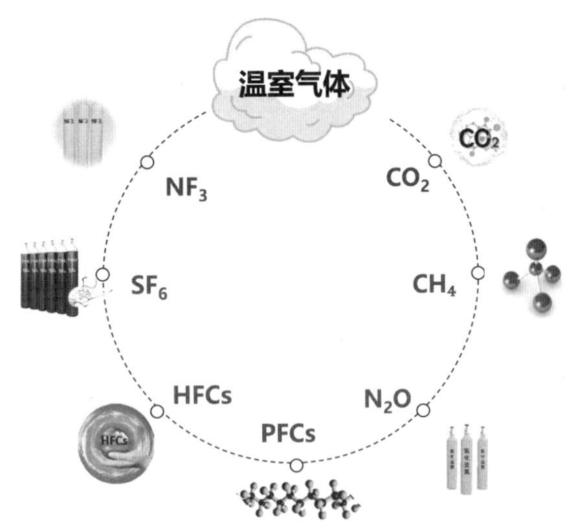

图 1–7　地球大气中主要的温室气体

19 评价温室气体产生温室效应的指标是什么?

全球变暖潜势（Global Warming Potential，GWP），又称全球变暖潜能值，是衡量温室气体产生温室效应的最重要指标。GWP是指某一给定物质在一定时间内与二氧化碳相比而得到的相对辐射影响值，是某种物质产生温室效应的二氧化碳当量值，数值越大，对气候变化的影响越大。按照惯例，以二氧化碳的GWP值为1，其他气体与二氧化碳的比值作为该气体GWP值，其他温室气体的GWP值一般大于二氧化碳，但由于它们在空气中含量少，故二氧化碳仍是造成温室效应的最主要因素。

尽管衡量温室气体作用强弱的方法有很多，但GWP指标的应用最为广泛。它是从分子吸收与保持热量的能力角度评价温室气体，以及温室气体能在自然环境中不被破坏或分解的存留时间。因此，GWP能够评价温室气体在未来一定时间的破坏能力，通常以20年、100年、500年来衡量。由于自然的分解破坏机制，大部分温室气体在大气中的浓度逐年降低，温室效应能力逐年减弱。然而某些氯氟烃（CFC）气体，在大气中存留时间相当长，并且GWP值在一定时期内会逐年升高。主要温室气体不同时间跨度的全球变暖潜能值见表（1–3）。

表 1–3　主要温室气体全球变暖潜势能值时间表

温室气体种类	大气中存留时间（年）	GWP（时间尺度）		
		20 年	100 年	500 年
CO_2	可变	1	1	1
CH_4	1213	56	21	6.5
N_2O	120	280	310	170
CHF_3	264	9100	11700	9800
HFC-152a	1.5	460	140	42
HFC-143a	48.3	5000	3800	1400
SF_6	3200	16300	23900	3490

20 臭氧层空洞是如何形成的?

整个大气圈随高度不同表现出不同的特点，从地球表面向外按气温垂直分布依次分为对流层、平流层、中层、热层和散逸层。臭氧（O_3）集中于平流层（距地球表面 10 km ~ 50 km），其中，距地表 15 km ~ 30 km 的位置臭氧浓度最高，这个部分称为臭氧层。它能够吸收太阳光中的大部分紫外线，尤其是对生物有伤害的波长280nm ~ 320nm的紫外线，因而可避免人和其他生物遭受这些紫外线的伤害。

臭氧空洞指的是因空气污染物质，特别是氧化氮和卤代烃等气溶胶污染物的扩散、侵蚀而造成大气臭氧层被破坏和减少的现象。在南极上空，约有2000多万平方千米的区域为臭氧稀薄区，其中14 ~ 19千米上空的臭氧减少达50%以上，科学家们形象地将之称为“臭氧空洞”。

科学家们找到了臭氧层损耗即臭氧空洞形成的原因。一种大量用作制冷剂、喷雾剂、发泡剂等化工制剂的氟氯烃是导致臭氧减少的“罪魁祸首”。人类活动排入大气中的一些物质进入平流层与那里的臭氧发生化学反应，就会导致臭氧耗损，使臭氧浓度减少，臭氧层变薄，直至产生“臭氧空洞”。人为消耗臭氧层的物质主要是：广泛用于冰箱和空调制冷、泡沫塑料发泡、电子器件清洗的氯氟烷烃（CF_xC_{l4}-x，又称Freon），以及用于特殊场合灭火的溴氟烷烃（CF_xBr_4-x），又称哈龙（Halon）等化学物质。另外，寒冷也是臭氧层变薄的关键，这就是为什么首先在地球南、北极最冷地区出现臭氧空洞的原因了。对南极臭氧空洞形成原因的解释有三种，即大气化学过程解释，太阳活动影响和大气动力学解释。

21 消耗臭氧层物质（ODS）有哪些？

《蒙特利尔议定书》列出了消耗臭氧层物质（Ozone-Depleting Substances，ODS）的名单，分为两大类：

类别 I 包括 8 组物质：①包括三氯氟甲烷在内的一组氯氟碳化合物；②

哈龙；③包括一氯三氟甲烷在内的一组氯氟碳化合物；④四氯化碳；⑤甲基氯仿；⑥甲基溴；⑦氢溴氟碳化物；⑧氯溴甲烷。

类别II是氢氯氟碳化物。

这些物质的用途主要是制冷、清洗和发泡，它们破坏臭氧层的能力不同，为了便于衡量，科学家们测算了它们的臭氧消耗潜势（ODP），此值越大，则消耗臭氧的能力越强。哈龙的臭氧消耗潜势最大，其次为四氯化碳、氯氟碳化合物、甲基氯仿、甲基溴以及氢氯氟碳化合物。

1991年中国加入了关于消耗臭氧层物质的《蒙特利尔议定书》，2010 年 6 月 1 日，《中华人民共和国消耗臭氧层物质管理条例》正式实施，中国累计淘汰消耗臭氧层物质占发展中国家淘汰量的一半以上。

22 消耗臭氧层物质与温室气体有什么区别?

臭氧层破坏与全球气候变暖有一定关联。一是臭氧层被破坏，紫外线辐射增强，地面温度升高，起到促进温室效应的作用。二是造成臭氧层破坏的主要物质氟氯烃，也是一种和CO_2一样的温室气体。许多消耗臭氧层物质也是具有强效增温潜能的温室气体。

广义的温室气体既包括《京都议定书》所列的7种温室气体，如二氧化碳（CO_2）、甲烷（CH_4）、氧化亚氮（N_2O）、氢氟碳化物（HFCs）、全氟化碳（PFCs）、六氟化硫（SF_6）和三氟化氮（NF_3），还包括《蒙特利尔议定书》针对的消耗臭氧层物质（ODS），如氯氟碳化合物（CFCs）、哈龙（Halon）、氢氯氟碳化合物（HCFCs）、四氯化碳（CCl_4）、甲基氯仿（CH_3CCl_3）、甲基氯、甲基溴等，同时还包括除以上物质外的部分卤代烃，如氯仿（$CHCl_3$）、二氯甲烷（CH_2Cl_2）等，还包括类似硫酰氟（SO_2F_2）这样的气体，既未列入两大议定书，也不是卤代烃，但它们也是温室气体。如图1-8所示。

值得一提的是，HFCs比较特殊，首先，HFCs是唯一被两大议定书共同控制的温室气体，其次，尽管HFCs列入《蒙特利尔议定书》，但是HFCs分子中不含破坏臭氧层的氯原子或溴原子，因此HFCs不属于消耗臭氧层物质，它是消耗臭氧层物质的常用替代品，具有高全球升温潜能值（GWP）。可以预见，消耗臭氧层物质与温室气体的协同管控是未来发展趋势，《京都议定书》中未纳入的其他温室气体减排将逐步得到各国的重视。

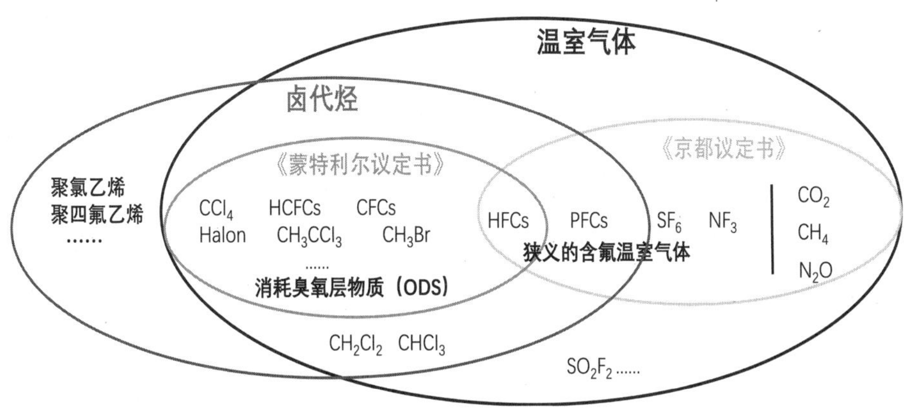

图 1-8　《蒙特利尔议定书》和《京都议定书》中包含的温室气体

23　气候变化影响的主要生态系统有哪些?

气候变化影响的生态系统包括：冰川和冻土、珊瑚礁岛、热带雨林、极地和高山生态系统、草原湿地、残余天然草地和海岸带生态系统等。

气候作为人类赖以生存的自然环境的一个重要组成部分，它的任何变化都会对自然生态系统以及社会经济系统产生影响。自然生态系统由于适应能力有限，容易受到严重的、甚至不可恢复的破坏。气候变化引起气候带北移、极端天气增多、全球降水量重新分布、海平面上升，从而直接影响全球水资源分布、植被分布、生态系统的结构和土壤发育等。随着气候变化频率和幅度的增加，遭受破坏的自然生态系统在数目和地理范围上都有所增加。

24 气候变化引发的主要气象灾害有哪些?

由于人类活动过多排放温室气体所引起的、以全球变暖为主要特征的全球气候变化，导致极端天气事件频发，气象灾难严重影响人类健康、粮食安全、环境安全、能源资源可持续利用等诸多领域。极端气象灾害主要有暴雨、暴雪、寒潮、霜冻、雷电、冰雹、大风、热浪、沙尘暴、雾霾、干旱以及风暴等，通常会导致并加剧气象灾害。

有代表性的气象事件有，1995年发生在芝加哥的热浪事件，连续5天的高温导致700多人中暑死亡；1997年全球范围的厄尔尼诺现象，引起很多地区暴雨频繁、洪涝成灾，另一些地区则高温少雨、严重干旱。这次厄尔尼诺现象导致了中国长江、嫩江、松花江流域百年不遇的特大洪水，受灾面积达3亿多亩，直接经济损失达2500亿元；2010年，寒流和暴风雪强烈侵袭北半球，众多国家交通瘫痪，美国东北部佛蒙特州出现了83cm降雪，打破了历史纪录；2020年北大西洋飓风季异常活跃，亚马逊森林大火、澳大利亚大火以及美国加利福尼亚州山火等频发，上万居民房屋被摧毁，无家可归，数十亿只动物丧生。

25 什么是厄尔尼诺/拉尼娜现象?

厄尔尼诺/拉尼娜现象指的是热带太平洋海表温度异常上升/下降的著名气候现象。厄尔尼诺（西班牙语：El Niño，原意为圣婴）是秘鲁、厄瓜多尔一带的渔民用以称呼一种异常气候现象的名词，主要指太平洋东部和中部的海水温度异常持续升高，气候模式发生变化。在赤道太平洋东岸地区，由干燥少雨变为多雨，引发洪涝灾害；而赤道太平洋西岸地区由湿润多雨变为干燥少雨。

厄尔尼诺暖流破坏了南太平洋的正常大洋洋流环流圈，进而打乱了全球气压带和风带的原有分布规律性，引起全球范围内的大气环流异常，导致规模较大、范围较广的灾害性天气肆虐，如干旱、洪水、低温冷害等。厄尔尼诺是一种周期性的现象，大约每隔7年出现一次，它是全球性气候异常的一个方面。国家气候中心的资料显示，自1950年以来，全球共发生过两次强厄尔尼诺事件，分别为1982年到1983年以及1997年到1998年，以最近的1997年到1998年强厄尔尼诺事件为例，至少造成2万人死亡，全球经济损失高达340多亿美元，期间全球很多国家都发生了严重的旱涝灾害，导致全球粮食减产20%左右。因此，提前防范，减少损害，尤为重要。

拉尼娜（西班牙语：La Niña，原意为圣女）是指赤道附近东太平洋水温异常持续下降的一种现象，是厄尔尼诺现象的反相，也称为“反厄尔尼诺”或“冷事件”，同时也伴随着全球性气候混乱，总是出现在厄尔尼诺现象之后。拉尼娜现象发生时，太平洋东部海水温度下降，出现干旱，而太平洋西部海水温度上升，降水量比正常年份明显偏多。从1950年，全球共发生了16次拉尼娜事件。按照强度级别，分为弱、中等强度、强事件。历史上仅出现过1次强拉尼娜事件，时间从1988年5月开始持续到次年5月。拉尼娜现象出现时，我国易出现冷冬热夏、南旱北涝现象，登陆我国的热带气旋个数比往年要多。

拉尼娜现象常与厄尔尼诺现象交替出现，在厄尔尼诺之后经常接着发生拉尼娜，同样拉尼娜后也会接着发生厄尔尼诺。但从1950年以来的记录来看，厄尔尼诺发生频率要高于拉尼娜。拉尼娜现象在当前全球气候变暖背景下频率趋缓，强度趋于变弱。特别是在20世纪90年代，1991年到1995年曾连续发生了三次厄尔尼诺，但中间没有发生拉尼娜。

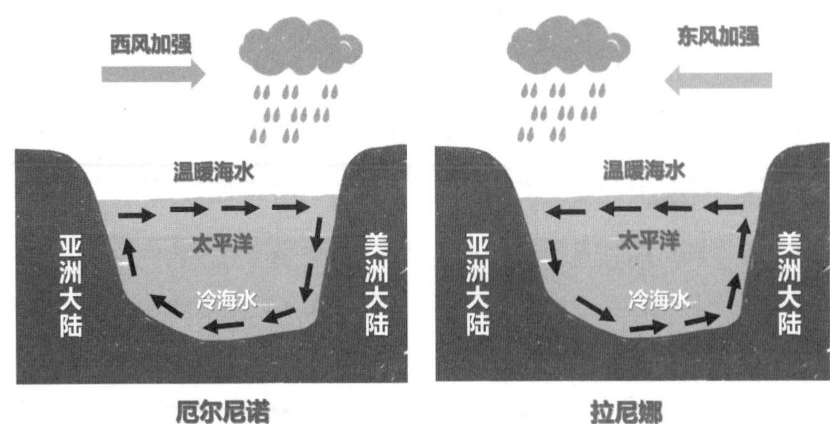

图 1–9　厄尔尼诺 / 拉尼娜示意图

26 什么是南方涛动/北方涛动?

南方涛动、北方涛动是南、北太平洋东西向的海平面气压反相振荡的现象。厄尔尼诺–南方涛动（El Niño-Southern Oscillation，ENSO）是东太平洋赤道区域海面温度和西太平洋赤道区域的海面上气压的变动，是低纬度的海–气相互作用，在海洋方面表现为厄尔尼诺–拉尼娜的转变，在大气方面表现为南方涛动，南方涛动与东太平洋和秘鲁沿岸的海温关系密切。

北方涛动（Northern Oscillation，NO）是北太平洋东部和西部之间海平面气压距平反相振荡的现象，即当东北太平洋气压升高时，西北太平洋气压降低，反之亦然。由于它与南方涛动（SO）对称且位于赤道以北，故称为北方涛动。研究表明，北方涛动在北太平洋大气环流年际变化中占有头等重要的地位，它不仅与赤道太平洋地区的海温、降水和平均垂直环流有密切联系，而且还同北半球中高纬度的大气环流和气候有关。北方涛动的年际变化最主要的振荡周期为3 ~ 4年，极易与南方涛动发生强烈耦合，这可能是造成东赤道太平洋海温年际变化在全球热带中为最大的原因。

27 什么是北极涛动/南极涛动？

北极涛动（Arctic Oscillation，AO）指北半球中纬度地区（约北纬45度）与北极地区气压形势变化的一种现象，是代表北极地区大气环流的重要气候指数。简单言之就是北极地区气压升高，将冷空气从北极向四周挤散，形成南下的寒潮。

北极涛动可分为正位相和负位相，通常北极极地中心为低气压控制，有着极冷的空气，并被周围的高气压包围着，这种“南高北低”的态势称为北极涛动正位相。反之，则为负位相。当北极涛动位于正位相时，冷空气都被限制在极地范围内，因此人们会感觉冬天也不那么冷。当北极涛动位于负位相时，北极极地中心逐渐被高气压控制，之前一直限制在极地范围内的冷空气就被排挤南下，“南低北高”导致寒流出现，从而影响北半球中高纬度地区气温。北极涛动正位相正值越大代表极地更冷，北极涡旋强大而稳定；负位相负值越大则代表极地和低纬间气团交换频繁，冷空气易向南侵袭。

2009—2012年，受北极涛动负位相异常的影响，全球出现大范围寒潮天气。寒流和暴风雪强烈侵袭北半球，很多国家交通瘫痪，美国东北部佛蒙特州出现了83cm降雪，打破了历史记录。中国黑龙江漠河、内蒙古呼伦贝尔等地出现持续十多天的-40℃低温天气。

南极涛动（Antarctic Oscillation，AAO）是南半球中纬度和高纬度两个大气环状活动带之间大气质量变化的一种全球尺度的“跷跷板”结构。南极涛动反映了南半球中、高纬度大气环流反位相的变化及质量交换的实质，南极涛动强，表示南半球绕极低压加深和中、高纬西风加强，反之亦然。近年的研究表明南极涛动是一个重要的气候因子，能够影响东亚的冬春气候和我国北方的沙尘频次以及华北、长江中下游的夏季降水。北极涛动和南极涛动都是调节全球中高纬度年际气候变率的主要因子。

28 什么是热带气旋/温带气旋?

热带气旋是发生在热带或副热带洋面上的低压涡旋，是一种强大而深厚的热带天气系统，可见于西太平洋及其临近海域（台风）、大西洋和东北太平洋（飓风）以及印度洋和南太平洋。

热带气旋常见于夏秋两季，其生命周期可大致分为生成、发展、成熟、消亡4个阶段，其强度按中心风速被分为多个等级，在观测上表现为庞大的涡旋状直展云系。成熟期的热带气旋拥有暴风眼、眼墙、螺旋雨带等宏观结构，直径在100～2000 km之间，中心最大风速超过30m/s，中心气压可降低至960 hPa左右，在垂直方向可伸展至对流层顶。未登陆的热带气旋可能维持2至4周直到脱离热带海域，登陆的热带气旋通常在登陆后48小时内快速消亡。

热带气旋的产生机制尚未完全探明，按历史统计，温暖的大洋洋面、初始扰动、较弱的垂直风切变和一定强度的Beta效应是热带气旋生成的必要条件。在动力学方面，第二类条件性不稳定（CISK）理论能够较好地解释热带气旋的生成和维持，全球变暖也被认为与热带气旋的生成频率有关。

热带气旋按等级共分为六个等级：热带低压、热带风暴、强热带风暴、台风、强台风、超强台风。以热带风暴为例，其中心附近持续风力为63～87公里/小时，风力达到烈风程度，是所有自然灾害中最具破坏力的。2020年，全球热带气旋的数量高于平均水平，被国际气象组织命名的热带风暴出现了98次，北大西洋飓风季共生成30个命名风暴，登陆美国的风暴数量达到创纪录的12个。对美国影响最严重的是飓风“劳拉”，它达到了4级强度，导致了大范围的风浪和风暴潮破坏，还造成海地和多米尼加共和国发生大范围洪水灾害。

温带气旋，又称为“温带低气压”或“锋面气旋”，是活跃在温带中、高纬度地区的一种近似椭圆型的斜压性气旋。温带气旋不同于热带气旋。从结构上讲，是一种冷心系统，即温带气旋的中心气压低于四周，且具有冷中心性质。其出现伴随着锋面（温度、湿度等物理性质不同的冷气团和暖气团的交界面），热带气旋则为正压、无锋面的暖心系统；从尺度上讲，温带气旋尺度一般较热带气旋大，直径可达几百乃至数千公里。

温带气旋伴随着锋面而出现，同一锋面上有时会接连形成2~5个温带气旋，自西向东依次移动前进，称为“气旋族”。温带气旋靠西风带提供的斜压来运行和加强，一年四季都可能出现，陆地和海洋上均能生成。温带气旋从生成，发展到消亡整个生命史一般为2~6天。温带气旋主要按照成因分成三类：西风性、寒带性和热带性。我国近海的温带气旋根据发源地的不同分为四类，分别为蒙古气旋、黄河气旋、江淮气旋和东海气旋。

温带气旋是由大气的水平温度梯度——南北两个纬度之间的平均温度差而产生的。这种温度梯度和大气中的水分在大气中产生一定的能量，可以为天气事件提供动力。研究显示，全球气温上升，特别是北极地区的气温上升，正在重新分配大气中的能量，具体表现为：更多的能量用于雷暴和其他局部对流过程，而更少的能量用于夏季温带气旋。温带气旋沿着锋面产生迅速的温度和湿度变化，可以带来多云、小阵雨、大阵风、雷暴等各种天气状况。2020年因温带气旋造成损失最严重的极端事件之一是“德雷科”雷暴（陆地飓风），该雷暴形成于美国内布拉斯加州的东部，之后向东进发，沿途受温暖潮湿天气的影响，其风力逐渐增强，横扫美国6个州，以130~160公里/小时（35~45米/秒）的风速对沿途造成很大破坏，夹带的降雨或冰雹等又加重了破坏，引起洪灾，不少建筑物、农田、交通线路、汽车被淹。

第三章

全球气候治理历程

29 应对气候变化的国际组织有哪些?

（1）世界气象组织（World Meteorological Organization，WMO），成立于1951年，是联合国的一个专门机构，是由1873年在奥地利维也纳成立的国际气象组织（IMO）发展而来的。世界气象组织旨在为全世界合作建立网络，以进行气象、水文和其他地球物理观测，并建立提供气象服务和进行观测的各种中心，促进建立和维持可迅速交换情报及有关资料的系统，推进该系统在航空、航运、水事问题、农业和其他人类活动领域中的应用。

（2）联合国环境规划署（United Nations Environment Programme, UNEP），成立于1973年，总部位于肯尼亚首都内罗毕，是联合国负责全球环境事务的牵头部门和权威机构。环境规划署的宗旨是：促进环境领域内的国际合作，并提出政策建议；在联合国系统内提供指导和协调环境规划总政策，并审查规划的定期报告；审查世界环境状况，以确保具有广泛国际影响的环境问题得到各国政府的重视；促进环境知识的普及和国际交流合作。多年来，环境规划署先后颁发了“全球500佳”“地球卫士”等国际奖项，表彰对环境保护作出重大和积极贡献的先锋和开拓者们。

（3）世界环境与发展委员会（World Commission on Environment and Development, WCED），又称联合国环境特别委员会，成立于1983年，主要任

务是：审查世界环境和发展的关键问题，创造性地提出解决这些问题的现实行动建议，提高个人、团体、企业界、研究机构和各国政府对环境与发展的认识水平。1987年，世界环境与发展委员会发表了关于人类未来的重要报告——《我们共同的未来》，报告集中于人口、粮食、物种和遗传、资源、能源、工业和人类居住等当今世界环境与发展方面存在的问题，提出了可持续发展的概念，提出了处理这些问题具体和现实的行动建议，对各国政府和人民的政策选择具有重要的参考价值。

（4）联合国政府间气候变化专门委员会（IPCC），成立于1988年，是由世界气象组织（WMO）和联合国环境规划署（UNEP）联合建立的专门委员会。IPCC下设三个工作组和一个专题组，工作组分别负责：评估气候系统和气候变化的科学问题；评估社会经济体系和自然系统对气候变化的脆弱性、气候变化正、负两方面的后果和适应气候变化的选择方案；评估限制温室气体排放并减缓气候变化的选择方案。国家温室气体清单专题组负责IPCC国家温室气体清单计划。1990年以来IPCC相继发布多次评估报告。

图 1-10　IPCC 组织结构图

（5）全球环境基金（Global Environment Fund，GEF）是世界银行1990年创建的实验项目，是一个由183个国家和地区组成的国际合作机构，目的是支持环境友好工程，其宗旨是与国际机构、社会团体及私营部门合作，协力解决环境问题。自1991年以来，全球环境基金已为165个发展中国家的3690个项目提供了125亿美元资金支持，涉及与生物多样性、气候变化、国际水域、土地退化、化学品和废弃物有关的环境保护活动。

其他应对气候变化的国际组织还有：1990年第45届联合国大会成立的气候公约“政府间谈判委员会”（Intergovernmental Negotiating Committee，INC）、1991年第11次世界气象代表大会上成立的世界气候计划合作委员会（Coordinating Committee for the World Climate Program，CCWCP）等。

30 联合国第一次人类环境会议取得哪些成果？

联合国人类环境会议于1972年6月5日至16日在瑞典斯德哥尔摩举行。这是世界各国政府共同讨论当代环境问题，探讨保护全球环境战略的第一次国际会议。会议通过了《联合国人类环境会议宣言》，简称《人类环境宣言》，呼吁各国政府和人民为维护和改善人类环境，造福人类，造福后代而共同努力。为引导和鼓励全世界人民保护和改善人类环境，会议通过了全球性保护环境的《人类环境宣言》和《行动计划》，号召各国政府和人民为保护和改善环境而奋斗，它开创了人类社会环境保护事业的新纪元，这是人类环境保护史上的第一座里程碑。同年的第27届联合国大会，把每年的6月5日定为“世界环境日”。

31 应对全球气候变化最有影响力的国际公约有哪些？

在应对全球气候变化的过程中，一系列具有历史意义的国际公约让我们看到了全世界人民应对气候变化的决心和行动，促进了气候变化的全球治理体系逐步形成。具有里程碑意义的国际公约主要有三个，分别是：1992年通过的《联合国气候变化框架公约》，确立了国际合作应对气候变化的基本框架；1997年达成的《京都议定书》，促进了工业化国家低碳转型的进程；2015年通过的《巴黎协定》，正式确定了2100年全球温升控制在明显低于2℃且尽可能争取低于1.5℃的奋斗目标。从2018年开始，各国政府积极行动，纷纷做出碳中和承诺。

32 《联合国气候变化框架公约》的历史背景是什么？

《联合国气候变化框架公约》是联合国大会于1992年5月9日通过的一项国际公约。同年6月在巴西里约热内卢召开的有世界各国政府首脑参加的联合国环境与发展会议期间，有57个国家签署了《联合国气候变化框架公约》，该公约于1994年3月21日正式生效。

《联合国气候变化框架公约》经历了艰苦曲折的谈判过程。从1990年12月成立气候变化框架公约政府间谈判委员会（The Intergovernmental Negotiating Committee for a Framework Convention on Climate Change，INC/FCCC）开始，在1991年2月至1992年5月期间进行了5次会议，参加谈判的150个国家的代表确定在1992年6月召开的联合国环境与发展大会开放签署，最终有57个国家签署了公约。1992年11月7日经全国人大批准，我国于1993年1月5日将批准书交存联合国秘书处。该公约提出将大气中温室气体的浓度维持在一个稳定水平，降低人类生产活动对气候系统的干扰的倡议。这是世界上第一个应对全球气候变暖的国际公约，奠定了应对气候变化国际合作的法律基础，是国际社会在应对全球气候变化问题上进行国际合作的一个基本框架。

33 《联合国气候变化框架公约》的核心内容是什么？

《联合国气候变化框架公约》核心内容包括四部分。

（1）确立应对气候变化的最终目标。公约第2条规定，“本公约以及缔约方会议可能通过的任何法律文书的最终目标是：将大气温室气体的浓度稳定在防止气候系统受到危险的人为干扰的水平上。这一水平应当在足以使生态系统能够可持续进行的时间范围内实现”。

（2）确立国际合作应对气候变化的基本原则。主要包括“共同但有区别的责任”原则、公平原则、各自能力原则和可持续发展原则等四项原则。“共同但有区别的责任”原则是公约的核心原则，即发达国家率先减排，并向发展中国家提供资金和技术的支持。发展中国家在得到发达国家资金技术的支持下，采取措施减缓或适应气候变化。这一原则在历次气候大会上均为决议的形成提供依据。

（3）明确发达国家应承担率先减排和向发展中国家提供资金和技术支持的义务。公约附件一国家缔约方（发达国家和经济转型国家）应率先减排，附件二国家（发达国家）应向发展中国家提供资金和技术，帮助发展中国家应对气候变化。附件一与附件二所列缔约国家/地区清单见表（1–4）。

（4）承认发展中国家有消除贫困、发展经济的优先需要。公约承认发展中国家的人均排放仍相对较低，因此在全球排放中所占的份额将增加，经济和社会发展以及消除贫困是发展中国家的首要任务。

表 1-4　公约附件中缔约方清单

分类	缔约方
附件一	澳大利亚、欧洲共同体、奥地利、爱沙尼亚、白俄罗斯、芬兰、比利时、法国、保加利亚、德国、加拿大、希腊、捷克斯洛伐克、匈牙利、丹麦、冰岛、爱尔兰、罗马尼亚、意大利、俄罗斯联邦、日本、西班牙、拉脱维亚、瑞典、立陶宛、瑞士、卢森堡、土耳其、荷兰、乌克兰、新西兰、大不列颠及北爱尔兰联合王国、挪威、美利坚合众国、波兰、葡萄牙、正在朝市场经济过渡的国家
附件二	澳大利亚、日本、奥地利、卢森堡、比利时、荷兰、加拿大、新西兰、丹麦、挪威、欧洲共同体、葡萄牙、芬兰、西班牙、法国、瑞典、德国、瑞士、希腊、土耳其、冰岛、大不列颠及北爱尔兰联合王国、爱尔兰、美利坚合众国、意大利

34 《京都议定书》的历史背景是什么？

1995年3月，在德国首都柏林举行的第一次气候大会（COP1）是一次开创性的多边会议，这次会议通过了《柏林授权书》等文件。文件认为，《联合国气候变化框架公约》所规定的义务不充分，应立即开始就2000年后应该采取何种适当的行动来保护气候进行磋商，以期最迟于1997年签订一项对缔约方有约束力的保护气候议定书，要明确规定在一定期限内发达国家所应限制和减少的温室气体排放量。

1997年，在日本京都举行的第3次缔约方大会（COP3）上，《京都议定书》诞生了。作为人类历史上第一个具有法律约束力的减排文件，《京都议定书》规定缔约方国家（主要为发达国家）在第一承诺期（2008年至2012年）内应在1990年水平基础上减少温室气体排放量5.2%，并且分别规定了各国或国家集团的减排指标，具有里程碑意义。

《京都议定书》的生效经历了艰难复杂的过程，从通过到签署生效历经7年时间。《京都议定书》的生效条件是，在占1990年全球温室气体排放量55%以上的至少55个国家和地区批准之后，才能成为具有法律约束力的国际公约。这一规定使《京都议定书》的签署和生效遇到很大的阻力。美国曾于1998年签署了《京都议定书》，但2001年3月布什政府以“减少温室气体排放将会影响美国经济发展”和“发展中国家也应该承担减排和限排温室气体的义务”为借口，宣布拒绝批准《京都议定书》。加拿大于2011年宣布正式退出《京都议定书》，而不加入第二承诺期的日本、新西兰等国，拒绝接受提高减排力度和透明度方面的要求，气候资金、绿色技术转让等谈判的进展受到影响，导致后《京都议定书》阶段的气候谈判形势更加严峻。中国积极履行国际义务，于1998年5月签署并于2002年8月核准了《京都议定书》。

2005年2月16日，《京都议定书》正式生效，这是人类历史上首次以法律的形式限制温室气体排放。截止到2009年2月，全球共有183个国家通过了该议定书。

35 《京都议定书》有哪些主要内容？

《京都议定书》内容主要包括：

（1）明确了减排责任。《京都议定书》第3条规定了第一承诺期38个工业化国家的减排义务，规定《联合国气候变化框架公约》附件一国家整体在2008年至2012年间应将其年均温室气体排放总量在1990年基础上至少减少5.2%。2013年前开始实施《京都议定书》第二承诺期，要求整体在2013年至2020年承诺期内将温室气体的全部排放量从1990年水平至少减少18%。

（2）界定了减排温室气体种类。《京都议定书》规定的有二氧化碳（CO_2）、甲烷（CH_4）、氧化亚氮（N_2O）、氢氟碳化物（HFCs）、全氟化碳（PFCs）和六氟化硫（SF_6）。《京都议定书多哈修正案》将三氟化氮（NF_3）纳入管控范围，使受管控的温室气体达到7种。

（3）补充了履约机制。发达国家可采取“排放贸易”“共同履行”“清洁发展机制”三种“灵活履约机制”作为完成减排义务的补充手段。

（4）明确了减排方式。一是两个发达国家之间可以进行排放额度买卖的“排放权交易”；二是以“净排放量”计算温室气体排放量；三是可以采用绿色开发机制，促使发达国家和发展中国家共同减排；四是可以采用“集团方式”，如欧盟可被视为一个整体，在总体上完成减排任务。

36《巴黎协定》的时代背景是什么？

2011年，第17次气候变化缔约方会议在南非德班举行，这次大会同意把《京都议定书》的法律效力再延长5年。同时，大会决定设立“加强行动德班平台特设工作组”，负责制定适用于所有缔约方的议定书、其他法律文书或具有法律约束力的成果。在德班会议上，确定全球环境基金为《联合国气候变化框架公约》下金融机制的操作机构，成立基金董事会。同时决定发达国家应在2010年至2012年间出资300亿美元，快速启动在哥本哈根会议中提出的绿色气候基金，2013年至2020年每年出资1000亿美元帮助发展中国家积极应对气候变化。德班会议还决定，相关谈判需于2015年结束，谈判成果将自2020年起开始实施。

2015年11月，第21次气候变化缔约方大会在法国巴黎举行，150多个国家领导人出席大会，最终达成《巴黎协定》，并于2016年11月4日正式生效。中国于2016年4月签署并于2016年9月批准《巴黎协定》。截至2021年7月，《巴黎协定》签署方达195个，缔约方达191个。该协定对2020年后全球应对气候变化的行动作出了框架性安排，明确了全球低碳转型方向，标志着全球应对气候变化进入新阶段。

37 《巴黎协定》有哪些主要内容?

《巴黎协定》是继《联合国气候变化框架公约》和《京都议定书》之后，人类历史上应对气候变化的第三个里程碑式的国际法律文本，成为近年来气候变化多边进程的最重要成果。

《巴黎协定》主要内容包括：

（1）确定长期目标。重申2℃的全球升温控制目标，同时提出要努力实现低于1.5℃的目标，并且提出在21世纪下半叶实现温室气体人为排放与清除之间的平衡。

（2）倡导国家自主贡献。各国应制定、通报并保持其“国家自主贡献”，每5年通报一次，且新的贡献应比上一次有所加强，并反映该国可实现的最大力度。

（3）共同而有区别的责任。要求发达国家继续提出绝对量减排目标，鼓励发展中国家根据自身国情逐步向绝对量减排或限排目标迈进。

（4）加强资金支持。明确发达国家要继续向发展中国家提供资金支持，鼓励其他国家在自愿基础上出资。

（5）建立“强化”的透明度框架。要求各缔约国的各类信息是透明真实的，在全球盘点时能够真正分析出减排目标的完成程度。在强化透明框架的过程中，充分考虑缔约方国家不同的能力状况，避免对缔约方造成不当负担。

（6）定期开展全球盘点。从2023年起，每5年对全球行动总体进行一次盘点，总结全球减排进展及各国国家自主决定贡献（The Intended Nationally Determined Contributions，INDC）目标与实现全球长期目标排放情景间的差距，实现全球应对气候变化长期目标。

38 如何评价《巴黎协定》的重要现实意义？

《巴黎协定》是在《联合国气候变化框架公约》的基础上，总结20多年来的经验教训，确立的一个相对松散、灵活的应对气候变化的国际体系。该协定不仅是2020年到2030年全球气候治理机制的代名词，它更重要的意义是，使实现全球绿色低碳、气候适应和可持续发展的目标实现不再遥遥无期。《巴黎协定》的成果来之不易，虽然不具备完全意义上的法律约束力，但凝聚了国际社会最广泛的共识，为全球合作应对气候变化进程明确了进一步努力的方向和目标。《巴黎协定》所倡导的全球绿色、低碳、可持续发展的大趋势，与中国生态文明的理念和主张高度一致。

从最终达成的协定文本中，我们可以清楚地看到各方努力的结果：由小岛国和欧盟支持的1.5℃之内控温目标被作为努力方向确定下来；由中国坚持的敦促发达国家提高其资金支持水平、“制定切实的路线图”等内容被写入决议，确保发达国家2020年前每年为发展中国家应对气候变化提供1000亿美元资金支持的承诺不至于流于形式；同时，联合国及一些发达国家和地区所关注的定期盘点机制即国家温室气体清单报告制度也定于2023年启动，以后每5年一次，体现了新兴市场国家的减排意愿和应对气候变化所应有的积极态度。

39 历次联合国气候变化大会有哪些标志性成果？

自1994年《联合国气候变化框架公约》生效以来，联合国气候变化大会从1995年起每年举行，对温室气体排放限制目标和执行机制展开谈判。公约的缔约方最初有157个，期间各国陆续加入，欧盟作为一个整体也是该公约的一个缔约方。作为温室气体排放大国的美国于2021年2月重新加入《巴黎协定》，缔约方国家和地区升至197个。

缔约方会议（Conference of the Parties，COP）是公约的最高决策机构，常设秘书处设在德国的波恩。截至2021年缔约方大会已经举行了26次，其中5次会议取得重要成果，分别是：第3次通过《京都议定书》，第13次确立“巴厘路线图”，第17次启动“德班平台”，第18次通过《京都议定书》修正案，第21次通过《巴黎协定》。

表（1–5）列出了迄今为止的26次会议的主要议题和标志性成果。

表 1–5　历次联合国气候变化大会主要内容

缔约方会议	时间	地点	主要成果
COP1	1995 年	德国柏林	通过工业化国家和发展中国家《共同履行公约的决定》
COP2	1996 年	瑞士日内瓦	争取通过法律减少工业化国家温室气体排放量
COP3	1997 年	日本东京	通过《京都议定书》
COP4	1998 年	阿根廷布宜诺斯艾利斯	制定落实《京都议定书》的工作计划
COP5	1999 年	德国波恩	通过《京都议定书》时间表
COP6	2000 年	荷兰海牙	未达成预期协议；2001 年美国退出《京都议定书》
COP7	2001 年	摩洛哥马拉喀什	通过《马拉喀什协定》
COP8	2002 年	印度新德里	通过《德里宣言》
COP9	2003 年	意大利米兰	未取得实质性进展，没有发表宣言 / 声明文件
COP10	2004 年	阿根廷布宜诺斯艾利斯	谈判进展困难，其中资金机制谈判最艰难
COP11	2005 年	加拿大蒙特利尔	通过双轨路线的“蒙特利尔路线图”
COP12	2006 年	肯尼亚内罗毕	达成“内罗毕工作计划”
COP13	2007 年	印度尼西亚巴厘岛	通过“巴厘路线图”
COP14	2008 年	波兰波兹南	正式启动 2009 年气候谈判进程
COP15	2009 年	丹麦哥本哈根	发表《哥本哈根协议》
COP16	2010 年	墨西哥坎昆	确保 2011 年谈判按照“巴厘路线图”的双轨方式进行
COP17	2011 年	南非德班	实施《京都议定书》第二承诺期并启动绿色气候基金；大会期间，加拿大退出《京都议定书》

续表

缔约方会议	时间	地点	主要成果
COP18	2012 年	卡塔尔多哈	通过《京都议定书多哈修正案》
COP19	2013 年	波兰华沙	发达国家再次承认应出资支持发展中国家应对气候变化
COP20	2014 年	秘鲁利马	细化 2015 年巴黎大会协议的各项要素，为提出协议草案奠定基础
COP21	2015 年	法国巴黎	通过《巴黎协定》
COP22	2016 年	摩洛哥马拉喀什	落实《巴黎协定》的规划安排
COP23	2017 年	德国波恩	商讨《巴黎协定》的实施细则，为 2018 年完成《巴黎协定》实施细则的谈判奠定基础。
COP24	2018 年	波兰卡托维茨	《巴黎协定》实施细则谈判，对如何统一计算温室气体排放达成一致
COP25	2019 年	西班牙马德里	通过“智利 · 马德里行动时刻”决议
COP26	2021 年	英国格拉斯哥	发表《格拉斯哥气候公约》；大会期间，中美发布了《中美关于在 21 世纪 20 年代强化气候行动的格拉斯哥联合宣言》

40 英国《气候变化法案》的主要内容是什么？

英国是世界上最早实现工业化的国家，其环境问题一度备受关注，曾发生震惊世界的“伦敦烟雾事件”。为应对气候变化，英国国会在2008年通过了旨在减排温室气体的《气候变化法案》，确定了到2050年将温室气体排放量比1990年减少80%的长期减排目标，成为世界上首个以法律形式明确中长期减排目标的国家。该法案使英国成为全球首个为温室气体减排建立法律规制体系的国家。在法案通过后的10年间，英国温室气体减排初具成效，2018年比2008年下降了30%。2019年，英国政府提出了《2050年目标修正案》，正式确立到2050年实现温室气体“净零排放”。

为落实《气候变化法案》，2012年英国政府全资设立了英国绿色投资银行，成为全球第一家绿色投资银行。2016年，为吸引私人资本参与绿色投资，英国政府启动英国绿色投资银行的“私有化”进程，将其以23亿英镑出售给澳大利亚麦格理集团，并更名为“绿色投资集团”，此后通过发行绿色债券等方式筹集资本。目前，绿色投资集团除了传统业务，还同时开展绿色项目实施和资产管理服务、绿色评级服务、绿色银行顾问服务、绿色领域的企业兼并重组等多项新业务。

41 日本应对气候变化有哪些法律规定?

作为全球第三大经济体和第五大碳排放国，日本为应对气候变化，在1997年颁布《关于促进新能源利用措施法》、2002年颁布《新能源利用的措施法实施令》等法规政策，这是日本实现碳中和目标的法律依据。此外，日本政府也发布了针对碳排放和绿色经济的政策文件，如2008年5月《面向低碳社会的十二大行动》及2009年《绿色经济与社会变革》政策草案等。

2010年，日本政府通过了《气候变暖对策基本法案》，提出了日本中长期温室气体减排目标，并提出要建立碳排放交易机制以及开始征收环境税。2018年，日本制定了战略能源计划，该计划旨在2030年前将煤炭使用量从32%减少到26%，将可再生能源从17%增加到22%~24%，并将核能从6%增加到20%~22%。同年，《气候变化适应法》生效，地方政府负责制定自己的气候变化适应计划，到2021年，日本47个都道府县中的22个和1741个直辖市中的30个已制定计划，且23个地府和2个直辖市已建立气候变化研究中心。

2020年日本政府公布了“绿色增长战略”，确认了到2050年实现净零排放的目标，该战略旨在通过技术创新和绿色投资的方式加速向低碳社会转型。2021年，日本国会参议院正式通过修订后的《全球变暖对策推进法》，以立法的形式明确了日本政府提出的到2050年实现碳中和的目标。《全球变暖对策推进法》于2022年4月施行，这是日本政府首次将温室气体减排目标写进法律。根据这部新法，日本的都道府县等地方政府将有义务设定利用可再生能源的具体目标。地方政府将为扩大利用太阳能等可再生能源制定相关鼓励制度。

42 欧盟《欧洲绿色新政》提出了哪些政策？

2019年12月，欧盟委员会发布了《欧洲绿色新政》(《European Green Deal》)，提出了到2050年欧盟实现“碳中和”的目标，并确立了行动路线图和政策框架。欧盟提出能源、工业、交通、建筑、生物多样性等七项重点任务，包括：构建清洁、经济、安全的能源供应体系；推动工业企业清洁化、循环化改造；形成资源能源高效利用的建筑改造方式；加快建立可持续的智慧出行体系；建立公平、健康、环境友好的食物供应体系；保护并修复生态系统和生物多样性；实施无毒环境的零污染发展战略（包括实施空气、水和土壤零污染行动，开展可持续化学品管理等）。此外，欧盟还明确了绿色投融资、绿色财政、促进绿色技术和人才以及实施强有力的绿色外交等一系列政策。

2020年5月，欧盟委员会在《欧洲绿色新政》的基础上，提出设立7500亿欧元的基金重振欧洲经济，其中25%专门用于气候行动。在经济复苏计划中，围绕绿色新政提出的路线图和政策框架，明确了一系列针对可再生能源、清洁交通、建筑革新等绿色复苏措施。2020年9月，欧盟委员会发布《2030年气候目标计划》(《2030 Climate Target Plan》)，尽管欧盟内部各国发展水平和具体国情不同，但经过各国领导的艰苦努力，到2020年12月终于达成协议，包括波兰在内的每个成员国都同意将欧盟2030年的减排目标从目前的40%提高到55%。同时，欧盟在气候法方面也取得了重大进展，使得2050年实现温室气体净零排放的目标对欧盟机构和欧盟成员国都具有法律约束力。

欧盟以发布《欧洲绿色新政》来推动绿色低碳转型的系统方案和典型做法，为我国加快推进经济社会绿色低碳转型发展和全部布局，提供了有益借鉴。

43 2021年联合国气候大会出台了哪些新举措？

2021年11月，第26届联合国气候大会在英国格拉斯哥举行，会议明确将进一步减少温室气体排放，以将平均气温上升控制在1.5℃以内，从而避免气候变化带来的灾难性后果。大会最主要的成果是完成了《巴黎协定》的实施细则，包括市场机制、透明度和国家自主贡献共同时间框架等议题的遗留问题谈判，最终达成了《格拉斯哥气候公约》。

在碳交易方面，协议为国家间的贸易和吸引绿色投资提供了新的信贷机制，各国每两年报告一次进展情况；在绿色交通方面，由23个国家政府组成的占全球航空二氧化碳排放量40%以上的“国际航空气候目标联盟”，承诺通过国际民用航空组织（ICAO）实现新的航空脱碳目标；在甲烷减排方面，100多个国家承诺到2030年将甲烷排放量减少30%，其中全球前30个甲烷排放大国中有一半加入了“全球甲烷减排承诺”；在化石燃料方面，协议中规定了“逐步减少（phase down）”煤炭使用，虽然距离“逐步淘汰（phase out）”煤炭仍有差距，但是化石燃料管控首次纳入联合国气候协议当中，意义重大；在资金问题上，会议明确了一些可能的解决方案，争取在现有的基础上将资金增加一倍，以扩大发达国家对发展中国家的支持。

44 国际气候合作中存在哪些主要挑战？

当今世界上的绝大多数国家，要想实现碳达峰和碳中和目标，都必须直面三大难题：一是解决好经济增长、能源消费、温室气体减排的三角关系；二是调整能源消费结构的同时保障能源供应；三是环境治理和减排不能给社会带来难以承受的经济负担。气候变化国际合作的挑战主要体现在以下两个方面：

一是各国的减排意愿存在差异。气候变化谈判不像联合国大会投票那样依票数多寡通过决议，而是要获取全体参会方的认可才能达到满意结果。各国的国情和诉求各不相同，这是合作困难的重要原因之一。“共同但有区别的责任”是联合国气候谈判中的一个原则，发达国家人均排放量约是发展中国家的2～3倍，但一些国家出于国内利益需要和国际战略考虑，实施减排的意愿并不强烈，在应对气候变化方面踌躇不前。

二是发展中国家受援资金尚未落实。在2009年的哥本哈根气候变化大会上各国曾达成协议：到2020年时发达国家应实现每年提供总计1000亿美元，以帮助发展中国家应对气候变化。然而发达国家迄今对出资的承诺和项目支持的兑现情况令人遗憾。

第二篇 政策篇

气候变化，事关中华民族永续发展，关乎人类前途命运。中国作为全世界最大的发展中国家，高度重视生态环境保护和应对气候变化工作，一方面积极参与全球气候治理国际合作，贡献中国智慧、中国力量；另一方面始终坚持节约资源、保护环境的基本国策，坚持生态文明思想和可持续发展理念，作出一系列重大战略决策和部署，以最大决心和努力全面推动社会经济绿色低碳转型发展，相关政策法规逐步健全、制度框架不断优化、工作机制日益完善，初步形成了具有中国特色的应对气候变化政策制度体系。本篇共包括2章：第四章中国的气候战略，回顾了“十一五”以来中国作出的一系列应对气候变化、推动低碳发展的战略部署以及在全球气候治理中作出的积极贡献，系统阐述了碳达峰、碳中和工作的指导思想、本质要求、目标任务和实现路径；第五章制度框架，简要介绍了温室气体清单报告制度、碳排放权交易制度、碳排放评价制度、监测评估制度等的基本概念、基本要求，并介绍了国外碳排放控制的主要经验。

第四章

中国的气候战略

45 中国应对气候变化的重大决策和部署有哪些?

从20世纪70年代以来，中国探索并走出了一条具有中国特色的生态环境保护道路。特别是在“十一五”“十二五”“十三五”期间，相继作出了一系列应对气候变化、推动低碳发展的战略部署，进一步明确了生态文明建设的指导思想、基本原则、目标任务等，取得了举世瞩目的成就。

“十四五”是中国深入打好污染防治攻坚战、持续改善生态环境质量的关键五年，也是实现中国2030年前碳达峰的关键期和窗口期，减污和降碳均面临着艰巨的任务。这一时期的战略以实现减污降碳协同增效为总抓手，以改善生态环境质量为核心，统筹污染治理、生态保护和应对气候变化，以更高标准打好蓝天、碧水、净土保卫战，以高水平保护推动高质量发展、创造高品质生活，努力建设人与自然和谐共生的美丽中国。在应对气候变化方面，重点任务包括二氧化碳排放达峰行动、全国碳市场建设、能源结构低碳转型、重点领域低碳行动、推行低碳生产生活方式、加强应对气候变化国际合作等。发展历程见表（2-1）。

表 2–1　中国主要气候政策发展历程

时间	事件	主要内容
2006 年	《“十一五”规划纲要》	建立“资源节约型，环境友好型社会” 单位 GDP 能源消耗下降 20%
2007 年	《中国应对气候变化国家方案》	明确应对气候变化基本原则、具体目标、重点领域、政策措施和步骤 完善应对气候变化工作机制
2009 年	《关于积极应对气候变化的决议》	把加强应对气候变化的相关立法作为形成和完善中国特色社会主义法律体系的一项重要任务，纳入立法工作议程
2009 年	在哥本哈根气候大会上，中国政府首次提出碳减排的国际承诺	争取到 2020 年单位 GDP 的 CO_2 排放量比 2005 年下降 40% ～ 45% 非化石能源占一次能源消费的比重达到 15% 左右 森林面积、蓄积量比 2005 年增加 4000 万公顷、13 亿立方米
2011 年	《“十二五”规划纲要》	确立绿色、低碳发展的政策导向 以节能减排为重点，健全激励与约束机制 加快构建资源节约、环境友好的生产方式和消费模式
2011 年	《“十二五”温室气体排放工作方案》	碳排放强度下降 17%
2013 年	《国家适应气候变化战略》	2017 年，选取 28 个城市开展气候适应型城市建设试点，形成了一批好的经验做法
2015 年	《“十三五”规划纲要》	绿色发展与创新、协调、开放、共享等发展理念共同构成五大发展理念
2017 年	党的十九大指出， 人与自然是生命共同体	加快生态文明体制改革 建立健全绿色、低碳、循环发展的经济体系 启动全国碳排放交易体系，稳步推进全国碳排放权交易市场建设
2019 年	“基础四国”气候变化部长级会议	中国、印度、巴西、南非围绕多边进程形势、COP25 预期成果、四国合作以及南南合作等主题达成共识
2020 年	第七十五届联合国大会一般性辩论上，中国政府的国际承诺	提高国家自主贡献力度，采取更加有力的政策和措施，力争 2030 年前实现碳达峰，努力争取 2060 年前实现碳中和
2020 年	气候雄心峰会上， 中国政府的国际承诺	到 2030 年单位 GDP 二氧化碳排放比 2005 年下降 65% 以上 非化石能源占一次能源消费比重达到 25% 左右 森林蓄积量比 2005 年增加 60 亿立方米 风电、太阳能发电总装机容量达到 12 亿千瓦以上

续表

时间	事件	主要内容
2020 年	《新时代的中国能源发展白皮书》	提出新时代的中国能源发展贯彻“四个革命、一个合作”能源安全新战略
2021 年	《生物多样性公约》COP15 领导人峰会上，中国政府的国际承诺	将陆续发布重点领域和行业碳达峰实施方案和支撑保障措施 构建起碳达峰、碳中和“1+N”政策体系
2021 年	《国务院关于加快建立健全绿色低碳循环发展经济体系的指导意见》	健全绿色低碳循环发展的生产、流通、消费体系 加快基础设施绿色升级 构建市场导向的绿色技术创新体系、法律法规政策体系
2021 年	《中国国民经济和社会发展第十四个五年规划和 2035 年远景目标纲要》	单位 GDP 能源消耗和 CO_2 排放分别降低 13.5%、18% 森林覆盖率提高到 24.1%
2021 年	《中国应对气候变化的政策与行动》白皮书	介绍中国应对气候变化进展，分享中国应对气候变化实践和经验
2021 年	《关于完整准确全面贯彻新发展理念做好碳达峰碳中和工作的意见》 《2030 年前碳达峰行动方案》	重点实施“碳达峰十大行动”

46 应对气候变化工作的主要职能部门有哪些？

2007年6月，国务院节能减排工作领导小组和国家应对气候变化领导小组成立（一个机构，两块牌子），作为国家应对气候变化和节能减排工作的议事协调机构，基本囊括了国务院绝大多数的构成单位。领导小组每年都召开一次会议，推进节能减排和应对气候变化工作。

国家应对气候变化及节能减排工作领导小组主要任务是：研究制订国家应对气候变化的重大战略、方针和对策，统一部署应对气候变化工作，研究审议国际合作和谈判对案，协调解决应对气候变化工作中的重大问题；组织贯彻落实国务院有关节能减排工作的方针政策，统一部署节能减排工作，研究审议重大政策建议，协调解决工作中的重大问题。国务院节能减排工作领导小组办公室，有关综合协调和节能方面的工作由发展改革委为主承担，有关污染减排方面的工作由生态环境部门为主承担。

2018年国务院机构改革，应对气候变化和减排职责由国家发展改革委员会划入生态环境部。生态环境部在应对气候变化方面的职责主要包括：负责应对气候变化和温室气体减排工作；综合分析气候变化对经济社会发展的影响，组织实施积极应对气候变化国家战略，牵头拟订并协调实施我国控制温室气体排放、推进绿色低碳发展、适应气候变化的重大目标、政策、规划、制度，指导部门、行业和地方开展相关实施工作；牵头承担国家履行联合国气候变化框架公约相关工作，与有关部门共同牵头组织参加国际谈判和相关国际会议；组织推进应对气候变化双多边、南南合作与交流，组织开展应对气候变化能力建设、科研和宣传工作；组织实施清洁发展机制工作；承担全国碳排放权交易市场建设和管理有关工作；承担国家应对气候变化及节能减排工作领导小组有关具体工作。

2021年，国家碳达峰碳中和工作领导小组成立，负责指导和统筹做好碳达峰、碳中和工作，标志着中国双碳工作又迈出“重要一步”。在碳达峰碳中和工作领导小组第一次全体会议上，中共中央政治局常委、国务院副总理、领导小组组长韩正强调，要统筹发展和安全，坚持稳中求进，先立后破、通盘谋划，科学把握工作节奏，在降碳的同时确保能源安全、产业链供应链安全、粮食安全，确保群众正常生活。要充分认识“双碳”对高质量发展的支撑和引领作用，保持战略定力不动摇，聚焦重点领域和关键环节，扎扎实实推进“双碳”工作，走出一条符合国情的生态优先、绿色低碳发展道路。

47 中国第一部应对气候变化的国家方案是什么？

2007年，中国制定并公布了《中国应对气候变化国家方案》，全面阐述了气候变化对中国的影响和挑战，中国应对气候变化的指导思想、原则与目标，以及相关政策和措施等。中国应对气候变化的总体目标是：控制温室气体排放取得明显成效，适应气候变化的能力不断增强，气候变化相关的科技与研究水平取得新的进展，公众的气候变化意识得到较大提高，气候变化领域的机构和体制建设得到进一步加强。根据上述总体目标，到2010年，中国将努力实现以下主要目标：控制温室气体排放、增强适应气候变化能力、加强科学研究与技术开发、提高公众意识与管理水平。

这是中国第一部应对气候变化的综合政策性文件，也是发展中国家颁布的第一部应对气候变化的国家方案，为其他发展中国家气候治理提供经验。

48 中国在全球气候治理中作出了哪些积极贡献？

《中国应对气候变化的政策与行动白皮书（2021）》全面总结了半个世纪以来，中国在应对气候变化中做出的不懈努力和取得的积极成就，充分展示了中国坚持创新、协调、绿色、开放、共享的新发展理念，体现了立足国内、胸怀世界的大国担当。中国智慧和中国方案不仅为人类应对气候变化作出了贡献，同时也促进了可持续发展战略的实施，推动了经济社会的绿色低碳转型。主要贡献包括：

一是积极参与全球气候合作。中国是全球气候治理的重要参与者，是《联合国气候变化框架公约》最早的10个缔约方之一，全程参与了IPCC六次评估报告编写和机构改革等活动。中国政府重信守诺，与各方一道推动《联合国气候变化框架公约》及《巴黎协定》的全面实施，为推动构建人类命运共同体作出积极努力和贡献。

二是引领发展中国家应对气候变化。1994年，《中国21世纪议程》首次提出积极应对气候变化。2007年，中国政府制定并公布了《中国应对气候变化国家方案》，这是发展中国家颁布的第一部应对气候变化的国家方案。2021年，中国政府发布了《中国应对气候变化的政策与行动白皮书（2021）》，系统介绍了中国应对气候变化的进展。同年，中共中央国务院印发了《关于完整准确全面贯彻新发展理念做好碳达峰碳中和工作的意见》，随后国务院又发布了《2030年前碳达峰行动方案》，中国应对气候变化实践和经验为其他发展中国家气候治理提供了中国智慧。

三是宣布自主减排行动目标。中国政府于2009年11月首次提出温室气体减排具体目标，即到2020年，中国单位国内生产总值（GDP）二氧化碳排放量比2005年下降40%～45%。并将约束性指标纳入国民经济和社会发展中长期规划中，并在同年12月的哥本哈根大会上又重申了这一重大减排战略目标，这是中国政府首次正式对外宣布控制温室气体排放的行动目标。世界自然基金会等18个非政府组织发布的报告指出，中国的气候变化行动目标已超过其“公平份额”。中国做出的努力得到各方的一致赞赏。

四是做出碳达峰、碳中和庄严承诺。在2020年第七十五届联合国大会上，中国宣布将提高国家自主贡献力度，采取更有力的政策和措施，力争2030年前实现碳达峰，努力争取2060年前实现碳中和。具体目标是：到2030年，经济社会发展全面绿色转型取得显著成效，重点耗能行业能源利用效率达到国际先进水平。单位国内生产总值能耗大幅下降，单位国内生产总值二氧化碳排放比2005年下降65%以上，非化石能源消费比重达到25%左右，风电、太阳能发电总装机容量达到12亿千瓦以上，森林覆盖率达到25%左右，森林蓄积量达到190亿立方米，二氧化碳排放量达到峰值并实现稳中有降。到2060年，绿色低碳循环发展的经济体系和清洁、低碳、安全、高效的能源体系全面建立，能源利用效率达到国际先进水平，非化石能源消费比重达到80%以上。

49 什么是绿色“一带一路”？

保护生态环境、实现绿色发展，事关全人类生存发展和长远利益。作为世界上最大的发展中国家，中国虽面临艰巨任务和重重挑战，仍秉持人类命运共同体理念，主动为全球环境治理搭建新平台。

开展气候变化南南合作是积极应对气候变化的重要举措之一。南南合作是指发展中国家之间的技术合作。它是各国、国际组织、学术界、民间社会和私营部门在农业发展、人权、城市化、健康和应对气候变化等具体领域开展合作和分享知识和倡议的平台。

绿色“一带一路”是中国向世界贡献的又一个国际合作平台，对全球气候治理实践发挥着积极的引领作用。2017年中国发布的《关于推进绿色“一带一路”的建设意见》，阐述了绿色“一带一路”建设的重要意义、总体要求、主要任务，提出用3～5年的时间，建成务实高效的生态环保合作交流体系、支撑与服务平台和产业技术合作基地，制定落实一系列生态环境风险防范政策和措施；用5～10年的时间，建成较为完善的生态环保服务、支撑、保障体系，实施一批重要生态环保项目。通过加强政策沟通、信息分享、技术交流、生态环保大数据平台建设等，帮助其他发展中国家提升环境治理能力。中国绿色“一带一路”建设的领域日益广阔，取得了丰硕成果。

50 中国在气候变化南南合作中开展了哪些工作？

作为全世界最大的发展中国家，中国正在积极帮助其他发展中国家来提高应对气候变化的能力。习近平总书记在2015年联合国可持续发展峰会上宣布设立南南合作援助基金，2019年中国政府发起成立“一带一路”绿色发展国际联盟，截至2022年6月，中国已累计安排约12亿元人民币用于开展气候变化南南合作，与38个发展中国家签署43份气候变化合作文件，与老挝、柬埔寨、塞舌尔合作建设低碳示范区，与埃塞俄比亚、巴基斯坦、萨摩亚、智利、古巴、埃及等30余个发展中国家开展38个减缓和适应气候变化项目，同时积极开展能力建设培训，累计在华举办45期应对气候变化南南合作培训班，为120多个发展中国家培训约2000名气候变化领域的官员和技术人员。

2021年以来，中国在应对气候变化南南合作领域又提出诸多新举措，发布了《中非应对气候变化合作宣言》，启动中非应对气候变化3年行动计划，成立中国-太平洋岛国应对气候变化南南合作中心，为助力其他发展中国家积极应对气候变化提供“中国方案”。

未来，中国将继续落实好应对气候变化南南合作“十百千”倡议和“一带一路”应对气候变化南南合作计划，立足发展中国家切实需求，在力所能及的范围内加大对包括小岛屿国家、最不发达国家和非洲国家在内的其他发展中国家应对气候变化领域的支持，创新性设计减缓和适应气候变化项目，推动低碳示范区建设，丰富能力建设培训形式和内容，为相关国家持续提供应对气候变化帮助。

51 碳达峰碳中和工作的原则是什么？

中共中央、国务院发布的《关于完整准确全面贯彻新发展理念做好碳达峰碳中和工作的意见》提出了实现碳达峰、碳中和的原则：

（1）全国统筹。全国一盘棋，强化顶层设计，发挥制度优势，实行党政同责，压实各方责任。根据各地实际分类施策，鼓励主动作为、率先达峰。

（2）节约优先。把节约能源资源放在首位，实行全面节约战略，持续降低单位产出能源资源消耗和碳排放，提高投入产出效率，倡导简约适度、绿色低碳生活方式，从源头和入口形成有效的碳排放控制阀门。

（3）双轮驱动。政府和市场两手发力，构建新型举国体制，强化科技和制度创新，加快绿色低碳科技革命。深化能源和相关领域改革，发挥市场机制作用，形成有效激励约束机制。

（4）内外畅通。立足国情实际，统筹国内国际能源资源，推广先进绿色低碳技术和经验。统筹做好应对气候变化对外斗争与合作，不断增强国际影响力和话语权，坚决维护我国发展权益。

（5）防范风险。处理好减污降碳和能源安全、产业链供应链安全、粮食安全、群众正常生活之间的的关系，有效应对绿色低碳转型可能伴随的经济、金融、社会风险，防止过度反应，确保安全降碳。

52 碳达峰碳中和工作的主要任务是什么？

实现碳达峰、碳中和是以习近平同志为核心的党中央统筹国内国际两个大局做出的重大战略决策，是着力解决资源环境约束突出问题、实现中华民族永续发展的必然选择，是构建人类命运共同体的庄严承诺。2021年9月，中共中央、国务院发布了《关于完整准确全面贯彻新发展理念做好碳达峰碳中和工作的意见》，要求以习近平新时代中国特色社会主义思想为指导，全面贯彻党的十九大和十九届二中、三中、四中、五中全会精神，深入贯彻习近平生态文明思想，立足新发展阶段，完整、准确、全面贯彻新发展理念，构建新发展格局，坚持系统观念，处理好发展和减排、整体和局部、短期和中长期的关系，统筹稳增长和调结构把碳达峰、碳中和纳入经济社会发展全局，以经济社会发展全面绿色转型为引领，以能源绿色低碳发展为关键，加快形成节约资源和保护环境的产业结构、生产方式、生活方式、空间格局，坚定不移走生态优先、绿色低碳的高质量发展道路，确保如期实现碳达峰、碳中和。

碳达峰碳中和的主要任务是：推进经济社会发展全面绿色转型；深度调整产业结构；加快构建清洁低碳安全高效能源体系；加快推进低碳交通运输体系建设；提升城乡建设绿色低碳发展质量；加强绿色低碳重大科技攻关和推广应用；持续巩固提升碳汇能力；提高对外开放绿色低碳发展水平；健全法律法规标准和统计监测体系；完善政策机制；切实加强组织实施。

53 《2030年前碳达峰行动方案》指导思想是什么？

2021年10月，国务院发布了《2030年前碳达峰行动方案》，提出了实现碳达峰的指导思想。以习近平新时代中国特色社会主义思想为指导，全面贯彻党的十九大和十九届二中、三中、四中、五中全会精神，深入贯彻习近平生态文明思想，立足新发展阶段，完整、准确、全面贯彻新发展理念，构建新发展格局，坚持系统观念，处理好发展和减排、整体和局部、短期和中长期的关系，统筹稳增长和调结构，把碳达峰、碳中和纳入经济社会发展全局，坚持“全国统筹、节约优先、双轮驱动、内外畅通、防范风险”的总方针，有力有序有效做好碳达峰工作，明确各地区、各领域、各行业目标任务，加快实现生产生活方式绿色变革，推动经济社会发展建立在资源高效利用和绿色低碳发展的基础之上，确保如期实现2030年前碳达峰目标。

为深入贯彻落实党中央、国务院这一重大战略决策，《2030年前碳达峰行动方案》提出了明确要求：一是坚持总体部署、分类施策。坚持全国一盘棋，强化顶层设计和各方统筹。各地区、各领域、各行业因地制宜、分类施策，明确既符合自身实际又满足总体要求的目标任务；二是坚持系统推进、重点突破。全面准确认识碳达峰行动对经济社会发展的深远影响，加强政策的系统性、协同性。抓住主要矛盾和矛盾的主要方面，推动重点领域、重点行业和有条件的地方率先达峰；三是坚持双轮驱动、两手发力。更好发挥政府作用，构建新型举国体制，充分发挥市场机制作用，大力推进绿色低碳科技创新，深化能源和相关领域改革，形成有效激励约束机制；四是坚持稳妥有序、安全降碳。立足我国富煤贫油少气的能源资源禀赋，坚持先立后破，稳住存量，拓展增量，以保障国家能源安全和经济发展为底线，争取时间实现新能源的逐渐替代，推动能源低碳转型平稳过渡，切实保障国家能源安全、产业链供应链安全、粮食安全和群众正常生产生活，着力化解各类风险隐患，防止过度反应，稳妥有序、循序渐进推进碳达峰行动，确保安全降碳。

54 《2030年前碳达峰行动方案》十大行动是什么?

根据《2030年前碳达峰行动方案》，要将碳达峰贯穿于经济社会发展全过程和各方面，重点实施“碳达峰十大行动”。

（1）能源绿色低碳转型行动。推进煤炭消费替代和转型升级；大力发展新能源；因地制宜开发水电；积极安全有序发展核电；合理调控油气消费；加快建设新型电力系统。

（2）节能降碳增效行动。全面提升节能管理能力，实施节能降碳重点工程，推进重点用能设备节能增效，加强新型基础设施节能降碳。

（3）工业领域碳达峰行动。推动工业领域绿色低碳发展，推动钢铁行业碳达峰，推动有色金属行业碳达峰，推动建材行业碳达峰，推动石化化工行业碳达峰，坚决遏制“两高”项目盲目发展。

（4）城乡建设碳达峰行动。推进城乡建设绿色低碳转型，加快提升建筑能效水平，加快优化建筑用能结构，推进农村建设和用能低碳转型。

（5）交通运输绿色低碳行动。推动运输工具装备低碳转型，构建绿色高效交通运输体系，加快绿色交通基础设施建设。

（6）循环经济助力降碳行动。推进产业园区循环化发展，加强大宗固废综合利用，健全资源循环利用体系，大力推进生活垃圾减量化资源化。

（7）绿色低碳科技创新行动。完善创新体制机制；加强创新能力建设和人才培养；强化应用基础研究；加快先进适用技术研发和推广应用。

（8）碳汇能力巩固提升行动。巩固生态系统固碳作用，提升生态系统碳汇能力，加强生态系统碳汇基础支撑，推进农业农村减排固碳。

（9）绿色低碳全民行动。加强生态文明宣传教育，推广绿色低碳生活方式，引导企业履行社会责任，强化领导干部培训。

（10）各地区梯次有序碳达峰行动。科学合理确定有序达峰目标，因地制宜推进绿色低碳发展，上下联动制定地方达峰方案，组织开展碳达峰试点建设。

55 如何推进能源领域绿色低碳转型？

能源是经济社会发展的重要物质基础，也是碳排放的最主要来源。按照《2030年前碳达峰行动方案》，要坚持安全降碳，在保障能源安全的前提下，大力实施可再生能源替代，加快构建清洁低碳安全高效的能源体系。

（1）推进煤炭消费替代和转型升级。加快煤炭减量的步伐，“十四五”时期严格合理控制煤炭消费增长，“十五五”时期逐步减少。严格控制新增煤电项目，新建机组煤耗标准达到国际先进水平，有序淘汰煤电落后产能，加快现役机组节能升级和灵活性改造，积极推进供热改造，推动煤电向基础保障性和系统调节性电源并重转型。严控跨区外送可再生能源电力配套煤电规模，新建通道可再生能源电量比例原则上不低于50%。推动重点用煤行业减煤限煤。大力推动煤炭清洁利用，合理划定禁止散烧区域，多措并举、积极有序推进散煤替代，逐步减少直至禁止煤炭散烧。

（2）大力发展新能源。全面推进风电、太阳能发电大规模开发和高质量发展，坚持集中式与分布式并举，加快建设风电和光伏发电基地。加快智能光伏产业创新升级和特色应用，创新“光伏+”模式，推进光伏发电多元布局。坚持陆海并重，推动风电协调快速发展，完善海上风电产业链，鼓励建设海上风电基地。积极发展太阳能光热发电，推动建立光热发电与光伏发电、风电互补调节的风光热综合可再生能源发电基地。因地制宜发展生物质发电、生物质能清洁供暖和生物天然气。探索深化地热能以及波浪能、潮流能、温差能等海洋新能源开发利用。进一步完善可再生能源电力消纳保障机制。到2030年，风电、太阳能发电总装机容量达到12亿千瓦以上。

（3）因地制宜开发水电。积极推进水电基地建设，推动金沙江上游、澜沧江上游、雅砻江中游、黄河上游等已纳入规划、符合生态保护要求的水电项目开工建设，推进雅鲁藏布江下游水电开发，推动小水电绿色发展。推动西南地区水电与风电、太阳能发电协同互补。统筹水电开发和生态保护，探索建立水能资源开发生态保护补偿机制。在“十四五”“十五五”期间分别新增水电装机容量4000万千瓦左右，西南地区以水电为主的可再生能源体系基本建立。

（4）积极安全有序发展核电。合理确定核电站布局和开发时序，在确保安全的前提下有序发展核电，保持平稳建设节奏。积极推动高温气冷堆、快堆、模块化小型堆、海上浮动堆等先进堆型示范工程，开展核能综合利用示范。加大核电标准化、自主化力度，加快关键技术装备攻关，培育高端核电装备制造产业集群。实行最严格的安全标准和最严格的监管，持续提升核安全监管能力。

（5）合理调控油气消费。保持石油消费处于合理区间，逐步调整汽油消费规模，大力推进先进生物液体燃料、可持续航空燃料等替代传统燃油，提升终端燃油产品能效。加快推进页岩气、煤层气、致密油（气）等非常规油气资源规模化开发。有序引导天然气消费，优化利用结构，优先保障民生用气，大力推动天然气与多种能源融合发展，因地制宜建设天然气调峰电站，合理引导工业用气和化工原料用气。支持车船使用液化天然气作为燃料。

（6）加快建设新型电力系统。构建新能源占比逐渐提高的新型电力系统，推动清洁电力资源大范围优化配置。大力提升电力系统综合调节能力，加快灵活调节电源建设，引导自备电厂、传统高载能工业负荷、工商业可中断负荷、电动汽车充电网络、虚拟电厂等参与系统调节，建设坚强智能电网，提升电网安全保障水平。积极发展"新能源+储能"、源网荷储一体化和多能互补，支持分布式新能源合理配置储能系统。制定新一轮抽水蓄能电站中长期发展规划，完善促进抽水蓄能发展的政策机制。加快新型储能示范推广应用。深化电力体制改革，加快构建全国统一电力市场体系。到2025年，新型储能装机容量达到3000万千瓦以上。到2030年，抽水蓄能电站装机容量达到1.2亿千瓦左右，省级电网基本具备5%以上的尖峰负荷响应能力。

56 节能降碳增效行动有哪些重要措施？

落实节约优先方针，完善能源消费强度和总量双控制度，严格控制能耗强度，合理控制能源消费总量，推动能源消费革命，建设能源节约型社会。

（1）全面提升节能管理能力。推行用能预算管理，强化固定资产投资项目节能审查，对项目用能和碳排放情况进行综合评价，从源头推进节能降碳。提高节能管理信息化水平，完善重点用能单位能耗在线监测系统，建立全国性、行业性节能技术推广服务平台，推动高耗能企业建立能源管理中心。完善能源计量体系，鼓励采用认证手段提升节能管理水平。加强节能监察能力建设，健全省、市、县三级节能监察体系，建立跨部门联动机制，综合运用行政处罚、信用监管、绿色电价等手段，增强节能监察约束力。

（2）实施节能降碳重点工程。实施城市节能降碳工程，开展建筑、交通、照明、供热等基础设施节能升级改造，推进先进绿色建筑技术示范应用，推动城市综合能效提升。实施园区节能降碳工程，以高耗能高排放项目（以下称“两高”项目）集聚度高的园区为重点，推动能源系统优化和梯级利用，打造一批达到国际先进水平的节能低碳园区。实施重点行业节能降碳工程，推动电力、钢铁、有色金属、建材、石化化工等行业开展节能降碳改造，提升能源资源利用效率。实施重大节能降碳技术示范工程，支持已取得突破的绿色低碳关键技术开展产业化示范应用。

（3）推进重点用能设备节能增效。以电机、风机、泵、压缩机、变压器、换热器、工业锅炉等设备为重点，全面提升能效标准。建立以能效为导向的激励约束机制，推广先进高效产品设备，加快淘汰落后低效设备。加强重点用能设备节能审查和日常监管，强化生产、经营、销售、使用、报废全链条管理，严厉打击违法违规行为，确保能效标准和节能要求全面落实。

（4）加强新型基础设施节能降碳。优化新型基础设施空间布局，统筹谋划、科学配置数据中心等新型基础设施，避免低水平重复建设。优化新型基础设施用能结构，采用直流供电、分布式储能、“光伏+储能”等模式，探索多样化能源供应，提高非化石能源消费比重。对标国际先进水平，加快完善通信、运算、存储、传输等设备能效标准，提升准入门槛，淘汰落后设备和技术。加强新型基础设施用能管理，将年综合能耗超过1万吨标准煤的数据中心全部纳入重点用能单位能耗在线监测系统，开展能源计量审查。推动既有设施绿色升级改造，积极推广使用高效制冷、先进通风、余热利用、智能化用能控制等技术，提高设施能效水平。

57 建筑行业节能降碳有哪些新规定？

2022年4月1日，《建筑节能与可再生能源利用通用规范》（GB 55015-2021）正式实施。

《建筑节能与可再生能源利用通用规范》的推出，是为了执行国家有关节约能源、保护生态环境、应对气候变化的法律、法规，落实碳达峰、碳中和决策部署，提高能源资源利用效率，推动可再生能源利用，降低建筑碳排放，营造良好的建筑室内环境，满足经济社会高质量发展的需要。

该规范适用于“新建、扩建和改建建筑以及既有建筑节能改造工程的建筑节能与可再生能源建筑应用系统的设计、施工、验收及运行管理”，涉及新建建筑、既有建筑、可再生能源系统、施工调试验收与运行管理等。从新建建筑节能设计、既有建筑节能、可再生能源利用三个方面，明确了设计、施工、调试、验收、运行管理的强制性指标及基本要求。其内容架构、要素构成、主要技术指标等实现了与发达国家相关技术法规和标准接轨，总体上达到国际先进水平，对提升建筑品质、促进建筑行业高质量发展和绿色发展具有重要作用。

58 工业领域如何实现高质量发展？

工业是产生碳排放的主要领域之一，对全国整体实现碳达峰具有重要影响。按照《2030年前碳达峰行动方案》，工业领域要加快绿色低碳转型和高质量发展，力争率先实现碳达峰。

（1）推动工业领域绿色低碳发展。优化产业结构，加快退出落后产能，大力发展战略性新兴产业，加快传统产业绿色低碳改造。促进工业能源消费低碳化，推动化石能源清洁高效利用，提高可再生能源应用比重，加强电力需求侧管理，提升工业电气化水平。深入实施绿色制造工程，大力推行绿色设计，完善绿色制造体系，建设绿色工厂和绿色工业园区。推进工业领域数字化智能化绿色化融合发展，加强重点行业和领域技术改造。

（2）推动钢铁行业碳达峰。深化钢铁行业供给侧结构性改革，严格执行产能置换，严禁新增产能，推进存量优化，淘汰落后产能。推进钢铁企业跨地区、跨所有制兼并重组，提高行业集中度。优化生产力布局，以京津冀及周边地区为重点，继续压减钢铁产能。促进钢铁行业结构优化和清洁能源替代，大力推进非高炉炼铁技术示范，提升废钢资源回收利用水平，推行全废钢电炉工艺。推广先进适用技术，深挖节能降碳潜力，鼓励钢化联产，探索开展氢冶金、二氧化碳捕集利用一体化等试点示范，推动低品位余热供暖发展。

（3）推动有色金属行业碳达峰。巩固化解电解铝过剩产能成果，严格执行产能置换，严控新增产能。推进清洁能源替代，提高水电、风电、太阳能发电等应用比重。加快再生有色金属产业发展，完善废弃有色金属资源回收、分选和加工网络，提高再生有色金属产量。加快推广应用先进适用绿色低碳技术，提升有色金属生产过程余热回收水平，推动单位产品能耗持续下降。

（4）推动建材行业碳达峰。加强产能置换监管，加快低效产能退出，严禁新增水泥熟料、平板玻璃产能，引导建材行业向轻型化、集约化、制品化转型。推动水泥错峰生产常态化，合理缩短水泥熟料装置运转时间。因地制宜利用风能、太阳能等可再生能源，逐步提高电力、天然气应用比重。鼓励建材企业使用粉煤灰、工业废渣、尾矿渣等作为原料或水泥混合材。加快推进绿色建材产品认证和应用推广，加强新型胶凝材料、低碳混凝土、木竹建材等低碳建材产品研发应用。推广节能技术设备，开展能源管理体系建设，实现节能增效。

（5）推动石化化工行业碳达峰。优化产能规模和布局，加大落后产能淘汰力度，有效化解结构性过剩矛盾。严格项目准入，合理安排建设时序，严控新增炼油和传统煤化工生产能力，稳妥有序发展现代煤化工。引导企业转变用能方式，鼓励以电力、天然气等替代煤炭。调整原料结构，控制新增原料用煤，拓展富氢原料进口来源，推动石化化工原料轻质化。优化产品结构，促进石化化工与煤炭开采、冶金、建材、化纤等产业协同发展，加强炼厂干气、液化气等副产气体高效利用。鼓励企业节能升级改造，推动能量梯级利用、物料循环利用。到2025年，国内原油一次加工能力控制在10亿吨以内，主要产品产能利用率提升至80%以上。

（6）坚决遏制“两高”项目盲目发展。采取强有力措施，对“两高”项目实行清单管理、分类处置、动态监控。全面排查在建项目，对能效水平低于本行业能耗限额准入值的，按有关规定停工整改，推动能效水平应提尽提，力争全面达到国内乃至国际先进水平。科学评估拟建项目，对产能已饱和的行业，按照“减量替代”原则压减产能；对产能尚未饱和的行业，按照国家布局和审批备案等要求，对标国际先进水平提高准入门槛；对能耗量较大的新兴产业，支持引导企业应用绿色低碳技术，提高能效水平。深入挖潜存量项目，加快淘汰落后产能，通过改造升级挖掘节能减排潜力。强化常态化监管，坚决拿下不符合要求的“两高”项目。

59　城乡建设如何推进绿色低碳发展?

按照《2030年前碳达峰行动方案》，加快推进城乡建设绿色低碳发展，城市更新和乡村振兴都要落实绿色低碳要求。

（1）推进城乡建设绿色低碳转型。推动城市组团式发展，科学确定建设规模，控制新增建设用地过快增长。倡导绿色低碳规划设计理念，增强城乡气候韧性，建设海绵城市。推广绿色低碳建材和绿色建造方式，加快推进新型建筑工业化，大力发展装配式建筑，推广钢结构住宅，推动建材循环利用，强化绿色设计和绿色施工管理。加强县城绿色低碳建设。推动建立以绿色低碳为导向的城乡规划建设管理机制，制定建筑拆除管理办法，杜绝大拆大建。建设绿色城镇、绿色社区。

（2）加快提升建筑能效水平。加快更新建筑节能、市政基础设施等标准，提高节能降碳要求。加强适用于不同气候区、不同建筑类型的节能低碳技术研发和推广，推动超低能耗建筑、低碳建筑规模化发展。加快推进居住建筑和公共建筑节能改造，持续推动老旧供热管网等市政基础设施节能降碳改造。提升城镇建筑和基础设施运行管理智能化水平，加快推广供热计量收费和合同能源管理，逐步开展公共建筑能耗限额管理。到2025年，城镇新建建筑全面执行绿色建筑标准。

（3）加快优化建筑用能结构。深化可再生能源建筑应用，推广光伏发电与建筑一体化应用。积极推动严寒、寒冷地区清洁取暖，推进热电联产集中供暖，加快工业余热供暖规模化应用，积极稳妥开展核能供热示范，因地制宜推行热泵、生物质能、地热能、太阳能等清洁低碳供暖。引导夏热冬冷地区科学取暖，因地制宜采用清洁高效取暖方式。提高建筑终端电气化水平，建设集光伏发电、储能、直流配电、柔性用电于一体的“光储直柔”建筑。到2025年，城镇建筑可再生能源替代率达到8%，新建公共机构建筑、新建厂房屋顶光伏覆盖率力争达到50%。

（4）推进农村建设和用能低碳转型。推进绿色农房建设，加快农房节能改造。持续推进农村地区清洁取暖，因地制宜选择适宜取暖方式。发展节能低碳农业大棚。推广节能环保灶具、电动农用车辆、节能环保农机和渔船。加快生物质能、太阳能等可再生能源在农业生产和农村生活中的应用。加强农村电网建设，提升农村用能电气化水平。

60 交通运输业如何开展绿色低碳行动?

按照《2030年前碳达峰行动方案》，交通运输领域实现碳达峰就要加快形成绿色低碳运输方式，确保交通运输领域碳排放增长保持在合理区间。

（1）推动运输工具装备低碳转型。积极扩大电力、氢能、天然气、先进生物液体燃料等新能源、清洁能源在交通运输领域应用。大力推广新能源汽车，逐步降低传统燃油汽车在新车产销和汽车保有量中的占比，推动城市公共服务车辆电动化替代，推广电力、氢燃料、液化天然气动力重型货运车辆。提升铁路系统电气化水平。加快老旧船舶更新改造，发展电动、液化天然气动力船舶，深入推进船舶靠港使用岸电，因地制宜开展沿海、内河绿色智能船舶示范应用。提升机场运行电动化智能化水平，发展新能源航空器。到2030年，当年新增新能源、清洁能源动力的交通工具比例达到40%左右，营运交通工具单位换算周转量碳排放强度比2020年下降9.5%左右，国家铁路单位换算周转量综合能耗比2020年下降10%。陆路交通运输石油消费力争2030年前达到峰值。

（2）构建绿色高效交通运输体系。发展智能交通，推动不同运输方式合理分工、有效衔接，降低空载率和不合理客货运周转量。大力发展以铁路、水路为骨干的多式联运，推进工矿企业、港口、物流园区等铁路专用线建设，加快内河高等级航道网建设，加快大宗货物和中长距离货物运输“公转铁”“公转水”。加快先进适用技术应用，提升民航运行管理效率，引导航空企业加强智慧运行，实现系统化节能降碳。加快城乡物流配送体系建设，创新绿色低碳、集约高效的配送模式。打造高效衔接、快捷舒适的公共交通服务体系，积极引导公众选择绿色低碳交通方式。在“十四五”期间，集装箱铁水联运量年均增长15%以上。到2030年，城区常住人口100万以上的城市绿色出行比例不低于70%。

（3）加快绿色交通基础设施建设。将绿色低碳理念贯穿于交通基础设施规划、建设、运营和维护全过程，降低全生命周期能耗和碳排放。开展交通基础设施绿色化提升改造，统筹利用综合运输通道线位、土地、空域等资源，加大岸线、锚地等资源整合力度，提高利用效率。有序推进充电桩、配套电网、加注（气）站、加氢站等基础设施建设，提升城市公共交通基础设施水平。到2030年，民用运输机场场内车辆装备等力争全面实现电动化。

61 如何发展循环经济助力碳达峰？

按照《2030年前碳达峰行动方案》，要抓住资源利用这个源头，大力发展循环经济，全面提高资源利用效率，充分发挥减少资源消耗和降碳的协同作用。

（1）推进产业园区循环化发展。以提升资源产出率和循环利用率为目标，优化园区空间布局，开展园区循环化改造。推动园区企业循环式生产、产业循环式组合，组织企业实施清洁生产改造，促进废物综合利用、能量梯级利用、水资源循环利用，推进工业余压余热、废气废液废渣资源化利用，积极推广集中供气供热。搭建基础设施和公共服务共享平台，加强园区物质流管理。到2030年，省级以上重点产业园区全部实施循环化改造。

（2）加强大宗固废综合利用。提高矿产资源综合开发利用水平和综合利用率，以煤矸石、粉煤灰、尾矿、共伴生矿、冶炼渣、工业副产石膏、建筑垃圾、农作物秸秆等大宗固废为重点，支持大掺量、规模化、高值化利用，鼓励应用于替代原生非金属矿、砂石等资源。在确保安全环保前提下，探索将磷石膏应用于土壤改良、井下充填、路基修筑等。推动建筑垃圾资源化利用，推广废弃路面材料原地再生利用。加快推进秸秆高值化利用，完善收储运体系，严格禁烧管控。加快大宗固废综合利用示范建设。到2025年，大宗固废年利用量达到40亿吨左右；到2030年，大宗固废年利用量达到45亿吨左右。

（3）健全资源循环利用体系。完善废旧物资回收网络，推行“互联网+”回收模式，实现再生资源应收尽收。加强再生资源综合利用行业规范管理，促进产业集聚发展。高水平建设现代化“城市矿产”基地，推动再生资源规范化、规模化、清洁化利用。推进退役动力电池、光伏组件、风电机组叶片等新兴产业废物循环利用。促进汽车零部件、工程机械、文办设备等再制造产业高质量发展。加强资源再生产品和再制造产品推广应用。到2025年，废钢铁、废铜、废铝、废铅、废锌、废纸、废塑料、废橡胶、废玻璃等9种主要再生资源循环利用量达到4.5亿吨，到2030年达到5.1亿吨。

（4）大力推进生活垃圾减量化资源化。扎实推进生活垃圾分类，加快建立覆盖全社会的生活垃圾收运处置体系，全面实现分类投放、分类收集、分类运输、分类处理。加强塑料污染全链条治理，整治过度包装，推动生活垃圾源头减量。推进生活垃圾焚烧处理，降低填埋比例，探索适合我国厨余垃圾特性的资源化利用技术。推进污水资源化利用。到2025年，城市生活垃圾分类体系基本健全，生活垃圾资源化利用比例提升至60%左右。到2030年，城市生活垃圾分类实现全覆盖，生活垃圾资源化利用比例提升至65%。

62 如何围绕绿色低碳发展加强科技创新？

按照《2030年前碳达峰行动方案》，实现碳达峰要发挥科技创新的支撑引领作用，完善科技创新体制机制，强化创新能力，加快绿色低碳科技革命。

（1）完善创新体制机制。制定科技支撑碳达峰碳中和行动方案，在国家重点研发计划中设立碳达峰碳中和关键技术研究与示范等重点专项，采取“揭榜挂帅”机制，开展低碳零碳负碳关键核心技术攻关。将绿色低碳技术创新成果纳入高等学校、科研单位、国有企业有关绩效考核。强化企业创新主体地位，支持企业承担国家绿色低碳重大科技项目，鼓励设施、数据等资源开放共享。推进国家绿色技术交易中心建设，加快创新成果转化。加强绿色低碳技术和产品知识产权保护。完善绿色低碳技术和产品检测、评估、认证体系。

（2）加强创新能力建设和人才培养。组建碳达峰碳中和相关国家实验室、国家重点实验室和国家技术创新中心，适度超前布局国家重大科技基础设施，引导企业、高等学校、科研单位共建一批国家绿色低碳产业创新中心。创新人才培养模式，鼓励高等学校加快新能源、储能、氢能、碳减排、碳汇、碳排放权交易等学科建设和人才培养，建设一批绿色低碳领域未来技术学院、现代产业学院和示范性能源学院。深化产教融合，鼓励校企联合开展产学合作协同育人项目，组建碳达峰碳中和产教融合发展联盟，建设一批国家储能技术产教融合创新平台。

（3）强化应用基础研究。实施一批具有前瞻性、战略性的国家重大前沿科技项目，推动低碳零碳负碳技术装备研发取得突破性进展。聚焦化石能源绿色智能开发和清洁低碳利用、可再生能源大规模利用、新型电力系统、节能、氢能、储能、动力电池、二氧化碳捕集利用与封存等重点，深化应用基础研究。积极研发先进核电技术，加强可控核聚变等前沿颠覆性技术研究。

（4）加快先进适用技术研发和推广应用。集中力量开展复杂大电网安全稳定运行和控制、大容量风电、高效光伏、大功率液化天然气发动机、大容量储能、低成本可再生能源制氢、低成本二氧化碳捕集利用与封存等技术创新，加快碳纤维、气凝胶、特种钢材等基础材料研发，补齐关键零部件、元器件、软件等短板。推广先进成熟绿色低碳技术，开展示范应用。建设全流程、集成化、规模化二氧化碳捕集利用与封存示范项目。推进熔盐储能供热和发电示范应用。加快氢能技术研发和示范应用，探索在工业、交通运输、建筑等领域规模化应用。

63 如何在生态环境建设中提升碳汇能力？

按照《2030年前碳达峰行动方案》，要坚持系统观念，推进山水林田湖草沙一体化保护和修复，提高生态系统质量和稳定性，提升生态系统碳汇增量。

（1）巩固生态系统固碳作用。结合国土空间规划编制和实施，构建有利于碳达峰、碳中和的国土空间开发保护格局。严守生态保护红线，严控生态空间占用，建立以国家公园为主体的自然保护地体系，稳定现有森林、草原、湿地、海洋、土壤、冻土、岩溶等固碳作用。严格执行土地使用标准，加强节约集约用地评价，推广节地技术和节地模式。

（2）提升生态系统碳汇能力。实施生态保护修复重大工程。深入推进大规模国土绿化行动，巩固退耕还林还草成果，扩大林草资源总量。强化森林资源保护，实施森林质量精准提升工程，提高森林质量和稳定性。加强草原生态保护修复，提高草原综合植被盖度。加强河湖、湿地保护修复。整体推进海洋生态系统保护和修复，提升红树林、海草床、盐沼等固碳能力。加强退化土地修复治理，开展荒漠化、石漠化、水土流失综合治理，实施历史遗留矿山生态修复工程。到2030年，全国森林覆盖率达到25%左右，森林蓄积量达到190亿立方米。

（3）加强生态系统碳汇基础支撑。依托和拓展自然资源调查监测体系，利用好国家林草生态综合监测评价成果，建立生态系统碳汇监测核算体系，开展森林、草原、湿地、海洋、土壤、冻土、岩溶等碳汇本底调查、碳储量评估、潜力分析，实施生态保护修复碳汇成效监测评估。加强陆地和海洋生态系统碳汇基础理论、基础方法、前沿颠覆性技术研究。建立健全能够体现碳汇价值的生态保护补偿机制，研究制定碳汇项目参与全国碳排放权交易相关规则。

（4）推进农业农村减排固碳。大力发展绿色低碳循环农业，推进农光互补、“光伏+设施农业”“海上风电+海洋牧场”等低碳农业模式。研发应用增汇型农业技术。开展耕地质量提升行动，实施国家黑土地保护工程，提升土壤有机碳储量。合理控制化肥、农药、地膜的使用量，实施化肥农药减量替代计划，加强农作物秸秆综合利用和畜禽粪污资源化利用。

64 如何推动绿色低碳全民行动?

增强全民节约意识、环保意识、生态意识，倡导简约适度、绿色低碳、文明健康的生活方式，把绿色理念转化为全体人民的自觉行动。

（1）加强生态文明宣传教育。将生态文明教育纳入国民教育体系，开展多种形式的资源环境国情教育，普及碳达峰、碳中和基础知识。加强对公众的生态文明科普教育，将绿色低碳理念有机融入文艺作品，制作文创产品和公益广告，持续开展世界地球日、世界环境日、全国节能宣传周、全国低碳日等主题宣传活动，增强社会公众绿色低碳意识，推动生态文明理念更加深入人心。

（2）推广绿色低碳生活方式。坚决遏制奢侈浪费和不合理消费，着力破除奢靡铺张的歪风陋习，坚决制止餐饮浪费行为。在全社会倡导节约用能，开展绿色低碳社会行动示范创建，深入推进绿色生活创建行动，评选宣传一批优秀示范典型，营造绿色低碳生活新风尚。大力发展绿色消费，推广绿色低碳产品，完善绿色产品认证与标识制度。提升绿色产品在政府采购中的比例。

（3）引导企业履行社会责任。引导企业主动适应绿色低碳发展要求，强化环境责任意识，加强能源资源节约，提升绿色创新水平。重点领域国有企业特别是中央企业要制定实施企业碳达峰行动方案，发挥示范引领作用。

重点用能单位要梳理核算自身碳排放情况，深入研究碳减排路径，“一企一策”制定专项工作方案，推进节能降碳。相关上市公司和发债企业要按照环境信息依法披露要求，定期公布企业碳排放信息。充分发挥行业协会等社会团体作用，督促企业自觉履行社会责任。

（4）强化领导干部培训。将学习贯彻习近平生态文明思想作为干部教育培训的重要内容，各级党校（行政学院）要把碳达峰、碳中和相关内容列入教学计划，分阶段、多层次对各级领导干部开展培训，普及科学知识，宣讲政策要点，强化法治意识，深化各级领导干部对碳达峰、碳中和工作重要性、紧迫性、科学性、系统性的认识。从事绿色低碳发展相关工作的领导干部要尽快提升专业素养和业务能力，切实增强推动绿色低碳发展的本领。

65 如何把握区域定位梯次有序推进碳达峰？

各地区要准确把握自身发展定位，结合本地区经济社会发展实际和资源环境禀赋，坚持分类施策、因地制宜、上下联动，梯次有序推进碳达峰。

（1）科学合理确定有序达峰目标。碳排放已经基本稳定的地区要巩固减排成果，在率先实现碳达峰的基础上进一步降低碳排放。产业结构较轻、能源结构较优的地区要坚持绿色低碳发展，坚决不走依靠“两高”项目拉动经济增长的老路，力争率先实现碳达峰。产业结构偏重、能源结构偏煤的地区和资源型地区要把节能降碳摆在突出位置，大力优化调整产业结构和能源结构，逐步实现碳排放增长与经济增长脱钩，力争与全国同步实现碳达峰。

（2）因地制宜推进绿色低碳发展。各地区要结合区域重大战略、区域协调发展战略和主体功能区战略，从实际出发推进本地区绿色低碳发展。京津冀、长三角、粤港澳大湾区等区域要发挥高质量发展动力源和增长极作用，率先推动经济社会发展全面绿色转型。长江经济带、黄河流域和国家生态文明试验区要严格落实生态优先、绿色发展战略导向，在绿色低碳发展方面走在全国前列。中西部和东北地区要着力优化能源结构，按照产业政策和能耗双控要求，有序推动高耗能行业向清洁能源优势地区集中，积极培育绿色发展动能。

（3）上下联动制定地方达峰方案。各省、自治区、直辖市人民政府要按照国家总体部署，结合本地区资源环境禀赋、产业布局、发展阶段等，坚持全国一盘棋，不抢跑，科学制定本地区碳达峰行动方案，提出符合实际、切实可行的碳达峰时间表、路线图、施工图，避免“一刀切”限电限产或运动式“减碳”。各地区碳达峰行动方案经碳达峰碳中和工作领导小组综合平衡、审核通过后，由地方政府自行印发实施。

（4）组织开展碳达峰试点建设。加大中央对地方推进碳达峰的支持力度，选择100个具有典型代表性的城市和园区开展碳达峰试点建设，在政策、资金、技术等方面对试点城市和园区给予支持，加快实现绿色低碳转型，为全国提供可操作、可复制、可推广的经验做法。

66 如何使“双碳”工作成为经济增长的驱动力？

我国是全球最大的发展中国家，经济增长迅速，是能源生产和消费大国，是国际社会关注的焦点，自身也面临环境污染和气候变化的不利影响。在环境保护和经济增长之间寻求平衡，最基本的还是要深刻理解新的发展观，追求高质量发展，而不是单纯追求经济增长速度。碳达峰、碳中和为经济转型提供了倒逼机制，为我国提供经济增长的新动能，进一步推动经济结构的调整，将改变各个行业的结构和面貌，拉动新的投资，创造新的就业机会。

碳达峰、碳中和意味着加速结构调整，是经济转型升级的助推器，而不是增长的绊脚石。在这个过程中，高碳污染的产业和企业受到抑制甚至要优先去产能；而在产业链高端的企业和新兴战略产业将得到长足发展，吸纳大量就业。很多人担心碳达峰碳中和会影响中国经济增长，但是，从过去10多年的发展历程来看，我国已经实现了经济社会发展与碳排放初步脱钩，基本走上一条符合国情的绿色低碳循环的高质量发展道路，取得了一系列成就。2021年，我国已经实现了全面脱贫目标，碳强度较2005年降低约48.4%，非化石能源占一次能源消费比重达15.9%，风电、光伏并网装机分别达到2.8亿千瓦、2.5亿千瓦，合计为5.3亿千瓦，约占总发电装机的25.7%，连续8年成为全球可再生能源投资第一大国。生态环境质量明显改善，取得了污染防治攻坚战的阶段性胜利。

一系列实践也证明，加强应对气候行动，加强碳减排行动，不但不会阻碍经济发展，而且有利于提高经济增长质量，培育带动新的产业和市场，扩大就业，改善民生，保护环境，提高人民健康水平，实现协同发展。未来我国需要做的就是坚持既定路线，更加坚决的贯彻和执行，通过碳达峰、碳中和实现社会经济的系统性变革。

面对新的机遇和挑战，需要重视以下几个方面问题。

第一，社会整体对碳达峰、碳中和还缺乏共识，有些人仍认为控制碳排放是国际事务、外交事务，并不认为是自身的优先事项，整体意识不足，从而一定程度上出现外热内冷、上热下冷现象。为此，3月15日中央财经委第九次会议就明确提出，领导干部要加强对碳排放相关知识的学习，增强抓好绿色低碳发展的本领。因此，需要提高有关应对气候变化的认知水平，加强政府、企业、公众等对碳减排的意识。

第二，我国作为发展中国家，发展还是第一要务。在这个过程中，为了更好地满足人民群众对基础设施和公共服务的需求，城市化进程还在继续推进，人口仍在向城市聚集，一些城市仍处于扩张期，这一阶段还存在较大规模的基础设施新建和翻新需求。在这种动态和扩张型的发展阶段，要有效控制碳排放确实存在较大困难，需要找到切实可行的转型路径。

第三，碳排放控制缺少立竿见影的末端治理措施，主要依靠的是源头的结构调整措施，包括经济结构调整、空间结构调整、能源结构调整和运输结构调整等。但结构调整的难度非常大，受到很多要素条件制约，很难在短时间内实现重大调整。

第四，目前碳减排目标还没有做到有效分解，基础数据不够清晰，目标约束不够严格，存在一定的弹性，配套的统计、监测和核查体系没有完全建立起来；同时碳减排目标和各地区各行业当前的主流发展目标的有效衔接不够，配套的体制机制不够健全，碳减排的指标设定、目标考核、规划编制、措施制定、监督执法等方面有待完善，目前产业部门对碳目标的接受度还不高，内在动力不足。

67 如何推进经济社会发展全面绿色转型?

按照《关于完整准确全面贯彻新发展理念做好碳达峰碳中和工作的意见》要求，在深入打好污染防治攻坚战、持续改善环境质量的同时，应注重把绿色低碳融入经济社会发展的各个方面，形成推动经济社会发展全面绿色转型的强大合力。

（1）强化绿色低碳发展规划引领。将碳达峰、碳中和目标要求全面融入经济社会发展中长期规划，强化国家发展规划、国土空间规划、专项规划、区域规划和地方各级规划的支撑保障。加强各级各类规划间衔接协调，确保各地区各领域落实碳达峰、碳中和的主要目标、发展方向、重大政策、重大工程等协调一致。

（2）优化绿色低碳发展区域布局。持续优化重大基础设施、重大生产力和公共资源布局，构建有利于碳达峰、碳中和的国土空间开发保护新格局。在京津冀协同发展、长江经济带发展、粤港澳大湾区建设、长三角一体化发展、黄河流域生态保护和高质量发展等区域重大战略实施中，强化绿色低碳发展导向和任务要求。

（3）加快形成绿色生产生活方式。大力推动节能减排，全面推进清洁生产，加快发展循环经济，加强资源综合利用，不断提升绿色低碳发展水平。扩大绿色低碳产品供给和消费，倡导绿色低碳生活方式。把绿色低碳发展纳入国民教育体系。开展绿色低碳社会行动示范创建。凝聚全社会共识，加快形成全民参与的良好格局。

近年来，各界民众积极参与"全国节能宣传周""全国低碳日""世界环境日"等活动，践行绿色低碳生活正在成为全社会共建美丽中国的自觉行动。2021年1月发布的《家庭低碳生活与低碳消费行为调研报告》显示，公众对于"低碳"这个名词的熟悉度和认同度都很高，41%的受访者认为低碳可以"减少浪费"、33%的人认为低碳有助于"可持续发展"，32%认为它可以减少空气污染。这体现了公众既能够从"责任"和"利他"的角度看待低碳行动。同时，报告也注意到公众对于低碳生活有着比较深层次的思考，31%的受访者希望学习在生活中如何更好地辨识低碳产品。绿色低碳理念深入人心，低碳行动走进了千家万户。

第五章

中国的减排制度

68 如何全面理解中国的碳减排政策制度?

碳达峰、碳中和是一项艰巨而复杂的系统工程，其核心是减少二氧化碳等温室气体的排放，其关键是推进经济社会的绿色转型发展。中国从20世纪70年代开始，把生态环境保护确立为基本国策，把可持续发展确立为国家战略，走出了一条具有中国特色的生态环境保护道路。在实现“双碳”目标的新形势下，必须以习近平生态文明思想为指导，完整准确全面贯彻新发展理念，动员全社会力量，把节约资源和保护环境贯穿于经济社会发展全过程和各方面。

在政策法规方面，中国早在1997年就颁布了《中华人民共和国节约能源法》，并多次进行了修订；2005年中国又通过了《中华人民共和国可再生能源法》，强调加强可再生能源开发利用；2018年“大气污染物和温室气体实施协同控制”作为正式条款纳入了新修订的《大气污染防治法》；2021年，生态环境部明确了“减少温室气体排放”“减少气候变化灾害”等环境影响评价的新要求，对《环境影响评价法》做了重要补充。此外，从《中国应对气候变化国家方案》到《2030年碳达峰行动方案》，中国把应对气候变化、推动低碳发展提升到了国家战略的高度。这一系列法律、规章为“双碳”目标的实现奠定了法制基础。

在制度创新方面，中国结合自身国情，积极与国际接轨，建立了国家和省级温室气体清单报告制度；借鉴世界各国的经验和做法，探索促进节能降碳的市场机制，2021年全国碳排放权交易市场正式建立；围绕碳排放权交易和温室气体排放监督管理，建立了企业温室气体排放许可、核算、报告、核查制度；2021年生态环境部启动了建设项目和园区规划的碳环境影响评价试点，涉及“两高”的8个重点行业和重点区域被纳入其中。此外，支持低碳发展的投融资政策、税收减免政策、优惠利率贷款等碳减排支持工具也正逐步完善。

在标准体系方面，为了支撑温室气体减排工作，国家制定了一系列标准、指南和技术规范，包括温室气体排放核算指南、温室气体清单编制指南、企业温室气体排放报告指南、温室气体监测技术规范等方面的30多项国家标准和16项团体标准，使碳达峰、碳中和工作做到了统一规范、有据可依。2021年温室气体监测试点工作有序展开，丰富了温室气体排放监督管理的技术手段。

在降碳技术方面，新能源开发和节能降碳具有同等重要的地位。中国大力发展绿色新能源，太阳能、风能、氢能、生物质能等绿色能源的科技水平与开发能力位居全球前列，传统能源的清洁化高效利用也取得了显著成效。中国率先提出的碳捕集、利用与封存（CCUS）概念，得到国际社会的广泛认可和响应。经过多年的自主研发和国际合作，国内初步形成了一系列CCUS的技术方案，一批碳捕集示范项目和地质利用与封存示范项目陆续得到推广应用。

中国在应对气候变化的探索和实践中，逐步完善了温室气体清单编制、碳核算核查与报告、碳环境影响评价等管理制度，初步建立了碳排放权交易等市场机制，形成了温室气体监测与评估、新能源开发利用、碳捕集、利用与封存等技术支撑体系，明确了当前应对气候变化的工作目标、重点任务、管理机制和技术路径。

清单与报告制度

69 什么是温室气体清单？

温室气体清单是对一定区域内人类活动排放和吸收的温室气体信息的全面汇总，包括政府、企业、地区等为单位在社会和生产活动中各环节直接或者间接排放的温室气体。计算温室气体排放量的过程，称作编制温室气体清单。

温室气体清单编制通过识别温室气体主要排放源和吸收汇，可以掌握不同年份分区域、分部门、分行业的温室气体排放现状。编制城市或省级温室气体清单有利于明晰、准确地掌握城市或省域温室气体排放源和吸收汇的关键类别，梳理主要领域排放状况，把握温室气体排放特征，制定切合实际的减排目标、任务措施、实施方案。

温室气体报告制度是一项与国家温室气体清单编制互补的温室气体数据管理制度。目前，按照《联合国气候变化框架公约》要求，所有缔约方应按照 IPCC 国家温室气体清单指南编制各国的温室气体清单。2010年9月，国家发展改革委办公厅印发了《关于启动省级温室气体清单编制工作有关事项的通知》(发改办气候〔2010〕2350 号)，要求各地制定工作计划和编制方案，组织好省级温室气体清单编制工作。

70 为什么要编制国家温室气体清单？

1994年3月21日，《联合国气候变化框架公约》生效。根据“共同但有区别的责任”原则，公约对发达国家和发展中国家规定的义务以及履行义务的程序有所区别，要求作为温室气体排放大户的发达国家，采取具体措施限制温室气体的排放，并向发展中国家提供资金以支付他们履行公约义务所需的费用。而发展中国家只承担提供温室气体源与温室气体汇的国家清单的义务，制订并执行含有关于温室气体源与汇方面措施的方案，不承担有法律约束力的限控义务。编制国家温室气体清单的意义主要体现在以下几个方面：

（1）履行应对气候变化的国际义务。中国作为世界上最大的发展中国家，始终以积极的态度和务实的行动履行在气候变化方面所承担的必要义务，于1992年11月7日经全国人大批准《联合国气候变化框架公约》，并于1993年1月5日将批准书交存联合国秘书长处，正式成为该公约的缔约国之一。《联合国气候变化框架公约》自1994年3月21日生效同时对我国生效，自此我国开始着手编制国家温室气体排放清单相关工作，迄今为止共完成5个年份的国家温室气体清单编制，温室气体清单质量获得了国际社会的认可。

（2）摸清温室气体“家底”的重要手段。对于碳达峰、碳中和来说，首先需要做的是要摸清“碳家底”，全面掌握我国各个年份在能源活动、工业生产过程、农业、土地利用变化和林业等方面的温室气体排放与吸收基础数据。只有掌握这些关键领域的碳相关数据，才能为评价碳减排效果、制定减排方案等相关工作指明方向。国家温室气体清单的编制是依据IPCC的清单方法学指南，结合不同部门、不同层次、由上至下及由下至上的综合过程，可以获取详尽的部门温室气体排放、吸收状况。

（3）国家低碳社会发展的基础性工作。温室气体排放增加所引起的气候变化已经成为制约社会、经济可持续发展的重要因素。控制温室气体排放、发展低碳经济、倡导低碳生活已经成为全社会的共识。国家温室气体清单的编制有利于准确掌握我国各领域温室气体排放现状及特征，追踪其发展趋势，为减排目标的分解和考核提供数据支撑，为我国向低碳化方向发展打下坚实的基础。

71 国家温室气体清单应报告哪些内容?

1996年《联合国气候变化框架公约》第二次缔约方会议上决定，非附件一国家也需要报告其国家温室气体清单，并对发展中国家温室气体清单的报告内容做了详细界定。我国属于发展中国家，在《联合国气候变化框架公约》中被归为非附件一国家，因此，我国的国家温室气体清单也需要按非附件一的要求向联合国报告，具体报告内容见表（2–2）。

表 2–2　非附件一国家温室气体清单报告内容

温室气体排放源和吸收汇的种类	CO_2	CH_4	N_2O
总净排放量（千吨 / 年）	√	√	√
1. 能源活动	√	√	√
燃料燃烧	√		√
能源生产和加工转换	√		√
工业	√		
运输	√		
商业	√		
居民	√		
其他	√		
生物质燃烧（能源利用为目的）		√	
逃逸排放		√	
油气系统		√	
煤炭开采和矿后活动		√	
2. 工业生产过程	√		√
3. 农业		√	√
动物肠道发酵		√	

续表

温室气体排放源和吸收汇的种类	CO_2	CH_4	N_2O
水稻种植		√	
烧荒		√	
其他		√	√
4. 土地利用变化和林业	√		
森林和其他木质生物质储量变化	√		
森林和草地转化	√		
弃耕地	√		
5. 其他		√	

注：标“√”表示需要汇报的数据。

72 国家温室气体清单的方法学分为几个层级?

根据方法的复杂程度与各国可获取数据的详细程度，IPCC国家温室气体清单指南将方法学分为3个层级，第1层方法1（Tier 1 method）是基本方法，第2层方法2（Tier 2 method）是中级方法，第3层方法3（Tier 3 method）要求最高。方法2和方法3被称作较高级别方法，通常认为结果更为准确。以能源大类中的化石燃料燃烧为例，方法1是根据燃料燃烧的消耗量与平均排放因子进行计算，该方法旨在利用已有的国内与国际统计资料，结合使用排放因子数据库（EFDB）提供的缺省排放因子和其他参数进行计算，尽管对所有国家切实可行，但对不同国家的代表性不足。方法2是根据燃料燃烧的消耗量与特定国家排放因子进行计算，与方法1的主要区别是排放因子的选择不同，由于方法2是使用各国自身的排放因子，因此更值得推荐。方法3是对燃料气体的持续排放进行监测，由于监测设备投资较大，运行维护费用较高，且数据的准确性、稳定性难以保证，目前大部分国家不使用该方法估算国家排放。我国主要使用方法2来计算温室气体排放。

73 我国国家温室气体清单如何编制?

我国国家级温室气体清单编制工作是在国家应对气候变化及节能减排工作领导小组指导下开展的，生态环境部总体负责国家温室气体清单编制和发布工作。生态环境部应对气候变化司具体负责国家清单编制的组织管理，并通过项目招投标方式选定国家气候战略中心、清华大学、中国农科院、中国科学院、中国林科院和中国环科院等6家技术单位分别承担能源活动、工业生产过程、农业活动、土地利用变化和林业、废弃物处理领域的清单编制和报告起草工作。

目前我国清单覆盖的排放源较为完整，核算的温室气体种类涵盖了二氧化碳、甲烷和氧化亚氮等6种，编制方法从采用IPCC缺省排放因子的低阶方法演变成更多排放源采用本国化参数的高阶方法。清单基础数据主要协调国家统计局、主管相应行业的部委和电力、钢铁、石油化工等行业协会提供。

74 我国向联合国提交了几份温室气体清单?

国家温室气体清单编制是应对气候变化的一项基础性工作，同时也是气候变化国际履约的必要义务。作为《联合国气候变化框架公约》(UNFCCC)缔约方之一，迄今为止，我国共完成5个年份的国家温室气体清单编制。分别于2004年、2012年和2019年向联合国气候变化框架公约秘书处提交《中华人民共和国气候变化初始国家信息通报》《中华人民共和国气候变化第二次国家信息通报》和《中华人民共和国气候变化第三次国家信息通报》，详细分析了我国1994年、2005年和2010年温室气体排放情况；2017年和2019年又提交了《中华人民共和国气候变化第一次两年更新报告》《中华人民共和国气候变化第二次两年更新报告》，分别披露了2012年和2014年国家温室气体排放信息。我国清单质量获得了国际社会的认可。

75 为什么要编制省级温室气体清单?

根据《省级温室气体清单编制指南（试行）》，省级温室气体清单是对一定区域内人类活动排放和吸收的温室气体信息的全面汇总。编制省级温室气体清单具有以下作用：

摸清碳家底。清单编制是一项基础性工作，通过识别温室气体的主要排放源和吸收汇，可以掌握不同年份分区域、分部门、分行业的温室气体排放现状。

支撑碳考核。清单编制是落实国家碳排放下降指标的重要基础，为实现各省市单位GDP二氧化碳排放下降目标，需要研究如何把碳排放目标分解到各个区县。准确估算各区县温室气体排放量是完成各省市温室气体控排目标分解的前提，也是考核控排目标是否完成的必要依据。

辅助碳决策。清单编制有利于各省市政府厘清主要领域温室气体排放情况，把握其中关键的排放源和吸收汇类别，从而针对不同部门、行业的排放特征制定切合实际的控排目标和任务措施，预测未来减排潜力并制定应对措施。同时，通过对不同年份温室气体排放趋势变化的研究来评估政策行动的效果，以便及时调整本地控制温室气体排放的相关政策和行动。

服务碳交易。全国碳排放权交易市场已建立，而温室气体清单是碳排放总量目标制定以及分批分段地将重点排放行业纳入碳排放交易体系的数据基础。配额分配是碳排放交易体系的核心要素，一个重要的配额分配原则就是单位产品排放基准法，包括对新增或扩建企业的配额分配都需要用到行业基准，这些基准线的合理确定需依赖行业温室气体排放量的准确核算，而省级温室气体清单的编制将为行业基准线的制定提供数据支持。

76 省级温室气体清单是否需要编制分报告？

按照《省级温室气体清单编制指南（试行）》要求，清单内容包括能源活动、工业生产过程、农业活动、土地利用变化和林业、废弃物处理等五大领域的分报告和温室气体清单总报告。

五大领域的分报告将分别包括：排放源界定、清单编制方法（温室气体排放量的计算方法）、活动水平数据及其来源、排放因子数据及其确定方法、清单估算结果、不确定性分析等内容。

在温室气体清单总报告中除了将5个分报告中的清单结果进行汇总外，将着重进行以下分析，分别是：

（1）排放强度分析：温室气体的人均排放量、单位GDP排放量、单位土地面积排放；

（2）排放构成分析：不同行业的温室气体排放量、不同能源品种的温室气体排放强度、各行业不同能源品种的温室气体排放强度；

（3）减排趋势分析。

通过如上分析，有助于针对性地制定系统化减排措施，又有助于对省市控制温室气体排放目标的分解和考核提供依据。

77 市、县级是否需要编制温室气体清单？

根据《联合国气候变化框架公约》要求，所有缔约方应该按照IPCC国家温室气体清单指南编制各国的温室气体清单，故我国需编制国家温室气体清单。根据国家发展改革委发布的《省级温室气体清单编制指南（试行）》及相关要求，各省（自治区、直辖市）需编制省级温室气体清单。目前，国家对市、县级温室气体清单的编制尚未做出明确要求，也没有制定出台相应的技术规范。

近年来，随着“十三五”碳排放强度和总量双控制度的实施，我国部分省市开始尝试市、县级温室气体清单编制工作，江西、河南、山西、陕西、浙江、江苏、广东等省份先后出台相关政策要求，启动了设区（市）和县（市、区）温室气体清单编制工作。截至2021年，中国至少有200个城市和县域已经完成或正在编制城市温室气体清单，这些城市既有国家低碳试点城市，也有非试点城市，甚至是区县、镇、工业园区等。市、县级温室气体清单的编制工作为所属省的省级温室气体清单编制工作中能源活动、工业生产过程、农业、土地利用变化等方面的温室气体排放与吸收情况提供了重要参考，对地方的温室气体控排工作也具有重要意义。

78 温室气体清单编制的主要依据有哪些？

目前，国际上温室气体清单编制主要参考《IPCC 2006年国家温室气体清单指南（2019修订版）》《IPCC 2006年国家温室气体清单指南》《IPCC 2006年国家温室气体清单指南的2013增补：湿地》，它们构成了IPCC国家温室气体清单指南的全新体系，也是迄今核算人类活动所导致的温室气体排放与吸收的最科学、最直接、最全面的方法学体系。

我国国家温室气体清单编制主要采用《IPCC 国家温室气体清单（1996修订版）》《IPCC 国家温室气体清单优良做法和不确定性管理指南》和《土地利用、土地利用变化和林业优良做法指南》，部分采用《IPCC 2006年国家温室气体清单指南》。

省级温室气体清单编制工作依照《省级温室气体清单编制指南（试行）》编制。此外，部分省市出台了县（市、区）级温室气体清单编制指南（如广东省），指导县（市、区）温室气体清单编制试点工作。

79 联合国清单指南对我国节能降碳有何影响?

《IPCC 2006年国家温室气体清单指南（2019修订版）》是IPCC在《IPCC 2006年国家温室气体清单指南》基础上发布的最新版国家温室气体清单编制指南。《IPCC 2006年国家温室气体清单指南（2019修订版）》在排放因子和活动水平获取、清单质量以及清单管理等国家温室气体清单方法学中的共性问题上做了修订，完善了活动水平数据获取方法，强调了企业级数据对于国家清单的重要作用，首次完整地提出了基于大气浓度（遥感测量和地面基站测量）反演温室气体排放量，验证清单结果的方法。

在能源领域，针对油气开采、煤炭生产等的逃逸排放作出规定，导致中国纳入核算报告范围的温室气体排放量进一步增加。

在工业过程和产品使用方面，新增了石化和化工制氢、稀土等行业的方法学，更新了铝、钢铁行业的核算方法和排放因子，使工业过程温室气体排放核算体系更加完整。

在农业、林业和土地利用方面，细化了核算矿质土壤碳储量变化的方法和因子，提出了区分人为和自然干扰影响的通用方法指南，更新了土壤中的氧化亚氮、畜牧业粪便中的甲烷等核算方法和排放因子，以及新建水淹地温室气体排放与清除核算方法。

在废弃物处理方面，更新了固体废弃物产生量、成分和管理程度的相关参数，增加了垃圾填埋场甲烷排放方法学，更新了废弃物焚烧处理的氧化因子，增补了焚烧新技术的排放因子，增加了废水处理及其污泥碳和氮等的计算方法和排放因子。

这些修订，为中国在企业层面编制温室气体清单提供了理论和方法指导，对我国统计体系的基础数据支撑提出了更严格的要求，对我国应对气候变化工作提出了新的挑战。

碳交易制度

80 什么是温室气体重点排放单位？

生态环境部2021年发布的《碳排放权交易管理办法（试行）》第八条规定，温室气体排放单位符合下列条件的，应当列入温室气体重点排放单位名录：一是单位所属行业为全国碳排放权交易市场覆盖行业；二是单位年度温室气体排放量达到2.6万吨二氧化碳当量。目前，我国共有七家地方性碳交易市场，主要涉及发电、石化、化工、建材、钢铁、有色金属、造纸和国内航空8个高能耗行业，全国碳交易市场主要涉及发电行业，但以后会向其他行业拓展。

81 什么是碳排放权？

根据《碳排放权交易管理办法（试行）》，碳排放权是指分配给重点排放单位的规定时期内的碳排放额度。根据全球共同应对气候变化达成的温室气体排放控制目标或相关法律要求，碳排放权是指一个国家、地区或单位在限定时期内可以合法排放一定额度温室气体的权利，通常也称为“配额”。

82 什么是碳排放配额？

根据国家发展与改革委员会2014年发布的《碳排放权交易管理暂行办法》，碳排放配额是指政府分配给重点排放单位指定时期内的碳排放额度，是碳排放权的凭证和载体。1个单位碳排放配额相当于向大气排放1吨的二氧化碳当量。

83 什么是国家核证自愿减排量（CCER）?

国家核证自愿减排量（Chinese Certified Emission Reduction，CCER）是指对我国境内可再生能源、林业碳汇、甲烷利用等项目的温室气体减排效果进行量化核证，并在国家温室气体自愿减排交易注册登记系统中登记的温室气体减排量。

碳排放权交易市场有两类基础产品：一类为政策制定者初始分配给企业的减排量（即配额）；另外一类就是CCER，是通过实施项目削减温室气体而获得的减排凭证。它可以在控排企业履约时用于抵销部分碳排放，不仅可以适当降低企业的履约成本，同时也能给减排项目带来一定收益。

为鼓励各行业企业积极减排，CCER抵销排放的使用比例存在上限规定，根据2021年生态环境部发布的《碳排放权交易管理办法（试行）》，用于抵销的CCER比例不得超过应清缴碳排放配额的5%。

84 什么是碳排放权交易?

碳排放权交易是为控制和减少温室气体排放、推动绿色低碳发展所采用的市场机制，是落实二氧化碳排放达峰目标与碳中和愿景的重要政策工具。1997年12月于日本京都通过的《京都议定书》，首次提出把市场机制作为解决二氧化碳为代表的温室气体减排问题的新路径，即把碳排放权作为一种商品，从而形成了碳排放权的交易。

碳排放权交易一般指交易主体按照一定的规则开展的碳排放配额和国家核证自愿减排量（CCER）的交易活动，也称为“总量控制与排放交易”机制，简称“限额–交易”机制，即在一定管辖区域内，确定一定时限内的碳排放配额总量，并将总量以配额的形式分配到个体或组织，使其拥有合法的碳排放权利，并允许这种权利像商品一样在交易市场进行交易，确保碳实际排放不超过限定的排放总量（或以其他补充交易标的物进行抵销），以成本效益最优的方式实现碳排放控制目标。

碳排放权交易起源于排污权交易理论，20世纪 60 年代由美国经济学家戴尔斯提出，并首先被美国环保局（USEPA）用于大气污染源（如二氧化硫排放等）及河流污染源管理。随后德国、英国、澳大利亚等国家相继实行了排污权交易。20世纪末，气候变化问题成为焦点。1997年，全球 100 多个国家签署了《京都议定书》，该条约规定了发达国家的减排义务，同时提出碳排放权交易等3种灵活的减排机制。

85 什么是碳市场？

温室气体交易以二氧化碳当量作为基本单位，其交易市场称为“碳排放权交易市场”，通常简称为“碳市场”。碳市场的主要功能是碳排放权交易，其相关活动包括碳排放配额分配和清缴，碳排放权登记、交易、结算，温室气体排放报告与核查等活动，以及对前述活动的监督管理。

企业间的碳排放权交易要在碳排放权交易市场上进行。下面举例说明实现碳排放权交易的过程，如图（2–1）。

企业A和企业B原来每年排放210吨CO_2，而获得的配额为200吨CO_2。第一年年末，企业A加强节能管理，仅排放180吨CO_2，从而在碳排放权交易市场上拥有了自由出售剩余配额的权利。反观企业B，因为提高了产品产量，又因节能技术花费过高而未加以使用，最终排放了220吨CO_2。因而，企业B需要从市场上购买配额，而企业A的剩余配额可以满足企业B的需求，使这一交易得以实现。最终的效果是，两家企业的CO_2排放总和未超出400吨的配额限制，完成了既定目标。

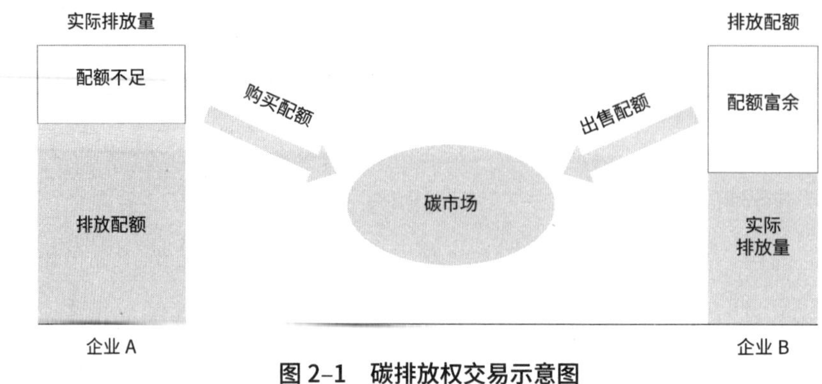

图 2-1　碳排放权交易示意图

86 碳排放权交易的产品有哪些?

在碳排放权交易市场上，碳金融原生产品也通常简称为碳现货。它通过交易平台或者场外交易等方式达成交易，随着碳排放配额或核证减排量的交付和转移，同时完成资金的结算。碳现货交易包括配额型交易和项目型交易，即核证减排量（Certified Emission Reduction，CER）。我国碳排放权交易产品初期主要有两种类型，分别为碳排放配额和国家核证自愿减排量（CCER）。

碳排放配额是指政策制定者通过初始分配给重点排放单位的配额，是目前碳配额交易市场主要的交易对象。如《京都议定书》中的配额AAU、欧盟排放权交易体系使用的欧盟配额EUA。

核证减排量（CER），是经联合国执行理事会（EB）签发的CDM（清洁发展机制）或PoAs（规划类）项目的减排量，一单位CER等同于1吨的二氧化碳当量，计算CER时采用全球变暖潜力系数（GWP），把非二氧化碳气体的温室效应转化为等同效应的二氧化碳量。国家核证自愿减排量（Chinese

Certified Emission Reduction，CCER），是中国经核证的温室气体自愿减排量。

目前创新碳金融产品还包括碳远期、碳掉期、碳期权、碳租赁、碳债券、碳资产证券化和碳基金等。根据北京环境交易所统计，碳金融产品已衍生十余种，包括碳指数、碳债权、配额质押贷款、引入境外投资者、碳基金、碳配额托管、绿色结构存款、碳交易市场集合资产管理计划、CCER质押贷款、配额回购融资、碳资产抵押品标准化管理、碳配额场外掉期、碳资产质押授信等。

87 碳排放权交易基本原理有哪些?

碳排放权交易的基本方式是，合同的一方通过支付获得另一方温室气体减排额，买方可以将购得的减排额用于减缓温室效应，从而实现减排的目标。碳排放权交易的基本原理有科斯定理、外部性理论、比较优势理论和产权经济学等。

（1）科斯定理。科斯定理（Coase Theorem）是由罗纳德·科斯（Ronald Coase）提出的一种观点，认为在某些条件下，经济的外部性或者说非效率可以通过当事人的谈判而得到纠正，从而达到社会效益最大化。

关于科斯定理，比较流行的说法是：只要财产权是明确的，并且交易成本为零或者很小，那么，无论在开始时将财产权赋予谁，都不影响资源配置效率，市场均衡的最终结果都是有效率的，实现资源配置的帕累托最优。

帕累托最优是指资源分配的一种理想状态，假定固有的一群人和可分配的资源，从一种分配状态到另一种状态的变化中，在没有使任何人境况变坏的前提下，使得至少一个人变得更好。帕累托是意大利社会学家、经济学家，在20世纪初从经济学理论出发探讨资源配置效率问题，提出了著名的“帕累托最适度”理论。

（2）外部性理论。该理论由马歇尔提出，经庇古等学者深入研究后形成的外部性理论，为环境经济学的建立和发展奠定了理论基础。经济活动的外部性是指被排除在市场作用机制之外的经济活动的副产品或副作用，主要指未被反映在产品价格上的那部分经济活动的副作用，分为外部经济性和外部不经济性两个方面：外部经济性又称为正面的、积极的或有益的外部性；外部不经济性又称为负面的、消极的、有害的外部性。

温室气体排放是具有典型外部不经济性的企业行为，温室气体造成的全球气候变化带来的负经济效应并未完全转移至温室气体排放方的企业决策中。同时，随着全球对气候变化逐渐重视，企业受到来自政府与民众的压力逐渐增大，但由于缺乏足够的经济激励，企业减排的外部经济性无法实现经济收益，企业难以实现自主自愿减排。

（3）比较优势理论。根据李嘉图比较优势理论，每个国家不一定要生产各种商品，应集中力量生产那些利益较大或不利较小的商品，然后通过国际交换，在资本和劳动力不变的情况下，生产总量将增加，如此形成的国际分工对贸易各国都有利。如同某种商品的生产成本一样，在温室气体减排方面，各国的减排成本也会有所不同，而且不同的行业减排成本也不相同。这样，减排成本低的国家或行业就具有比较优势，而减排成本高的国家或行业就具有比较劣势。

（4）产权经济学。碳排放权交易市场以产权经济学的基本原理为理论基础，具体的交易方式是国家环境管理部门确定全国的碳排放权总量，分配给各个企业使用。经过这一过程，明确了各个企业所拥有的排放权具有的产权界限，使碳排放空间这一公共物品私有化，从而使市场在其中可以发挥作用，各企业可以根据自己的实际情况决定是否进行转让和进入市场交易等操作，提高碳排放权市场的效率，进而达到控制减排和实现经济效率的目标。

不同企业由于所处国家、行业或是技术、管理方式上存在着的差异，他们实现温室气体减排的成本是不同的。碳排放权交易市场的运行就是鼓励减排成本低的企业超额减排，将其所获得的剩余碳配额或温室气体减排量通过交易的方式出售给减排成本高的企业，从而帮助减排成本高的企业实现设定的减排目标，并有效降低实现目标的减排成本。

88 碳排放权交易包括哪些市场机制?

碳排放权交易的机制分为强制碳排放权交易市场机制和自愿碳排放权交易市场机制。

（1）强制碳排放权交易市场约定了3种减排机制：清洁发展机制（Clean Development Mechanism，CDM）、联合履行机制（Joint Implementation，JI）和国际排放贸易机制（International Emissions Trading，IET）。

清洁发展机制（CDM）：发达国家通过提供资金和技术的方式，与发展中国家开展项目级的合作，通过项目所实现的核证减排量，用于发达国家缔约方完成在议定书第3条下的承诺。

联合履行机制（JI）：发达国家之间通过项目级的合作，其所实现的减排单位，可以转让给另一发达国家缔约方，但是同时必须在转让方的“分配数量”（Assigned Amount Units，AAU）配额上扣减相应的额度。

国际排放贸易机制（IET）：一个发达国家，将其超额完成减排义务的指标，以贸易的方式转让给另外一个未能完成减排义务的发达国家，并同时从转让方的允许排放限额上扣减相应的转让额度。该机制属于基于配额型的交易。

（2）自愿碳排放权交易市场是在以上具有法律效力的碳排放权交易市场之外，利用市场机制降低企业减排成本的碳排放权交易市场，是对强制碳排放权交易市场的补充。该减排机制称为自愿碳排放权交易机制（Voluntary

Emission Reduction，VER）。

当项目符合CDM标准但由于某些原因不能按照联合国气候变化框架CDM执行委员会（EB）或国家主管部门（NDRC）对CDM项目的要求进行开发和销售的情况下，可以考虑申报VER，获得额外补偿收益。VER项目比CDM项目减少了部分审批的环节，节省了部分费用、时间和精力，提高了开发的成功率，降低了开发的风险。同时，减排量的交易价格比CDM项目要低，但开发周期要短得多。

89 全球有哪些主要的碳排放权交易市场？

1997年，《京都议定书》提出了碳排放权交易的减排机制。全球第一个减排市场体系在芝加哥建立，同年新南威尔士交易系统正式启动。此后，碳排放权交易体系发展迅速，各国及地区开始纷纷建立区域内的碳排放权交易体系以实现碳减排承诺的目标，2005—2015年，遍布四大洲的17个碳排放权交易体系已建成。截至2021年1月，全球共有24个正在运行的碳排放权交易体系，其所处区域的GDP总量约占全球总量的54%，人口约占全球人口的1/3，覆盖了全球16%的温室气体排放。此外，还有8个碳排放权交易体系即将开始运营。

20多年来，全球碳排放权交易市场得到快速发展，主要进程见表（2–3）。

表 2–3　全球碳排放权交易市场主要进程

建立时间	碳排放交易市场
1997	《京都议定书》签订 减排市场体系建立（芝加哥） 新南威尔士交易系统启动

续表

建立时间	碳排放交易市场
2002	英国和东京交易系统启动
2003	芝加哥气候交易所建立 新南威尔士温室气体减排计划（GGAS）成立
2005	《京都议定书》生效 欧盟碳排放市场正式建立
2007	挪威、冰岛等加入欧盟碳排放市场
2008	瑞士、新西兰碳排放权交易市场建立 日本进行碳排放权交易市场试点
2009	区域温室气体倡议（RGGI）
2010	日本东京都政府建立碳排放权交易市场
2011	日本埼玉县进行碳排放权交易
2012	澳大利亚建立碳排放权交易市场
2013	美国、加拿大魁北克等多地建立碳排放权交易市场
2014	中国开始试点碳排放权交易
2015	《巴黎协定》签订 韩国碳排放权交易市场建立
2021	中国全国性碳排放权交易市场建立

目前，还未形成全球范围内统一的碳排放权交易市场，但不同碳排放权交易市场之间开始尝试进行链接。在欧洲，欧盟碳排放权交易市场已成为全球规模最大的碳排放权交易市场，是碳排放权交易体系的领跑者。在北美洲，尽管美国是排污权交易的先行者，但由于政治因素一直未形成统一的碳排放权交易体系。当前是多个区域性质的碳排放权交易体系并存的状态，且覆盖范围较小。在亚洲，韩国是东亚地区第一个启动全国统一碳排放权交易市场的国家，启动后发展迅速，已成为目前世界第二大国家级碳排放权交易市场。在大洋洲，作为较早尝试碳排放权交易市场的澳大利亚当前已基本退出碳排放权交易舞台，仅剩新西兰碳排放权交易体系在“放养”较长时间后已回归稳步发展。2014 年，美国加州碳排放权交易市场与加拿大魁北克碳

排放权交易市场成功对接，随后 2018 年其又与加拿大安大略省的碳排放权交易市场进行了对接。2016 年，日本东京碳排放权交易系统成功与埼玉县的碳排放权交易系统进行联接。2020 年，欧盟碳排放权交易市场已与瑞士碳排放权交易市场进行了对接。

90 全球碳排放交易市场的交易规模如何?

根据资料显示，2020年全球碳排放权交易市场交易总量增长了近20%，成交量约107亿吨二氧化碳当量，成交额达到2290亿欧元，已超过2017年的5倍，这标志着全球碳排放权交易市场已连续4年创纪录增长。其中，2020年欧洲碳排放权交易市场规模为80.96亿吨二氧化碳当量，成交额达到2013.57亿欧元，约占全球碳排放权交易市场份额的88%。

2021年欧盟碳市场最显著的变化是配额“EUA”价格的飙升，从年初的33.7欧元/吨上升至80.7欧元/吨，涨幅近140%，甚至2021年12月初曾达到过88.9欧元/吨的高位。英国碳市场EKA价格与EUA价格大多时候是“≥”的关系，涨幅也有65%，最高价位为90欧元/吨。据分析，两大市场的变动很大程度源于欧洲天然气价格的飙升。

2021年7月，中国全国碳排放权交易市场上线交易正式启动。中国碳市场覆盖二氧化碳排放量占全球排放总量超过8%，是全球规模最大的碳市场。首个履约期，首批纳入重点排放单位的2162家企业，覆盖二氧化碳排放量约45亿吨。全年碳配额均价为42.85元/吨，最高达62.29元/吨，履约截止日收盘为54.22元/吨。挂牌协议交易均价47.16元/吨，最高为62.29元/吨，最低是38.5元/吨。碳中和顶层设计“1+N”政策体系稳步构建，全国碳市场平稳落地运行。

91 欧盟如何开展碳排放交易？

欧盟碳市场是世界上最大的碳排放交易市场，于2005年开始挂牌交易。在该体系下，所有欧盟碳排放配额均在欧盟登记簿（Union Registry）进行统一登记。

EU ETS属于总量交易，即在温室气体排放总量不超过允许排放量或逐年降低的前提下，内部各排放源可通过货币交换的方式相互调剂排放量，实现减少排放、保护环境的目的。

具体而言，欧盟各成员国根据欧盟委员会颁布的规则，为本国设置一个排放量的上限，确定纳入排放交易体系的产业和企业，并向这些企业分配一定数量的排放许可权——欧盟碳配额（EUA）。如果企业能够使其实际排放量小于分配到的排放许可量，那么它就可以将剩余的EUA放到碳排放市场上出售，获取利润；反之，它就必须到碳市场上购买EUA，否则将会受到重罚。

92 韩国碳排放权交易市场涉及哪些行业？

韩国作为世界第十大经济体，是经合组织（OECD）工业化国家中第七大温室气体排放国。在2009年召开的哥本哈根气候大会上，韩国承诺将在2020年完成温室气体排放水平比BAU（Business As Usual）情境下减少30%的减排目标。为达到这一目标，韩国从2009年起开始推进碳排放权交易市场建设，2015年1月正式开始交易。

韩国碳排放权交易市场最初覆盖了八大行业：钢铁、水泥、石油化工、炼油、能源、建筑、废弃物处理和航空业。在这八大行业中，企业总排放高于每年12.5万吨二氧化碳当量，或单一业务场所年温室气体排放量达到2.5万吨，就会被纳入碳排放权交易中。2021年，韩国碳排放权交易体系的覆盖范围又扩大到了建筑业和大型运输公司。碳排放权交易体系共纳入企业685家，2021—2025年期间这些企业的温室气体排放规模将达到6.09亿吨二氧化碳当量/年，占韩国温室气体排放总量的73.5%。

93 新西兰碳排放权交易市场进行了哪些改革?

新西兰碳排放权交易体系自2008年开始运营，尽管启动较早，但减排效果并不明显。2019年新西兰开始对碳排放权交易市场进行变革，以改善其机制设计和市场运营，并更好地支撑新西兰的减排目标。具体包括如下四个方面：

其一，在碳配额总量上，新西兰碳排放权交易市场最初对国内碳配额总量并未进行限制，2020年通过的《应对气候变化修正法案》（针对排放权交易改革）首次提出碳配额总量控制（2021—2025年）目标。

其二，在配额分配方式上，新西兰碳排放权交易市场以往通过免费分配或固定价格卖出的方式分配初始配额，但在2021年3月引入拍卖机制，政府选择新西兰交易所和欧洲能源交易所来开发和运营一级市场拍卖服务。此外，该法案制定了逐渐降低免费分配比例的时间表，将减少对工业部门免费分配的比例，具体为2021—2030年期间每年减少1%，2031—2040年间每年减少2%，2041—2050年间每年减少3%。

其三，在农业减排上，之前农业虽然是排放大户，但仅需报告碳排放数据，并未实际履行减排责任。新的《应对气候变化修正法案》计划于2025年将农业排放纳入碳定价机制。

其四，在抵销机制上，新西兰碳排放权交易市场最初对接《京都议定书》下的碳排放权交易市场，且抵销比例并未设置上限，但于2015年6月后禁止国际碳信用额度的抵销。改革后，新西兰政府将考虑在一定程度上开启抵销机制并重新规划抵销机制下的规则。

94 中国碳排放权交易市场进展如何?

2011年，国家发改委选择北京、天津、上海、重庆、湖北、广东及深圳7个省、市开展碳排放交易市场试点建设。2013年，深圳碳排放权交易试点率先启动，随后上海、北京、广东、天津、湖北及重庆等6个试点也在2013年底至2014年上半年陆续启动，覆盖了电力、钢铁、水泥等20多个行业近3000家重点排放单位。7个试点省市在碳交易试点建设中积极探索，稳步推进制度设计、能力建设、人员培训等各方面工作，形成了较为全面完整的碳交易市场体系。截至2021年9月，7个试点碳市场累计配额成交量4.95亿吨，成交额约119.78亿元。重点排放单位履约率保持较高水平，市场覆盖范围内碳排放总量和强度保持双降趋势，取得了初步成效。

2021年7月16日，全国碳排放权交易市场上线交易正式启动。发电行业2225家重点排放单位成为首批参与主体，覆盖约45亿吨二氧化碳排放量。上市首日碳排放权成交价为51.23元/吨。在8月份之后，交易价格逐渐下降至45元/吨左右。截至2021年12月31日，全国碳市场碳排放配额累计成交量达1.79亿吨，累计成交额达76.61亿元，第一个履约周期履约完成率99.5%（按履约量计），整体运行平稳。

目前全国碳排放权交易市场的交易主体是重点排放单位，是全球规模最大的碳市场。后续还会扩展至其他行业、其他类型主体。目前全国碳排放权交易市场初期交易产品为碳排放配额（CEA）现货，交易系统位于上海环境能源交易所，注册登记系统位于湖北碳排放权交易中心。

95 中国碳排放权交易机构开展哪些业务?

目前我国已建立九大碳排放权交易中心，即上海环境能源交易所、湖北碳排放权交易中心、北京环境交易所/北京绿色交易所、深圳排放权交易所、天津排放权交易所有限公司、广州碳排放权交易所、海峡股权交易中心—环境能源交易平台、四川联合环境交易所、重庆碳排放权交易中心。

各交易机构围绕碳排放权交易开展碳金融业务，部分交易所业务涉及碳基金、绿色存款、碳债券等绿色金融业务。各交易机构开展的主要业务见表（2–4）。

表 2–4　国内部分碳排放权交易机构及碳金融业务一览表

碳交易所	碳金融业务
广州碳排放权交易所	碳排放权交易、配额抵押融资、配额回购融资、配额远期交易、CCER 远期交易、配额托管
深圳排放权交易所	碳排放权交易、碳资产质押融资、境内外碳引产回购式融资、碳债券、碳配额托管、绿色结构性存款、碳基金
北京环境交易所	碳排放权交易、碳配额网购融资、碳配额场外掉期交易、碳配额质押融资、碳配额场外期权交易
上海环境能源交易所	碳排放权交易、上海碳配额远期、碳信托、碳基金
天津排放权交易所有限公司	碳排放权交易
湖北碳排放权交易中心	碳排放权交易、碳资产砥押融资、碳债券、碳资产托管、碳排放配额回购融资、碳金融结构性存款
重庆碳排放权交易中心	碳排放权交易

96　碳交易与碳税在碳减排中各有什么作用?

国际上利用市场机制节能减排、控制温室气体排放主要有两种方式，一是征收碳税，二是限额与交易制度（Cap–and–Trade）。碳税是一项针对向大气排放二氧化碳而征收的环境税，即根据矿物燃料和相关产品（煤炭、天然气、燃油等）的碳含量向使用者进行征税，以充分发挥税收激励和约束作用，进一步完善碳减排相关税收政策，引导低碳生产生活行为，促进绿色低碳发展。

根据世界银行在2021年《碳定价现状和趋势》中的统计，截至2021年4月，全球已有29个国家和地区建成碳市场，有35个国家和地区已征收碳税，还有一些国家和地区也在积极探索中。2021年10月，中共中央国务院发布了《关于完整准确全面贯彻新发展理念做好碳达峰碳中和工作的意见》，要求“研究碳减排相关税收政策”。

碳税和碳排放权交易在减排效果、实施成本、实施阻力、运行风险、公平性和对经济的影响等方面各有优劣、彼此互补，具体表现在：

（1）碳交易的减排效果更具确定性。碳税是通过对温室气体排放企业征收税款，促使纳税主体减少温室气体排放，但无法控制减排总量，因而只能实现对减排目标的间接调控，减排效果具有不确定性；而在价格机制有效的前提下，碳交易政策能够有效控制温室气体的总排放量和各减排主体的初始配额，从而确保减排目标的实现，减排效果具有确定性。

（2）碳税的实施成本相对较低。目前我国的税收监管体系已相对成熟，碳税制度的建立成本较低，2018年1月1日起环境保护税已正式开征，将碳税作为环境保护税的一种税项，可在一定程度上降低碳税的实施成本；而作为一种基于市场的减排机制，碳交易市场的建立需要大量的时间、人力和财力投入，且还需合理分配碳排放权，定期核查主体排放量，对市场进行监管和调控，成本较高。

（3）碳交易的实施阻力相对较小。长远看，开征碳税在改善环境的同时还有利于经济结构的优化，但在碳税开征初期，最直接的结果就是加大了企业的生产成本和居民的生活成本，涉及众多利益群体，实施阻力较大；而在碳交易市场的运行前期，多是根据减排主体的历史排放量免费发放碳排放权配额，并未增加企业的生产成本，更容易被企业接受。

（4）碳税的运行风险相对可控。碳税的运行风险主要来源于相关部门的监管和执行力水平，可通过加强相关人员培训和学习降低风险；而碳交易的运行风险主要源于价格机制能否有效引导碳排放权从减排成本低的排放主体流向减排成本高的排放主体。过高和过低的碳排放权价格均会导致价格机制失效，进而影响排放权在不同市场主体间的分配，导致该政策失效。特别是从近些年EU ETS的运行经验看，碳交易确实存在价格调控失灵的可能。

（5）碳税更公平。碳交易的初始配额发放往往是根据减排主体的历史排放量进行免费发放，市场的先进入者与市场的后进入者，以及较早采用低碳减排技术的企业与始终未采用低碳减排技术的企业的初始配额就会有区别，有违公平原则且对主动采用低碳减排技术的企业不能起到正向激励作用；而碳税根据实际排放量进行征税，多排多征税，少排少征税，对所有排放主体一视同仁，较为公平。

（6）碳税对经济的负面影响更小。碳税与碳交易制度都会提高排放者的生产或生活成本，企业、个人将承担更多的税负，但在保持税收中性的前提下，碳税相比碳交易具有“双重红利”的优势，其不仅可通过降低温室气体排放改善环境质量，同时碳税所带来的税收增加可以降低其他税种税率，促使就业或投资增加，使经济更有效率。

当前，引入碳税制度的关键是加快研究碳税的纳税人、征税对象、税率、征税环节、计税依据、征收管理、税收优惠等，研究与资源税、消费税等税种的协调配合以及与碳排放权交易的协同配合，构建合理的碳定价机制体系，实现经济增长、就业、公平与碳减排等多重目标。

碳环评制度

97 什么是碳排放评价？

碳排放评价是环境影响评价的扩展和延伸，是在环境影响评价制度的基础上将二氧化碳等温室气体纳入环境影响评价体系的一项重要制度和方法，即对规划和建设项目实施后温室气体可能造成的环境影响和气候变化，进行分析、预测和评估，提出预防或者减轻不良环境影响的对策和措施，并进行跟踪监测的方法。

碳排放评价的主要内容包括碳排放现状调查与评价、碳排放识别与目标指标确定、碳排放预测与评价、碳减排潜力分析、碳减排优化调整建议、碳排放管控对策与措施等。其目的是从源头和过程减少温室气体排放，有助于减缓气候变暖，改善人类的生存环境。

2021年，生态环境部先后印发了《关于开展重点行业建设项目碳排放环境影响评价试点的通知》和《关于在产业园区规划环评中开展碳排放评价试点的通知》，全国碳环评的试点工作正式启动。

98 如何理解碳排放评价和环境影响评价的关系？

环境影响评价与碳排放评价在管控目标、排放来源、防治措施以及防治效果等方面具有高度一致性。将碳排放评价纳入环境影响评价工作中，可以进一步丰富和完善环境影响评价体系，推进减污降碳协同增效。

在目标任务方面，开展环境影响评价，是通过对规划和建设项目进行定性、定量的分析和预测，提出防治污染和减缓不利影响的具体解决方案和实施措施，从而减轻对环境造成的污染和破坏；开展碳排放评价，是通过确定规划和建设项目碳排放源分析其减排潜力等，提出节能减排措施，其目的是从源头和过程减少温室气体排放，减缓气候变暖。两者目的都是为了推动节能减排、减污降碳，实现经济与社会的绿色低碳可持续发展。

在排放来源方面，温室气体和污染物具有同根同源同过程的特点。如煤炭、石油等化石能源的燃烧和加工利用，不仅产生二氧化碳等温室气体，也产生颗粒物、VOCs、重金属、二氧化硫、氮氧化物等污染物。能源、工业、交通等重点领域，火电、钢铁、水泥等高排放行业，均为减污和降碳的重点责任主体。

在防治措施方面，减污和降碳的技术路径基本一致：一是调整能源结构，降低化石能源特别是煤炭的消费比例，尽早实现能耗“双控”向碳排放总量和强度“双控”转变；二是调整产业结构，对高耗能高污染行业的落后和过剩产能加快淘汰，优化产业布局、升级生产工艺，提高排放标准等；三是调整交通运输结构，加快公转铁、公转水运输，淘汰高排放柴油货车，实施油品升级，逐步实现电动化等。推进经济社会发展全面绿色转型，同时有效减少温室气体和污染物的排放。

在防治效果方面，可以同步实现减污降碳。以“十三五”为例，在此期间全国煤炭消费量在能源结构中的占比由64%压减到了56.8%，单位GDP二氧化碳排放强度下降了19.5%，与此同时$PM_{2.5}$浓度下降了28.8%，体现了减污与降碳的协同防治、同向发力。

99 国家出台了哪些碳排放评价的政策法规?

2015年8月修订的《中华人民共和国大气污染防治法》首次提出对大气污染物和温室气体实施协同控制。截至2021年10月，国家陆续出台了一系列碳排放评价文件，强化了二氧化碳等温室气体管控的顶层设计，搭建了碳排放评价工作的基本框架，对评价内容、评价指标、技术方法、工作机制、基本要求作出了明确而具体的规定，丰富和完善了具有中国特色的环境影响评价制度，为碳达峰、碳中和目标的实现奠定了基础。碳排放评价相关文件见表（2–5）。

表 2–5　碳排放评价相关文件一览表

发布时间	文件名称	主要内容
2011 年 6 月	国家环境保护“十二五”科技发展规划	开展温室气体排放控制的环境影响评价方法研究
2015 年 8 月	中华人民共和国大气污染防治法（2015 年修订）	加强对燃煤、工业、机动车船、扬尘、农业等大气污染的综合防治，推行区域大气污染联合防治，对颗粒物、二氧化硫、氮氧化物、挥发性有机物、氨等大气污染物和温室气体实施协同控制
2021 年 1 月	关于统筹和加强应对气候变化与生态环境保护相关工作的指导意见	通过规划环评、项目环评推动区域、行业和企业落实煤炭消费削减替代、温室气体排放控制等政策要求，推动将气候变化影响纳入环境影响评价
2021 年 5 月	关于加强高耗能、高排放建设项目生态环境源头防控的指导意见	将碳排放影响评价纳入环境影响评价体系，推进“两高”项目开展碳排放评价试点
2021 年 6 月	环境影响评价与排污许可领域协同推进碳减排工作方案	加快“三线一单”生态环境分区管控体系落地实施，积极应对气候变化；探索建立政策生态环境影响论证、规划环评层面应对气候变化的工作机制；完善建设项目环境影响评价制度，将碳排放影响评价纳入环境影响评价体系
2021 年 7 月	关于开展重点行业建设项目碳排放环境影响评价试点的通知	研究制定建设项目碳排放量核算方法和环境影响报告书编制规范，基本建立重点行业建设项目碳排放环境影响评价的工作机制；摸清重点行业碳排放水平和减排潜力，探索形成建设项目污染物和碳排放协同管控评价技术方法，打通污染源与碳排放管理统筹融合路径，从源头实现减污降碳协同作用
2021 年 10 月	关于在产业园区规划环评中开展碳排放评价试点的通知	探索在产业园区规划环评开展碳排放评价技术方法和工作路径，推动形成将气候变化因素纳入环境管理的机制，助力区域产业绿色转型和高质量发展

100 碳排放评价在碳达峰行动中能够发挥什么作用？

为做好碳达峰、碳中和工作，生态环境部充分发挥环评制度源头防控作用，把好生态环境保护第一道关卡，从项目源头入手，积极探索环境影响评价中碳排放评价工作。2021年6月，生态环境部办公厅发布了《环境影响评价与排污许可领域协同推进碳减排工作方案》（环办环评函〔2021〕277号），要求充分发挥环境影响评价和排污许可制度在源头控制、过程管理中的基础性作用，积极落实碳排放达峰目标与要求，推动实现生态环境保护工作与应对气候变化的统一谋划、统一布置、统一实施。同时要求做好排污许可制度与碳排放权交易制度衔接，推进环评法修订，将温室气体排放纳入环境影响评价。通过碳排放评价，可以对规划和建设项目实施后温室气体可能造成的环境影响和气候变化，进行分析、预测和评估，提出预防或者减轻不良环境影响的对策和措施，并进行跟踪监测，有助于从源头和过程减少温室气体排放。

101 哪些行业的建设项目需开展碳排放评价？

2021年7月，生态环境部发布《关于开展重点行业建设项目碳排放环境影响评价试点的通知》，同时发布了《重点行业建设项目碳排放环境影响评价试点技术指南（试行）》，要求电力、钢铁、建材、有色、石化和化工等6个重点行业，开展建设项目碳排放环境影响评价。

我国能源供应与工业生产是温室气体主要排放源，约占全国二氧化碳排放当量的68%，其中能源生产加工转换、工业用燃料燃烧、工业生产过程排放分别占26.3%、33.5%和7.6%。我国温室气体集中排放源初步调查表明，火电、钢铁、水泥三大行业二氧化碳的排放量占主要工业排放源的90%以上。此外，目前交通领域碳排放量约占全国碳排放总量的10%。能源、工业、交通领域是完成碳达峰、碳中和目标的主要突破口，也是碳排放评价的重点。

2021年5月，《关于加强高耗能、高排放建设项目生态环境源头防控的指导意见》（环环评〔2021〕45号）提出，“两高”项目碳排放影响评价纳入环境影响评价体系。各级生态环境部门和行政审批部门应积极推进“两高”项目环评开展试点工作，衔接落实有关区域和行业碳达峰行动方案、清洁能源替代、清洁运输、煤炭消费总量控制等政策要求。在环评工作中，统筹开展污染物和碳排放的源项识别、源强核算、减污降碳措施可行性论证及方案比选，提出协同控制最优方案。鼓励有条件的地区、企业探索实施减污降碳协同治理和碳捕集、利用与封存工程试点、示范。

在试点省份中浙江省根据实际需求和工业企业特点，自行划定了九大重点行业开展试点工作，除“两高行业”外，还将碳评价拓展到了造纸、印染、化纤等行业。

102 建设项目碳排放评价试点的主要任务是什么？

2021年7月，生态环境部发布了《关于开展重点行业建设项目碳排放环境影响评价试点的通知》，河北、吉林、浙江、山东、广东、重庆、陕西等7个省（市）重点行业建设项目碳排放环境影响评价试点工作正式启动。碳排放环境影响评价试点工作的主要任务是：

（1）建立方法体系。根据试点地区重点行业碳排放特点，因地制宜开展建设项目碳排放环境影响评价技术体系建设。研究制定基于碳排放节点的建设项目能源活动、工艺过程碳排放量测算方法；加快摸清试点行业碳排放水平与减排潜力现状，建立试点行业碳排放水平评价标准和方法；研究构建减污降碳措施比选方法与评价标准。

（2）测算碳排放水平。开展建设项目全过程分析，识别碳排放节点，重点预测碳排放主要工序或节点排放水平。内容包括核算建设项目生产运行阶段能源活动与工艺过程以及因使用外购的电力和热力导致的二氧化碳产生量、排放量，碳排放绩效情况，以及碳减排潜力分析等。

（3）提出碳减排措施。根据碳排放水平测算结果，分别从能源利用、原料使用、工艺优化、节能降碳技术、运输方式等方面提出碳减排措施。在环境影响报告书中明确碳排放主要工序的生产工艺、生产设施规模、资源能源消耗及综合利用情况、能效标准、节能降耗技术、减污降碳协同技术、清洁运输方式等内容，提出能源消费替代要求、碳排放量削减方案。

（4）完善环评管理要求。审批部门要按照相关环境保护法律法规、标准、技术规范等要求，审批建设项目环评文件，重点明确减污降碳措施、自行监测、管理台账要求，落实地方政府煤炭总量控制、碳排放量削减替代等要求。

103 编制环评报告表的项目需要开展碳排放评价吗?

建设项目环评文件包括环境影响报告书、环境影响报告表和环境影响登记表等三种类型。自2020年以来，生态环境部为深化建设项目环境影响评价“放管服”改革，优化和规范环境影响报告表编制，提高环境影响评价制度有效性，修订了《建设项目环境影响报告表》内容及格式，压缩了报告表的编制内容，调整了报告表的格式，降低了专项评价深度。秉承上述思路，目前生态环境部和大部分省份规定，按照《建设项目环境影响评价分类管理名录》，需要编制环境影响报告书的建设项目要开展碳排放评价。

江苏、福建等省份则要求编制环境影响报告表的建设项目，也要开展碳排放评价工作。江苏省常州市金坛生态环境局在全市率先将碳排放纳入环境影响评价，要求对碳排放现状进行整体分析，提出关于减少碳排放的建议，以此推动产业结构调整。2021年4月1日，金坛生态环境局以常金环审〔2021〕48号文件批复的《港华储气（金坛）有限公司盐穴储气库项目（地面工程）环境影响报告表》，是全国第一个增加碳排放评价章节的建设项目环评文件。

104 园区规划环评需要开展碳排放评价吗？

各类规划的环境影响评价是一项具有基础性、整体性和战略意义的环境管理制度。按照《环境影响评价法》，政府和部门组织编制的“一地三域十个专项”规划都需要开展环评，其中包括土地利用有关规划，区域、流域及海域建设开发利用规划，以及工业、农业、畜牧业、林业、能源、水利、交通、城市建设、旅游、自然资源开发等10个专项规划，其中专项规划又包括指导性规划和非指导性规划。

规划环评分为环境影响篇章或者说明、环境影响报告书2个类别。综合性规划和专项规划中的指导性规划需编写环境影响篇章或者说明，其余专项规划需编制环境影响报告书。产业园区是由国家、省和市级人民政府及其有关部门批准设立的，主要包括经济技术开发区、高新技术产业开发区、旅游度假区等各类产业园区。产业园区规划环评均需编制环境影响报告书。

2021年10月，生态环境部办公厅发布了《关于在产业园区规划环评中开展碳排放评价试点的通知》（环办环评函〔2021〕471号），首次明确提出了在规划环评中开展碳排放评价。要求以现有规划环境影响评价制度为基础，将碳排放评价纳入评价工作全流程，在碳排放评价内容、指标、方法等方面，探索形成产业园区减污降碳协同增效的技术方法和工作路径。

2021年12月1日开始实施的《规划环境影响评价技术导则产业园区》（HJ

131–2021），增加了碳评价的相关内容。该标准适用于国务院及省、自治区、直辖市人民政府批准设立的各类产业园区规划环境影响评价，其他类型园区可参照执行。

综上，产业园区所有的规划环评都需要开展碳排放影响评价。

105 开展碳排放评价试点的产业园区有哪些？

2021年10月，生态环境部发布了《关于在产业园区规划环评中开展碳排放评价试点的通知》，在全国选取了5个省（市）的7个产业园区，在规划环评中开展碳排放评价试点工作，探索在产业园区规划环评中开展碳排放评价的技术方法和工作路径，推动形成将气候变化因素纳入环境管理的机制，助力区域产业绿色转型和高质量发展。这些试点园区均是国家级和省级产业园区，产业类型涉及钢铁、化工等重点行业。试点产业园区见表（2–6）。

表 2–6　产业园区碳排放评价试点一览表

省市	园区名称	产业类型	级别
山西	山西转型综合改革示范区晋中开发区	以先进装备制造、新能源、新材料及现代物流等为主	省级
江苏	南京江宁经济技术开发区	绿色智能汽车等三大支柱产业、高端装备等三大战略性新兴产业、软件信息服务等三大现代服务业、人工智能和未来网络等	国家级
	常熟经济技术开发区	能源、造纸、钢铁、化工、汽车零部件、机械加工、电子、新材料等制造业及运输、仓储、保税等物流产业	国家级
浙江	宁波石化经济技术开发区	专业石油化学工业园区，以“炼油乙烯”项目为支撑、以液体化工码头为依托，以烯烃、芳烃为主要原料，重点发展乙烯下游、合成树脂和基本有机化工原料为特色的石油化工产业	国家级

续表

省市	园区名称	产业类型	级别
重庆	万州经济技术开发区	重点发展盐气化工、新材料新能源、纺织服装、机械电子、食品药品等产业	国家级
	重庆铜梁高新技术产业开发区	重点发展壮大装备制造、电子信息、大健康三大主导产业	省级
陕西	陕西靖边经济技术开发区	能源化工产业	省级

106 国外是如何开展碳排放评价的?

国际上关于气候变化与环境影响评价相结合的研究始于21世纪初。加拿大是最早把应对气候变化纳入战略环评的国家，通过制订一系列法律文件，将温室气体排放总量和排放强度作为评价指标，并明确了温室气体评价的项目范围。此后，英国、美国、澳大利亚等国家也先后出台了在环境影响评价中应对气候变化的相关指南和导则，并将其作为评估气候变化因素的依据，旨在为碳排放评价工作提供指导和技术支持。

表 2–7　部分国家温室气体评价制度一览表

国家	政策文件及发布年份	主要内容
加拿大	《将气候变化考虑纳入环境评价：从业者通用指南》，2003 年 《气候变化纳入环境影响评价程序指导》，2003 年 《气候变化战略（草案）》，2019 年	提出排放总量、排放绩效（温室气体排放强度）评价指标
美国	《考虑气候变化和温室气体排放的国家环境政策法指南草案》，2010 年	“直接排放 2.5 万吨以上二氧化碳当量温室气体的固定源”的项目报告温室气体排放量，使用最佳控制技术，取得许可证
欧盟	《将气候变化和生物多样性纳入战略环境评价的指南》，2013 年	在战略规划和项目环评中充分考虑气候变化和生物多样性因素

续表

国家	政策文件及发布年份	主要内容
英国	《战略环境评价和气候变化：从业者通用技术指南》，2004 年	提出人均碳排放量和单位地区温室气体排放两项评价指标
澳大利亚	《北领地环境影响评价指南：温室气体排放与气候变化》，2009 年	项目每年温室气体排放绝对值和二氧化碳当量

英国在战略环评方面对应对气候变化给予了高度关注。2004年英国环保局组织制定了《战略环境评价和气候变化：从业者通用技术指南》，并于2007年修订完善。该指南要求，所有的规划和计划都要支持政府减排目标的实现，如果规划可能对气候变化带来显著影响或者增加气候变化的脆弱性，就必须考虑减缓和适应措施，尤其是战略环境评价必须考虑气候变化的长期影响。指南还提出了气候变化基线和指标、气候变化引发的问题和限制、应对气候变化目标、规划替代方案的影响、气候变化减缓与适应措施等方面的内容。评估原则包括五项内容：

（1）在确定评价范围阶段，应该同时考虑气候变化的减缓和适应，要确保将其整合到项目设计当中；

（2）必须考虑温室气体排放的相关政策框架（地方和全球），同时应审查战略环境影响评价的相关结果；

（3）应在环境影响评价的早期阶段优化和限制温室气体排放；

（4）考虑替代方案及温室气体排放的同时，也应考虑其他环境标准；

（5）应涵盖所有排放温室气体的、造成气候变化的项目。

监测评估制度

107 什么是碳监测？

碳监测是指通过综合观测、数值模拟、统计分析等手段，获取温室气体排放强度、环境中浓度及其变化趋势等信息，以服务支撑应对气候变化研究和管理工作的监测行为，包括对温室气体常规或临时数据的收集、监测和计算。碳监测获取的基础信息包括排放源温室气体的排放强度、环境中温室气体浓度和碳汇状况等三个方面的数据。

碳监测的对象不仅仅是二氧化碳，主要包括《京都议定书》和《京都议定书多哈修正案》中规定的与人类活动相关的7种温室气体，分别为二氧化碳、甲烷、氧化亚氮、氢氟碳化物、全氟化碳、六氟化硫和三氟化氮。

与碳核算主要是基于活动水平和排放因子的乘积计算温室气体排放量不同，碳监测是结合温室气体浓度监测数据和同化反演模式计算温室气体排放量。监测可以推动完善核算体系，支撑排放因子本地化更新，也可以对核算结果进行校核。从碳汇角度看，广义的碳监测也包括通过实地调查、样本收获、卫星遥感等综合手段对现有林地、草地、海岸带植被以及海洋生物等的碳储量、碳汇量和监测区域边界内的碳排放情况所进行的动态调查与测算的过程。

108 为什么要开展碳监测？

二氧化碳等温室气体在大气中形成的温室效应，导致全球范围内的气候变暖，对人类的生产和生活造成了很大影响，通过碳监测活动掌握温室气体浓度水平及其变化趋势，为应对气候变化工作提供数据支持；各国为应对全球气候变化，均制定了温室气体减排政策和目标，为评估政策和目标的有效性，国际上构建了温室气体排放的核算体系，而碳监测是辅助温室气体排放核算体系的重要技术支撑。

开展碳监测主要意义在于：对接全球大气观测计划，全球气候变化预警与防御，区域碳排放趋势评价，助力“双碳”目标实现，支撑碳排放管理与交易。具体作用是通过碳监测服务国内减排控制，支持督促各层级管理部门落实减污降碳、源头治理要求，支撑国家温室气体清单编制和国际谈判，加强气候变暖对我国承受力脆弱地区影响的观测和评估等。

从监测手段看，温室气体监测包括背景（海洋）站自动监测、地面手工监测、排放源在线监测（CEMS）、卫星遥感监测以及生态调查等。

从监测目的看，包括应对气候变化、参与全球气象观测，掌握重点区域、城市温室气体浓度水平及其变化趋势，掌握重点排放单位温室气体排放状况等。

109 为什么要开展碳汇监测？

碳汇监测是通过实地调查、样本收获、卫星遥感等综合手段实现对现有林地、草地、海岸带植被以及海洋生物等的碳储量、碳汇量和监测区域边界内的碳排放情况所进行的动态调查与测算的过程。

碳汇监测是摸清国家碳汇储量的重要手段，只有全面、准确地掌握碳汇量，科学地评估和挖掘碳汇潜力，才能合理地制定碳排放目标，为碳减排、碳排放指标交易等工作打下坚实的基础。

碳汇监测按照监测活动所属地理位置的特征，可分为陆地生态系统碳汇监测和海洋碳汇监测。陆地生态系统碳汇监测主要通过群落生物量清查、生态系统尺度通量观测以及区域尺度遥感监测三种形式实现。海洋碳汇监测目前主要分为滨海生态系统碳汇监测和海洋生态系统碳汇监测。

110 碳监测在温室气体清单编制中有何作用?

《联合国气候变化框架公约》第13次缔约方大会形成的《巴厘路线图》进一步提出了温室气体排放核算的“三可原则”——可测量、可报告、可核实。碳监测方法在温室气体清单编制与核算的重要性也由此得以凸显。

当前发达国家温室气体清单编制工作中的排放量计算主要依据《IPCC 2006年国家温室气体清单指南（2019修订版）》进行核算，监测作为辅助手段，主要用于核算因子的确定和评价。参照IPCC清单指南体系的规定，我国碳监测在“十四五”时期发展的总体原则之一为：核算为主，监测为辅。也就是在“十四五”时期，国家温室气体清单和企业温室气体报告的编制工作以核算方法结果为准，监测数据作为温室气体排放量的重要辅助校核手段之一。

111 排放源温室气体监测与核算各有什么优势?

排放源温室气体监测，是落实减污降碳、源头治理的重要保证，也是对区域碳排放影响进行观测和评估的手段。

目前我国对排放源温室气体的监测起步较晚，监测中排放因子测定、排放特征等仍处于初步发展阶段，排放源数据获取仍以核算法为主，监测法为辅。核算法也叫物料核算法，是根据煤炭等燃料的使用量多少，来推测出碳排放量。在线监测法（Continuous Emission Monitoring System，CEMS）指对大气污染源排放的气态污染物和颗粒物进行浓度和排放总量连续监测的方法。核算法与在线监测法相比，一是碳排放数据测量误差较大，二是碳排放数据容易造假。要想获得真实准确的碳排放数据，实现碳资产交易的公平，必须要有统一的在线监测标准。未来实时在线监测法将是碳排放源监测的主要方式。

我国在温室气体排放源监测中针对二氧化碳的技术标准有《固定污染源废气二氧化碳的测定非分散红外吸收法》（HJ 870–2017）和《固定污染源废气气态污染物（SO_2、NO、NO_2、CO、CO_2）的测定便携式傅里叶变换红外光谱法》（HJ 1240–2021）；针对甲烷的技术标准为《固定污染源废气总烃、甲烷和非甲烷总烃的测定气相色谱法》（HJ 38–2017）。其他5种温室气体（氧化亚氮、氢氟碳化物、全氟化碳、六氟化硫和三氟化氮）在排放源监测中暂无相关技术标准。

112 为什么要对消耗臭氧层物质开展监测?

我国基于《保护臭氧层维也纳公约》《关于消耗臭氧层物质的蒙特利尔议定书》《中华人民共和国大气污染防治法》，制定了《中华人民共和国消耗臭氧层物质管理条例》，条例中明确要求对消耗臭氧层物质开展监测。生态环境部为控制氟氯烃类等消耗臭氧层物质的排放，制订了《硬质聚氨酯泡沫和组合聚醚中CFC–12、HCFC–22、CFC–11和HCFC–141b等消耗臭氧层物质的测定便携式顶空/气相色谱–质谱法》（HJ 1058–2019）和《组合聚醚中HCFC–22、CFC–11 和 HCFC–141b 等消耗臭氧层物质的测定顶空/气相色谱–质谱法》（HJ 1057–2019），此两项方法能够基本满足对于硬质聚氨酯泡沫塑料和组合聚醚中消耗臭氧层物质的监测。

2021年10月，发布了《液态制冷剂CFC–11和HCFC–123的测定顶空/气相色谱–质谱法》（HJ 1194–2021）、《气态制冷剂10种卤代烃的测定气相色谱–

质谱法》（HJ 1195–2021）、《工业清洗剂HCFC–141b、CFC–113、TCA和CTC的测定气相色谱–质谱法》（HJ 1196–2021）和《工业用化学产品中消耗臭氧层物质监测技术规范》（HJ 1197–2021）等4项工业产品中ODS监测方法标准。这些国家生态环境标准的发布，不断完善了工业产品中ODS监测标准方法体系，为履约执法工作提供了科学依据和技术支撑。

113 碳监测评估试点的主要目标是什么？

2021年1月，生态环境部印发《关于统筹和加强应对气候变化与生态环境保护相关工作的指导意见》（环综合〔2021〕4号），明确提出“加强温室气体监测，逐步完善监测评估技术方法体系，形成业务纳入生态环境监测体系统筹实施”的要求。

为落实碳达峰目标和碳中和愿景，按照生态环境部安排，中国环境监测总站于2021年2月成立了碳监测工作组，在全国牵头率先开展系统的碳监测调研、方案设计和试点工作，生态环境部出台的《碳监测评估试点工作方案》，聚焦区域、城市和重点行业3个层面，开展碳监测评估试点。

在区域层面，基于现有国家空气质量监测网，结合卫星遥感手段，开展区域大气温室气体浓度一体监测，典型区域土地利用年度变化监测和生态系统固碳监测。

在城市层面，生态环境部综合考虑城市的能源结构、产业结构、城市化水平、人口规模、区域分布等因素，选取唐山、太原、上海、杭州、盘锦、南通等16个城市，囊括技术试点、综合试点和海洋试点，开展大气温室气体及海洋碳汇监测试点。

在重点行业层面，选择火电、钢铁、石油天然气开采、煤炭开采和废弃物处理五类重点行业开展温室气体试点监测工作。排放源试点监测评估的目标任务为：

（1）通过试点研究，明确监测点位、监测方法、质控要求等，构建典型排放源温室气体监测技术体系；

（2）探索使用监测方法获取本地化排放因子，支撑、检验排放量核算；

（3）比较监测与核算数据的系统差异，评估使用直接监测法作为辅助手段，支撑企业层面温室气体排放量计算的科学性和可行性。

114 开展碳监测有哪些工作基础？

我国在碳监测方面已具备一定的基础，气象、海洋、生态环境等部门，以及中国科学院等机构陆续建立了一批观测站点，为温室气体监测和科学研究奠定了基础。

在环境浓度监测方面，我国自2008年起陆续建成16个国家大气环境监测背景站，其中11个站点能实时监测CO_2和CH_4，部分背景站还开展了N_2O监测。在具备条件的福建武夷山、四川海螺沟、青海门源、山东长岛、内蒙古呼伦贝尔等5个站点完成了温室气体监测系统升级改造，改造后CO_2、CH_4监测精度可以达到世界气象组织全球大气监测网（GAW）针对全球本底观测的技术要求。

在生态系统碳汇监测方面，生态环境部依靠现有生态监测业务体系，建立土地生态类型及变化监测业务，基于卫星遥感辅助地面校验的技术手段，实时开展陆域范围内土地利用现状及动态监测，同时探索开展生态地面监测，在典型生态系统布设监测样地，开展生物量、植物群落物种组成、结构与功能监测。

在排放源监测方面，中国政府发布了CO_2、CH_4、烟气流量等监测技术规范，电力、石化等重点行业依托废气自动监测、挥发性有机物泄漏检测等工作，开展了温室气体排放监测前期研究。2021年12月，经国家能源局批准，电力行业标准《火电厂烟气二氧化碳排放连续监测技术规范》（DL/T 2376–2021）公开发布，并于2022年3月22日正式实施。该标准作为首个二氧化碳排放连续监测行业技术标准，填补我国发电领域碳排放连续监测行业标准空白，进一步完善了碳排放监测核算技术体系。

115 温室气体监测主要分为几种类型?

温室气体监测按照服务对象不同，可分为排放源监测和环境浓度监测。

排放源监测按照监测方式不同，可分为手工监测和自动监测。

环境浓度监测按照监测地理特征进行分类，可分为陆域大气温室气体监测和海洋温室气体监测。陆域大气温室气体监测的实现形式有地基监测、遥感监测和空基监测；海洋温室气体监测的实现形式包括船基走航监测、浮漂连续监测和遥感监测，详见图（2–2）。

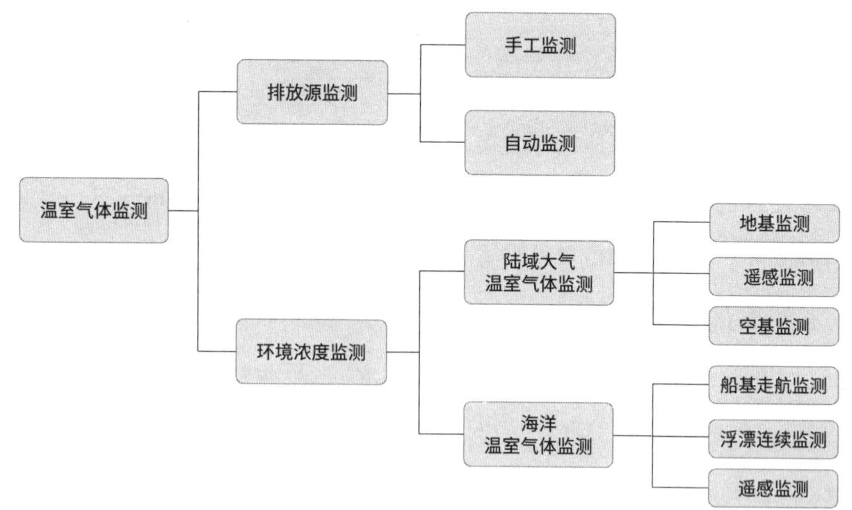

图 2–2　温室气体监测分类图

116 哪些城市开展碳监测评估试点工作?

根据生态环境部《关于印发〈碳监测评估试点工作方案〉的通知》(环办监测函〔2021〕435号),碳监测评估试点工作综合考虑了城市的能源结构、产业结构、城市化水平、人口规模、区域分布等因素,选取唐山、太原、上海、杭州、盘锦、南通等16个城市,开展大气温室气体及海洋碳汇监测试点。

在城市大气温室气体及海洋碳汇监测工作中,包括综合试点城市、基础试点城市和海洋试点城市等3类,分别是:

综合试点城市:上海、杭州、宁波、济南、郑州、深圳、重庆和成都。

基础试点城市:唐山、太原、鄂尔多斯、丽水和铜川。

海洋试点城市:盘锦、南通、深圳和湛江。

117 综合试点城市的监测项目有哪些?

目前我国已在上海、杭州、宁波、济南、郑州、深圳、重庆和成都共8个城市开展了温室气体监测综合试点工作。综合试点城市的温室气体监测技术要求较为全面,综合试点城市根据自身在温室气体排放空间分布、温室气体组成成分、各自地理位置等特点,监测项目分为必测项目和选测项目。

必测项目为:高精度CO_2、高精度CH_4、高精度CO、高精度气象参数(风向和风速、温度、湿度、气压、降水量)、至少1个点位监测碳同位素($^{14}CO_2$)、无人机遥感监测CO_2浓度、无人机遥感监测 CH_4浓度、走航车移动监测CO_2浓度、走航车移动监测CH_4(柱)浓度。

选测项目为:边界层高度、风速的垂直廓线、生态系统CO_2/CH_4通量、地基遥感CO_2/CH_4柱浓度、N_2O、HFCs、PFCs、SF_6、NF_3、碳同位素($^{13}CO_2$)。

118 基础试点城市的监测项目有哪些?

目前我国已在唐山、太原、鄂尔多斯、丽水和铜川共5个城市开展了温室气体监测基础试点工作。基础试点城市监测项目包括高精度CO_2、高精度CH_4、高精度CO、高精度气象参数（风向和风速、温度、湿度、气压、降水量）、碳同位素（$^{14}CO_2$），无人机遥感监测CO_2浓度、无人机遥感监测CH_4浓度、走航车移动监测CO_2浓度、走航车移动监测CH_4浓度。其中，碳同位素（$^{14}CO_2$）采用手工监测，其他项目采用在线监测。

119 海洋试点城市的监测项目有哪些?

目前我国已在盘锦、南通、深圳和湛江共4个城市试点开展了海洋碳汇监测。根据监测方案，碳汇监测包括以下内容：

监测项目包括海岸带生态系统碳储量（滨海湿地、海草床、盐沼地等典型植物各部分碳储量、土壤有机碳含量、土壤容重及厚度等），海岸带生态系统碳通量（CO_2通量、CH_4通量），海岸带生态系统植被状况（种类、范围、面积、地上生物量、地下生物量、凋落物生物量、附生生物量、密度、覆盖度、高度、胸径等），海岸带生态系统气象及水文状况（光合有效辐射、气温、降雨、土壤温度、土壤含水量、浑浊度、潮沙等），海藻养殖固（储）碳参数（海藻日净固碳速率、海藻含碳率、有机碳日释放速率等），海藻养殖状况（海藻养殖种类、养殖面积、养殖方式、养殖周期、养殖产量等）。

点位布设：海岸带点位布设时，原则上每个生态系统试点项目区需布设3～6条固定样线，每条样线不少于3个点位；通量塔布设的下垫面尽量均质，且有充足的风浪区。植被状况监测采用卫星遥感、无人机遥感和现场调查相结合的方式；碳储量监测采用实测法和模型拟合；碳通量监测主要采用涡度相关法。海藻养殖区点位布设时，根据海藻的养殖方式和养殖区域特点布设监测点位，原则上每个养殖区域监测点位不少于3个。海藻养殖面积以及藻种识别采用卫星遥感、无人机遥感和现场调查相结合的方式；固碳量测算相关参数采用室内模拟结合现场调查的方式；碳储量监测采用现场采样和实验室分析的方式。

监测频次：海岸带生态系统监测时碳通量及影响因子指标为全年连续监测，其余指标选择生物量最大季节（7—10月）每年开展1次监测；海藻养殖监测频次根据海藻养殖种类和养殖周期，安排监测频次，原则上每个周期监测2～3次。

120 国家背景站在温室气体监测中有什么优势?

国家空气质量背景站是以监测国家或大区域范围的环境空气质量本底水平为目的而设置的监测站。其代表性范围一般为半径100千米以上，简称为背景站。

背景站建设位置远离城市建设区和主要污染源，原则上离开城市建成区和主要污染源50千米以上，不受人为活动影响的清洁地区。其海拔高度符合标准要求，在山区位于局部高点，避免受到局地空气污染物的干扰和近地面逆温层等局地气象条件的影响，在平缓地区保持在开阔地点的相对高地，避免空气沉积的凹地。

背景站的主要作用是反映国家尺度空气质量本底水平，为追溯污染历史、制定环境标准、研究环境质量提供基础数据。通常与城市站、区域站的监测结果进行对照，用于判断城市地带或区域污染控制和环境管理的成效。

生态环境部利用国家环境空气质量背景站在福建武夷山、内蒙古呼伦贝尔、湖北神农架、云南丽江、四川海螺沟、青海门源、山东长岛、山西庞泉沟、广东南岭9个站点开展区域大气温室气体试点监测。

第三篇 管理篇

在应对气候变化，推动经济社会全面转型发展的探索和实践中，中国积极借鉴世界各国的经验，根据自身实际出台了一系列行政法规、技术标准、管理规则，明确了各项工作的目标、任务和基本要求，规范了各相关方的职责、权利和义务，形成了包括行政监督、技术服务、市场调节等完善有效的管理手段和管理模式。本篇共包括4章：第六章温室气体清单编制，介绍了编制国家和省级温室气体清单的范围、内容和具体技术要求；第七章企业碳排放核算与核查，重点介绍了碳核算的技术方法，还介绍了碳核查的主要任务、核查重点和基本步骤；第八章碳排放权交易管理，重点讲述了碳排放权交易的主体、流程以及配额分配、配额交易和履约清算等；第九章碳排放环境影响评价，介绍了碳排放评价报告的形式、内容和编制流程。

第六章

温室气体清单编制

121 温室气体清单涵盖哪些领域?

根据联合国《IPCC 2006年国家温室气体清单指南》，我国国家温室气体清单覆盖范围共包括国家行政区域内的五大领域，分别是：能源活动、工业生产过程、农业活动、土地利用变化和林业、废弃物处理等。生态环境部《省级温室气体清单编制指南（试行）》规定的覆盖领域与国家温室气体清单一致，也包括上述五大领域。纳入温室气体清单核算的温室气体种类包括二氧化碳、甲烷、氧化亚氮、氢氟碳化物、全氟化物和六氟化硫6类温室气体。

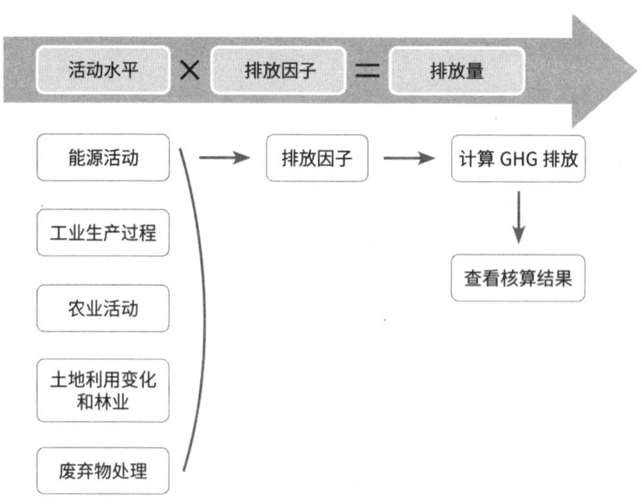

图 3-1　温室气体清单编制方法示意图

122 省级温室气体清单编制有哪些步骤?

温室气体排放清单编制流程分为以下六个步骤:

（1）确定清单边界

清单边界按照行政管辖区进行界定，遵循行政区划为地理边界的“在地原则”。地理边界的确定既利于地方政府切实掌握辖区温室气体排放信息，有助于针对性地制定系统化减排措施，又有助于对控制温室气体排放目标的分解和考核。

（2）确定温室气体种类

《京都议定书》规定的六种温室气体，即二氧化碳、甲烷、氧化亚氮、氢氟碳化物、全氟化碳和六氟化硫。其中，HFCs具体包括HFC-23、HFC-32、HFC-125、HFC-134a、HFC-143a、HFC-152a、HFC-227ea、HFC-236fa和HFC-245fa，PFCs具体包括四氟化碳（CF_4）和六氟乙烷（C_2F_6）。多哈会议通过的《京都议定书多哈修正案》规定的第七种温室气体三氟化氮暂不计算。

为了统一衡量不同温室气体对全球增温的影响，需要以CO_2为基准，将其他温室气体换算成二氧化碳当量（CO_2e）。

（3）确定排放源

将温室气体排放源/吸收汇分为五大部门，分别是能源活动、工业生产过程、农业活动、土地利用变化和林业、废弃物处理。其中，能源活动、工业生产过程、农业活动和废弃物处理是排放源部门，土地利用变化和林业可能同时存在排放源和吸收汇。

（4）确定计算方法

《省级温室气体清单编制指南（试行）》规定，清单编制方法采用排放因子法，基本原理为：温室气体排放量等于活动水平（即逐级累加不同部门、不同设备和不同燃料品种的消耗量）乘以排放因子计算原理。

（5）收集数据

数据收集是省级或市级温室气体核算的重要组成部分，主要分为活动水平数据收集和排放因子数据收集。活动水平数据和排放因子数据按照下面的优先原则进行收集，即：统计部门数据、行业部门数据、文献发表数据、专家咨询分析等。其中，活动水平数据可以分为统计数据、部门数据、调研数据和估算数据。

（6）排放因子

排放因子指与活动水平数据相对应的系数，按照反映当地排放特点的准确程度由高到低划分，排放因子优先顺序依次为实测排放因子、区域排放因子（省级或市级或跨省市）、省级排放因子、国家排放因子和IPCC排放因子。

123 什么是活动水平和排放因子？

根据核算指南的定义，活动水平是指导致温室气体排放的生产或消费活动的活动量，一般用AD（Active Directory）表示，例如每种化石燃料的消耗量、原料的使用量、产品产量、净购入的电量、净购入的热量等。在温室气体排放报告中，应结合核算边界和排放源的划分情况分别报告所核算的各个排放源的活动水平数据。

根据核算指南的定义，排放因子是指单位活动水平的温室气体排放量或吸收量，一般用EF（Emission Factor）表示，是与活动水平数据相对应的系数，例如发电企业每单位化石燃料燃烧所产生的二氧化碳排放量、用电企业每单位购入使用电量所对应的二氧化碳排放量等。排放因子通常基于抽样测量或统计分析获得，表示在给定操作条件下某一活动水平的代表性排放率。活动水平数据乘以排放因子即为该生产或消费活动产生的温室气体排放量。因此，核算过程中排放因子的单位需与活动水平数据单位对应。

124 能源活动温室气体清单包括哪些内容？

能源生产和消费活动是温室气体的重要排放源，省级能源活动温室气体清单编制总体上遵循 IPCC 国家温室气体清单指南的基本方法，并借鉴了1994年和 2005年我国能源活动温室气体清单编制的方法。清单编制和报告的范围主要包括三部分：

（1）化石燃料燃烧活动中产生的二氧化碳、甲烷和氧化亚氮排放；

（2）生物质燃烧活动中的甲烷和氧化亚氮排放；

（3）煤矿和矿后活动中的甲烷逃逸排放以及石油和天然气系统甲烷逃逸排放。

125 能源活动水平数据如何获取？

活动水平数据是指导致温室气体排放或清除的生产或消费活动的活动量，例如发电设施每种燃料的消耗量、购入的电量、购入的蒸汽量等。活动水平数据来源包括：能源统计年鉴、海关统计年鉴、化工统计年鉴等行业的统计资料；省市统计年鉴以及发改部门、统计部门、工信部门、交通部门、城管部门、农业部门、海关部门、电力部门、燃气公司、交通部门（包括公路、铁路和水运等）、航空公司等相关统计资料；拆分到具体行业部门时，还需根据相应行业统计数据及专家估算结果，或引用研究机构的调研数据；如统计资料无法获得活动水平数据，则需要对缺失数据开展实地调查。

省级能源活动水平数据的来源有《中国能源统计年鉴》、省市统计年鉴、省市煤炭工业统计年报、中国海关年鉴、中国海关统计资料、各大油气公司统计报表、统计年鉴以及统计手册等。

126 排放因子数据如何获取?

排放因子是与活动水平数据相对应的系数，是指单位活动水平的温室气体排放量或吸收量。例如发电企业每单位化石燃料燃烧所产生的二氧化碳排放量、用电企业每单位购入使用电量所对应的二氧化碳排放量等。排放因子按照《省级温室气体清单编制指南（试行）》的要求进行统计，优先使用相关部门或企业的实测值，以便正确反映当地排放源设备的技术水平和排放特点。若无法实测或当地数据无法获得，则使用《省级温室气体清单编制指南（试行）》推荐的缺省排放因子，如排放因子也无法从《省级温室气体清单编制指南（试行）》中获得，则可参考IPCC国家温室气体清单指南或请专家估算数据。

127 化石燃料燃烧活动排放源如何界定?

化石燃料燃烧温室气体排放源界定为某一省区市境内不同燃烧设备燃烧不同化石燃料的活动，涉及的温室气体种类主要包括二氧化碳、甲烷和氧化亚氮。按照这一定义，国际航空航海等国际燃料舱的化石燃料燃烧活动所排放的温室气体不应计算在某一省区市境内，而火力发电厂的化石燃料燃烧排放应该计算在电厂所在地，尽管其生产的电力并不一定在本地消费。

（1）化石燃料燃烧活动分部门的排放源可分为：农业部门、工业和建筑部门、交通运输部门、服务部门（第三产业中扣除交通运输部分）、居民生活部门。其中工业部门可进一步细分为钢铁、有色金属、化工、建材和其他行业等，交通运输部门可进一步细分为民航、公路、铁路、航运等。

（2）化石燃料燃烧活动依据设备类型（技术）将排放源分为：静止源燃烧设备和移动源燃烧设备。静止源燃烧设备主要包括：发电锅炉、工业锅炉、工业窑炉、户用炉灶、农用机械、发电内燃机、其他设备等；移动排放源设备主要包括：各类型航空器、公路运输车辆、铁路运输车辆和船舶运输机具等。

（3）化石燃料燃烧活动依据不同燃料品种将排放源分为：煤炭、焦炭、型煤等，其中煤炭又分为无烟煤、烟煤、炼焦煤、褐煤等；原油、燃料油、汽油、柴油、煤油、喷气煤油、其他煤油、液化石油气、石脑油、其他油品等；天然气、炼厂干气、焦炉煤气、其他燃气等。

128 生物质燃烧活动的排放源如何界定?

我国生物质燃料主要包括以下三类：一是农作物秸秆及木屑等农业废弃物及农林产品加工业废弃物；二是薪柴和由木材加工而成的木炭；三是人畜和动物粪便。生物质燃料燃烧的排放源主要包括：居民生活用的省柴灶、传统灶等炉灶，燃用木炭的火盆和火锅以及牧区燃用动物粪便的灶具，工商业部门燃用农业废弃物、薪柴的炒茶灶、烤烟房、砖瓦窑等。考虑到生物质燃料生产与消费的总体平衡，其燃烧所产生的二氧化碳与生长过程中光合作用所吸收的碳两者基本抵消，只需要编制和报告甲烷和氧化亚氮的排放。

129 煤炭开采和矿后活动甲烷逃逸排放源如何界定?

我国煤炭开采和矿后活动的甲烷排放源主要分为井工开采、露天开采和矿后活动。井工开采过程排放是指在煤炭井下采掘过程中，煤层甲烷伴随着煤层开采不断涌入煤矿巷道和采掘空间，并通过通风、抽气系统排放到大气中形成的甲烷排放。露天开采过程排放是指露天煤矿在煤炭开采过程中释放的和邻近暴露煤（地）层释放的甲烷。矿后活动排放是指煤炭加工、运输和使用过程，即煤炭的洗选、储存、运输及燃烧前的粉碎等过程中产生的甲烷排放。

130 石油和天然气系统甲烷逃逸排放源如何界定?

石油和天然气系统甲烷逃逸排放是指油气从勘探开发到消费的全过程的甲烷排放，主要包括钻井、天然气开采、天然气的加工处理、天然气的输送、原油开采、原油输送、石油炼制、油气消费等活动，其中常规原油中伴生的天然气，随着开采活动也会产生甲烷的逃逸排放。我国油气系统逃逸排放源涉及的设施主要包括：勘探和开发设备、天然气生产各类井口装置，集气系统的管线加热器和脱水器、加压站、注入站、计量站和调节站、阀门等附属设施，天然气集输、加工处理和分销使用的储气罐、处理罐、储液罐和火炬设施等，石油炼制装置，油气的终端消费设施等。

131 工业生产过程温室气体清单包括哪些行业?

工业生产过程温室气体排放是指工业生产中能源活动温室气体排放之外的其他化学反应过程或物理变化过程的温室气体排放。例如，石灰行业石灰石分解产生的排放属于工业生产过程排放，而石灰窑燃料燃烧产生的排放不属于工业生产过程排放。

省级工业生产过程温室气体清单范围包括：水泥生产过程二氧化碳排放、石灰生产过程二氧化碳排放、钢铁生产过程二氧化碳排放、电石生产过程二氧化碳排放、己二酸生产过程氧化亚氮排放、硝酸生产过程氧化亚氮排放、一氯二氟甲烷（HCFC-22）生产过程三氟甲烷（HFC-23）排放、铝生产过程全氟化碳排放、镁生产过程六氟化硫排放、电力设备生产过程六氟化硫排放、氢氟烃生产过程的氢氟烃排放，以及半导体生产过程氢氟烃、全氟化碳和六氟化硫排放。

132 水泥生产过程中活动水平如何确定?

水泥生产过程是指水泥熟料生产中碳酸钙或碳酸镁分解过程。熟料是水泥生产的中间产品，它是由水泥生料（主要由石灰石及其他配料配制而成）经高温煅烧发生物理化学变化后形成的。在煅烧过程中，生料中的碳酸钙和碳酸镁会分解排放出二氧化碳。根据《省级温室气体清单编制指南（试行）》，估算水泥工业生产过程二氧化碳排放所需要的活动水平数据为所在省（市、区）扣除了用电石渣生产的熟料数量之后的水泥熟料产量。分省份的水泥熟料产量数据可从中国水泥协会编写的《中国水泥年鉴》获取，利用电石渣生产熟料的产量需要实地调查。

133 钢铁生产过程中活动水平如何确定?

钢铁生产过程二氧化碳的排放主要有炼铁熔剂高温分解过程和炼钢降碳过程两个来源。其中，炼铁溶剂分解是指石灰石和白云石等熔剂中的碳酸钙和碳酸镁在高温下发生分解反应，并排放出二氧化碳；炼钢降碳是指在高温下用氧化剂把生铁里过多的碳和其他杂质氧化成二氧化碳排放和炉渣除去，伴有二氧化碳排放。需要收集的活动水平数据为辖区内钢铁企业石灰石和白云石的年消耗量，以及炼钢的生铁投入量和钢材产量。

此外，在钢铁生产的过程中，焦炭生产产生的二氧化碳排放在能源活动温室气体清单部分报告。

134 电石生产过程中活动水平如何确定?

由于电石的生产要求石灰的活性比较高，多数电石生产厂都是自己生产石灰。因此，电石的生产工艺一般包括两个环节，即用石灰石为原料经过煅烧生产石灰；以石灰和碳素原料如焦炭、无烟煤、石油焦等为原料生产电石。电石生产过程的二氧化碳排放只报告第二环节的排放量。第一环节的排放在石灰生产过程部分报告。

135 农业温室气体清单包括哪几部分?

省级农业温室气体清单包括四个部分：一是动物肠道发酵甲烷排放，二是动物粪便管理甲烷和氧化亚氮排放，三是稻田甲烷排放，四是农用地氧化亚氮排放。

活动水平数据的使用按数据的权威性由高到低依次为：国家统计局、省级统计局、行业数据、调查数据（包括文献）、专家判断，必要时对清单不确定性给予分析说明。

稻田甲烷排放量由不同类型稻田面积乘以相应稻田甲烷排放因子得到。稻田类型分为单季稻、双季早稻、双季晚稻三类。稻田甲烷排放因子可用推荐值，也可用过程模型CH_4MOD计算得到。

农用地氧化亚氮排放量由氮输入量乘以氧化亚氮排放因子得到。其中直接排放由农用地当季氮输入引起的氧化亚氮排放，来源包括氮肥、粪肥和秸秆还田；间接排放包括大气氮沉降引起的氧化亚氮排放和氮淋溶径流损失引起的氧化亚氮排放。

动物肠道发酵甲烷排放由不同动物类型年末存栏量乘以对应甲烷排放因子得到。动物饲养方式分为规模化饲养、农户饲养和放牧饲养，排放因子建议采用当地特性参数计算获得，也可以采用指南推荐排放因子。根据各省畜牧业饲养情况和数据的可获得性，动物肠道发酵甲烷排放源包括非奶牛、水牛、奶牛、山羊、绵羊、猪、马、驴、骡和骆驼。

动物粪便管理系统甲烷和氧化亚氮排放清单由不同动物类型年末存栏量乘以对应氧化亚氮排放因子得到。其中，甲烷排放与粪便挥发性固体含量和粪便管理方式所占比例等因素有关，氧化亚氮排放量与动物粪便氮排泄量和不同粪便管理方式所占比例等因素有关，排放因子建议采用当地特性参数计算获得，或采用指南推荐排放因子。

136 土地利用变化和林业清单包括哪些内容？

土地利用变化和林业温室气体清单，既包括温室气体的排放（如森林采伐或毁林排放的二氧化碳），也包括温室气体的吸收（如森林生长时吸收的二氧化碳）。在清单编制年份里，如果森林采伐或毁林的生物量损失超过森林生长的生物量增加，则表现为碳排放源，反之则表现为碳吸收汇。

目前在省级温室气体清单编制中，土地利用变化和林业领域主要考虑两种情况：一是森林和其他木质生物量碳贮量变化引起的二氧化碳吸收量或排放量；二是森林转化产生的碳排放量，即将森林转化为其他土地利用方式所产生的碳排放量，相当于毁林。

137 如何估算森林等生物量碳贮量的变化？

森林和其他木质生物质生物量碳贮量是一个动态变化的过程，指的是由于森林管理、采伐、薪炭材采集等活动影响而导致的生物量碳贮量增加或减少。森林和其他木质生物质生物量碳贮量包括乔木林（林分）生长生物量碳吸收，散生木、四旁树、疏林生长生物量碳吸收，竹林、经济林、灌木林生物量碳贮量变化，以及活立木消耗碳排放。其中，“森林”包括乔木林、竹林、经济林和国家有特别规定的灌木林，“其他木质生物质”包括不符合森林定义的疏林、散生木和四旁树。

排放因子数据包括：活立木蓄积量生长率（GR），消耗率（CR），基本木材密度（SVD），生物量转换系数（BEF），竹林、经济林、灌木林平均单位面积生物量，单位质量干物质含碳率等。

138 如何估算森林转化的温室气体排放?

“森林转化”指将现有森林转化为其他土地利用方式，相当于毁林。在毁林过程中，被破坏的森林生物量一部分通过现地或异地燃烧排放到大气中，一部分（如木产品和燃烧剩余物）通过缓慢的分解过程（约数年至数十年）释放到大气中。有一小部分（约 5%～10%）燃烧后转化为木炭，分解缓慢，约需100年甚至更长时间。

各省区市主要估算“有林地”（包括乔木林、竹林、经济林）转化为“非林地”（如农地、牧地、城市用地、道路等）过程中，由于地上生物质的燃烧和分解引起的二氧化碳、甲烷和氧化亚氮排放。

森林转化燃烧引起的碳排放，包括现地燃烧（即发生在林地上的燃烧，如炼山等）和异地燃烧（被移走在林地外进行的燃烧，如薪柴等）。其中，现地燃烧除会产生直接的二氧化碳排放外，还会排放甲烷和氧化亚氮等温室气体。异地燃烧同样也会产生非二氧化碳的温室气体，但由于能源领域清单中，已对薪炭柴的非二氧化碳温室气体排放做了估算，因此只估算异地燃烧产生的二氧化碳排放。

森林转化分解碳排放，主要考虑燃烧剩余物的缓慢分解造成的二氧化碳排放。由于分解排放是一个缓慢的过程，因此在具体估算时，采用10年平均的年转化面积进行计算，而不是使用清单编制年份的年转化面积。

139 我国土地利用分类与《联合国气候变化框架公约》中分类有何差异？

按照《省级温室气体清单编制指南（试行）》，省级“土地利用变化和林业”温室气体清单的编制，以《IPCC 国家温室气体清单编制指南（1996 修订版）》为主要参考依据，结合中国土地利用变化与林业的实际特点，确定省级“土地利用变化与林业”清单的范围与内容。

我国土地类型常分为林地、耕地、牧草地、水域、未利用地和建设用地等。其中，林地包括有林地、疏林地、灌木林地、未成林地、苗圃地、无立木林地、宜林地和林业辅助用地。

而《联合国气候变化框架公约》的土地利用分类方式与我国存在一定的差异，其将土地利用分为六大类型，分别是：林地、农地、草地、湿地、居住用地以及其他土地类型（如冰川、荒漠、裸岩等）。

140 废弃物处理过程排放源如何界定？

城市固体废弃物和生活污水及工业废水处理，可以排放甲烷、二氧化碳和氧化亚氮气体，是温室气体的重要来源。废弃物处理温室气体排放清单包括城市固体废弃物（主要是指城市生活垃圾）填埋处理产生的甲烷排放量，生活污水和工业废水处理产生的甲烷和氧化亚氮排放量，以及固体废弃物焚烧处理产生的二氧化碳排放量。

废弃物处理的甲烷排放源包括固体废弃物填埋处理和生活污水处理及工业废水处理。

包含化石碳（如塑料、橡胶等）的废弃物焚化和露天燃烧，是废弃物处理中最重要的二氧化碳排放来源。废弃物的能源利用（即废弃物直接作为燃料发电，或转化为燃料使用）产生的温室气体排放，应当在能源部门中估算并报告。固体废弃物处置场所的非化石废弃物和废水处理污泥的焚烧也可以排放二氧化碳，这部分排放是生物成因，应作为信息项报告。

废弃物处理也会产生氧化亚氮排放，但氧化亚氮排放机理和过程比较复杂，主要取决于处理的类型和处理期间的条件。目前省级清单只需要报告废水处理的氧化亚氮排放。

141 如何获得固体废弃物处理活动水平数据？

固体废弃物处理包括填埋处理和焚烧处理。垃圾填埋处理产生的填埋气体主要是甲烷和二氧化碳等气体，焚烧处理是在可控的焚化设施中焚烧固体和液体废弃物产生二氧化碳。焚烧的废弃物类型包括城市固体废弃物、危险废弃物、医疗废弃物和污水污泥。无能源回收的废弃物焚烧由废弃物产生的部门报告，而有能源回收的废弃物燃烧由能源部门报告，二者都要区分化石和生物成因的二氧化碳排放。

固体废弃物处置甲烷排放估算所需的活动水平数据包括：城市固体废弃物产生量、城市固体废弃物填埋量、城市固体废弃物物理成分。各省区市的城市固体废弃物数据可从各省、区、市的住房和城乡建设厅等相关部门的统计数据中获得。城市固体废弃物成分可通过收集垃圾处理场所相关监测分析数据或有关研究报告获得。

142 如何获得废水处理活动水平数据？

生活污水和工业废水处理过程中产生的主要温室气体是甲烷和氧化亚氮。

生活污水处理中，甲烷排放的主要活动水平数据是污水中有机物的总量，以生化需氧量（BOD）作为重要的指标，包括排入海洋、河流或湖泊等环境中的BOD和在污水处理厂处理系统中去除的BOD两部分。

工业废水处理中，甲烷排放的活动水平数据以化学需氧量（COD）为主要指标。废水经处理后，一部分进入生活污水管道系统，其余部分不经城市下水管道直接进入江河湖海等环境系统。因此，为了不导致重复计算，将每个工业行业的可降解有机物即活动水平数据分为两部分，即处理系统去除的COD和直接排入环境的COD，可从《中国环境统计年鉴》获得。

废水处理中，氧化亚氮的活动数据包括人口数、每人年均蛋白质的消费量（千克/人/年）、蛋白质中的氮含量（千克氮/千克蛋白质）、废水中非消费性蛋白质的排放因子、工业和商业的蛋白质排放因子。而随污泥清除的氮无法统计，推荐缺省为0。

143 为什么要开展清单的不确定性分析?

不确定性分析是一个完整温室气体清单的基本组成之一。估算温室气体清单不确定性的流程包括：确定清单中单个变量的不确定性（如活动水平和排放因子数据等的不确定性等）；将单个变量的不确定性合并为清单的总不确定性；识别清单不确定性的主要来源，以帮助确定清单数据收集和清单质量改进的优先顺序。同时还要认识到统计方面也可能会存在不确定性，如漏算、重复计算、概念偏差及模型估算偏差等。

不确定性分析是一种帮助确定降低未来清单不确定性工作优先顺序的方法，因此用来分析不确定性值的方法必须实用、科学和完善，并且可应用于不同类别的源排放与汇吸收。

144 如何降低温室气体清单的不确定性？

在编制温室气体清单的过程中，必须尽可能地降低不确定性，以便确保提高温室气体清单的质量。根据出现的不确定性原因，可从以下几个方面降低不确定性：

一是提高数据的代表性，如使用连续排放监测系统来监测排放数据，可得到不同燃烧阶段的数据，从而可以更加准确地描述源的排放属性；

二是改进模型，改进模型结构和参数，以更好地了解和描述系统性误差和随机误差；

三是使用更精确的测量方法，包括提高测量方法的准确度以及使用一些校准技术；

四是大量收集测量数据，填补数据漏缺，减少偏差和随机误差；

五是消除已知的偏差，消除的方法有：对仪器仪表定期检定校准，对模型等估算方法进行优化，以及系统性地使用专家判断；

六是提高清单编制人员能力，包括增加对源和汇类别和过程的了解，从而可以发现以及纠正不完整问题。

145 如何做好质量保证和质量控制？

质量控制是一个常规技术活动，用于评估和保证温室气体清单质量，由清单编制人员执行。质量控制系统旨在：一是提供定期和一致检验来确保数据的内在一致性、正确性和完整性；二是确认和解决误差及疏漏问题；三是将清单材料归档并存档，记录所有质量控制活动。

质量保证是一套规划好的评审规则系统，由未直接涉及清单编制过程的人员进行。在执行质量控制程序后，最好由独立的第三方对完成的清单进行评审。评审确认可测量目标已实现；确保清单代表在目前科学知识水平和数据获取情况下排放和清除的最佳估算；而且支持质量控制计划的有效性。

质量保证/质量控制过程和不确定性分析互为补充，保证了清单数据的质量，这些应成为清单改进的工作重点。

146 温室气体清单编制的质量控制程序是什么？

质量控制程序包括一般质量控制程序和特定类别质量控制程序。

一般质量控制程序包括适用于所有清单源和汇类别，包括数据计算、处理、完整性和归档相关的通用质量检查。质量控制程序见表（3–1）。

特定类别质量控制是一般清单质量控制程序的补充，是针对个别源或汇类别方法中使用的特定类型的数据。特定类别程序的应用要视具体情况而定，重点放在关键类别和方法学及数据有重大修正的类别。尤其是在用较高级别方法编制省级清单时，应该使用特定类别质量控制程序以帮助评估省级方法的质量。

表 3–1　温室气体清单编制一般质量控制程序

质量控制活动	程序
检查并归档	对活动水平数据、排放因子和其他估算参数进行交叉检查，并确保其正确记录和归档
检查数据输入和参考文献中的抄录误差	确认内部文件是否正确引用了参考文献。对各个类别的输入数据样本（计算中使用的测量值或参数）进行抄录误差的交叉检查
检查排放源与吸收汇计算的正确性	复制一组排放和清除计算。使用简单近似的方法得到与原始和更复杂计算相似的结果，以确保不存在数据输入误差或计算误差
检查是否正确记录了参数、单位及适当的转换系数	检查在计算表中是否正确标记了单位；检查在计算前后使用的单位是否正确；检查转换系数是否正确；检查是否正确使用了时间和空间转换系数

续表

质量控制活动	程序
检查数据库文件的内在一致性	检验包括的内部文件；确认数据库中正确描述了合适的数据处理步骤；确认数据库中正确描述了数据关系；确保数据域标记正确以及有正确的设计规范
检查类别间数据的一致性	确定多种类别中的共同参数（如活动数据、常数）以及确认这些参数在排放 / 清除计算中使用了一致数值
检查处理步骤中清单数据移动的正确性	排放和清除数据从较低报告水平汇总时是否正确移动；检查不同的中间产物间排放和清除数据是否正确转换
检查排放和清除的不确定性估算和计算的正确性	检查为不确定性估算提供专家判断的个人是否具有适当资格；检查记录资格、假设和专家判断；检查计算得到的不确定性是否完整且正确计算
检查时间序列一致性	检查各个类别输入数据时间序列的一致性；检查整个时间序列中计算方法的一致性；检查引起重新计算的方法学和数据变化；检查时间序列计算适当地反映了减排活动的结果
检查完整性	确认从基年到目前清单编制的所有年份中对所有类别的估算进行了报告；关于子类别，确认包括了整个类别；提供‘其他’类型的类别的明晰定义；检查是否归档了引起不完整估算的已知数据漏缺，包括估算对于整个排放的重要性的定性评估
趋势检查	对各个类别，目前的清单估算应该与先前的估算（如果可得）进行比较。如果趋势存在重大变化或偏离，重新检查估算并对任何差异作出解释。与以前年份的排放或清除有重大变化，可能说明出现了输入或计算误差；检查时间序列的活动水平数据或其他参数中是否存在任何异常和未解释的趋势
评审内部文件和存档	检查是否有详细的内部文档记录，可支持估算并能够复制排放、清除和不确定性估算；检查清单数据、支持数据以及清单记录已经归档和储存，以便于详细评审；检查在清单完成后，存档密闭并保管在安全场所；检查参与清单编制的外部组织任何数据存档安排的内在一致性

第七章

企业碳排放核算与核查

147 温室气体排放报告制度对企业有哪些要求?

根据《碳排放权交易管理办法（试行）》等相关规定，温室气体排放报告制度的具体要求如下：

（1）重点排放单位应当报告碳排放数据，清缴碳排放配额，公开交易及相关活动信息，并接受生态环境主管部门的监督管理。

（2）重点排放单位应当根据温室气体排放核算与报告技术规范，编制该单位上一年度的温室气体排放报告，载明排放量，并于每年3月31日前报生产经营场所所在地的省级生态环境主管部门。

（3）排放报告所涉数据的原始记录和管理台账应当至少保存5年。

（4）重点排放单位对温室气体排放报告的真实性、完整性、准确性负责。

（5）重点排放单位编制的年度温室气体排放报告应当定期公开，接受社会监督，涉及国家秘密和商业秘密的除外。

（6）重点排放单位虚报、瞒报温室气体排放报告，或者拒绝履行温室气体排放报告义务的，由其生产经营场所所在地设区的市级以上地方生态环境主管部门责令限期改正，处一万元以上三万元以下的罚款。逾期未改正的，由重点排放单位生产经营场所所在地的省级生态环境主管部门测算其温室气体实际排放量，并将该排放量作为碳排放配额清缴的依据；对虚报、瞒报部分，等量核减其下一年度碳排放配额。

148 哪些行业需要上报碳排放数据？

根据国家发展改革委员会《关于切实做好全国碳排放权交易市场启动重点工作的通知》（发改办气候〔2016〕57号）要求，纳入全国碳排放权交易体系的行业包括：石化、化工、建材、钢铁、有色、造纸、电力、航空，除上述行业子类中已纳入企业外，其他企业自备电厂也按照发电行业纳入。

表 3–2　全国碳排放权交易覆盖行业及代码

行业	行业代码	行业子类（主营产品统计代码）
石化	2511 2614	原油加工（2501） 乙烯（2602010201）
化工	2619 2621	电石（2601220101） 合成氨（260401） 甲醇（2602090101）
建材	3011	水泥熟料（310101）
	3041	平板玻璃（311101）
钢铁	3120	粗钢（3206）
有色	3216	电解铝（3316039900）
	3211	铜冶炼（3311）
造纸	2211 2212 2221	纸浆制造（2201） 机制纸和纸板（2202）
电力	4411	纯发电 热电联产
	4420	电网
航空	5611 5612 5631	航空旅客运输 航空货物运输 机场

149 企业温室气体核算与报告的依据有哪些？

2013—2015年期间，国家发改委分三个批次，陆续发布了火电、电网、钢铁等24个高碳排放行业企业的温室气体核算指南；2018年生态环境部承接应对气候变化工作后，于2021年3月发布《企业温室气体排放核算方法与报告指南 发电设施》；2022年3月，生态环境部发布《企业温室气体排放核算方法与报告指南发电设施（2022年修订版）》。详见表（3–3）。

表 3–3　高碳排放行业温室气体核算指南一览表

批次	序号	名称	发文编号 / 发布时间
第一批次	1	《中国发电企业温室气体排放核算方法与报告指南（试行）》	发改办气候〔2013〕2526 号 / 2013 年 10 月 15 日
	2	《中国电网企业温室气体排放核算方法与报告指南（试行）》	
	3	《中国钢铁生产企业温室气体排放核算方法与报告指南（试行）》	
	4	《中国化工生产企业温室气体排放核算方法与报告指南（试行）》	
	5	《中国电解铝生产企业温室气体排放核算方法与报告指南（试行）》	
	6	《中国镁冶炼企业温室气体排放核算方法与报告指南（试行）》	
	7	《中国平板玻璃生产企业温室气体排放核算方法与报告指南（试行）》	
	8	《中国水泥生产企业温室气体排放核算方法与报告指南（试行）》	
	9	《中国陶瓷生产企业温室气体排放核算方法与报告指南（试行）》	
	10	《中国民航企业温室气体排放核算方法与报告格式指南（试行）》	
第二批次	1	《中国石油天然气生产企业温室气体排放核算方法与报告指南（试行）》	发改办气候〔2014〕2920 号 / 2014 年 12 月 3 日
	2	《中国石油化工企业温室气体排放核算方法与报告指南（试行）》	
	3	《中国独立焦化企业温室气体排放核算方法与报告指南（试行）》	
	4	《中国煤炭生产企业温室气体排放核算方法与报告指南（试行）》	

续表

批次	序号	名称	发文编号 / 发布时间
第三批次	1	《造纸和纸制品生产企业温室气体排放核算方法与报告指南（试行）》	发改办气候〔2015〕1722 号 / 2015 年 7 月 6 日
	2	《其他有色金属冶炼和压延加工业企业温室气体排放核算方法与报告指南（试行）》	
	3	《电子设备制造企业温室气体排放核算方法与报告指南（试行）》	
	4	《机械设备制造企业温室气体排放核算方法与报告指南（试行）》	
	5	《矿山企业温室气体排放核算方法与报告指南（试行）》	
	6	《食品、烟草及酒、饮料和精制茶企业温室气体排放核算方法与报告指南（试行）》	
	7	《公共建筑运营单位（企业）温室气体排放核算方法和报告指南（试行）》	
	8	《陆上交通运输企业温室气体排放核算方法与报告指南（试行）》	
	9	《氟化工企业温室气体排放核算方法与报告指南（试行）》	
	10	《工业其他行业企业温室气体排放核算方法与报告指南（试行）》	
《企业温室气体排放核算方法与报告指南发电设施》			环办气候函〔2021〕9 号 /2021 年 3 月 29 日
《企业温室气体排放核算方法与报告指南发电设施（2022 年修订版）》			环办气候函〔2022〕111 号 /2022 年 3 月 10 日

150 企业温室气体排放报告编制原则有哪些?

温室气体核算与报告的原则有5条，即相关性、完整性、一致性、准确性和透明性。具体内容如下：

（1）相关性。指选择适应目标用户需求的温室气体源、汇、库、数据和方法，强调的是开展企业温室气体核算与报告工作要全面满足目标用户的需要。

（2）完整性。包括所有核算和报告范围内的排放单元、排放源及其产生的直接和间接排放。

（3）一致性。能够对有关温室气体信息进行有意义的比较。比较分为两种，即纵向比较和横向比较。纵向指企业对在不同年度所做的核算工作进行比较，横向是同一行业不同企业之间的对比。

（4）准确性。尽可能减少排放量的偏差与不确定性。由于温室气体核算工作依赖于量化计算，不确定性必然存在。这里的偏差可能包括各种数据的误差、人为的错误等。特别是当温室气体排放量用于碳交易时，该要求必不可少。

（5）透明性。发布充分适用的温室气体信息，使目标用户能够在合理的置信度内做出决策。这一点是对企业公布的温室气体各种信息（包括核算边界、活动数据、排放因子、量化方法、量化结果等）的要求。以清楚、真实、中立的态度，对温室气体数据、信息和核算结果等进行报告并形成文件，以便数据、信息真实可查，结果具有可重复性。

151　企业温室气体排放报告包括哪些内容？

温室气体排放报告是重点排放单位根据温室气体排放核算方法与报告指南及相关技术规范，编制的载明重点排放单位温室气体排放量、排放设施、排放源、核算边界、核算方法、活动数据、排放因子等信息，并附有原始记录和台账等内容的报告。温室气体排放报告主要包括：重点排放单位的基本信息、温室气体排放情况、活动水平数据及其来源、排放因子数据及其来源和数据质量控制计划等内容。

（1）重点排放单位基本信息

重点排放单位名称、统一社会信用代码、排污许可证编号等基本信息。

（2）生产设施信息

燃料消耗设施的燃料类型、燃料名称、设施类型，以及主要生产设施的名称、编号、型号等相关信息。

（3）活动数据

化石燃料消耗量、化石燃料低位发热量、购入使用电量等数据。

（4）排放因子

化石燃料单位热值含碳量、碳氧化率、电网排放因子数据。

（5）生产相关信息

发电量、供电量、供热量、供热比、供电煤（气）耗、供热煤（气）耗、运行小时数、负荷（出力）系数、供电碳排放强度、供热碳排放强度等数据。

（6）支撑材料

重点排放单位应在排放报告中说明各项数据的来源并报送相关支撑材料，支撑材料应与各项数据的来源一致，并符合指南中的报送要求。报送提交的原始检测记录中应明确显示检测依据（方法标准）、检测设备、检测人员和检测结果。

152 企业温室气体排放报告编制有哪些流程?

温室气体重点排放单位应选择适合的分行业碳排放核算指南，组织相关人员参加培训，制定工作计划，编制企业碳排放年度监测计划，并根据核算指南和企业具体情况，收集相关活动数据和支持性资料，计算和汇总碳排放量，编制碳排放报告。成立内部审核小组，对企业碳排放核算结果进行审核，修改并完善碳排放报告。

以发电设施为例，根据生态环境部制订的《企业温室气体排放核算方法与报告指南发电设施（2022年修订版）》，具体介绍温室气体排放报告编制工作流程，如图（3–2）所示。

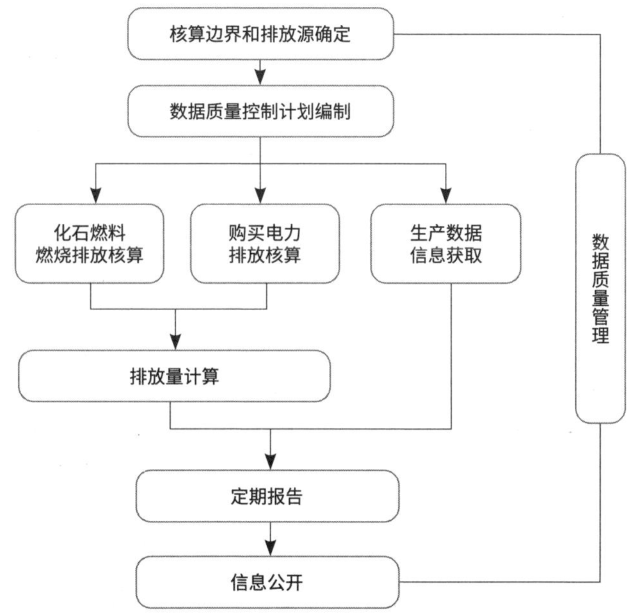

图 3-2　发电设施温室气体排放报告编制流程图

发电设施温室气体排放核算工作内容包括：

（1）核算边界和排放源确定。确定重点排放单位核算边界，识别纳入边界的排放设施和排放源。排放报告应包括核算边界所包含的装置、所对应的地理边界、组织单元和生产过程。

（2）数据质量控制计划编制。按照各类数据测量和获取要求编制数据质量控制计划，并按照数据质量控制计划实施温室气体的测量活动。

（3）化石燃料燃烧排放核算。收集活动数据、确定排放因子，计算发电设施化石燃料燃烧排放量。

（4）购入电力排放核算。收集活动数据、确定排放因子，计算发电设施购入使用电量所对应的排放量。

（5）排放量计算。汇总计算发电设施二氧化碳排放量。

（6）生产数据信息获取。获取和计算发电量、供电量、供热量、供热比、供电煤（气）耗、供热煤（气）耗、供电碳排放强度、供热碳排放强度、运行小时数和负荷（出力）系数等生产信息和数据。

（7）定期报告。定期报告温室气体排放数据及相关生产信息，并报送相关支撑材料。

（8）信息公开。定期公开温室气体排放报告相关信息，接受社会监督。

（9）数据质量管理。明确实施温室气体数据质量管理的一般要求。

153 如何确定碳排放核算边界？

核算边界是指碳排放核算或碳排放核查中温室气体排放所包含的范围，包括确定组织边界和运行边界。报告主体应核算和报告其所有设施和业务产生的温室气体排放。确定组织边界的方法有：运营控制法、财务控制法和股权比例法。

核算边界包括：燃料燃烧排放、工业生产过程排放、净购电力热力产生的排放、固碳产品隐含的排放等。设施和业务范围包括直接生产系统、辅助生产系统以及直接为生产服务的附属生产系统。其中，辅助生产系统包括动力、供电、供水、化验、机修、库房、运输等，附属生产系统包括生产指挥系统（厂部）和厂区内为生产服务的部门和单位（如职工食堂、车间浴室、保健站等）。

同一物理边界内如果项目分为一期和二期，两期各为独立法人，但是共用公用设施设备，无法区分每期碳排放数据时，应当采用合理分摊的方式分摊相关的排放数据。

以发电行业为例，发电行业重点排放单位（含自备电厂）核算边界为发电设施，主要包括燃烧系统、汽水系统、电气系统、控制系统和除尘及脱硫脱硝等装置的集合，不包括厂区内辅助生产系统以及附属生产系统。发电企业在核算二氧化碳排放时，一般包括发电锅炉（含启动锅炉）、燃气轮机等主要直接生产系统消耗的化石燃料燃烧产生的二氧化碳排放，不包括应急柴油发电机组、移动源、食堂等其他设施消耗化石燃料产生的排放。

154 燃料燃烧排放与工业生产过程排放有何区别?

企业的排放源所产生的直接排放包括：静止燃烧、移动燃烧、化学或生产过程及无组织逸散等。

燃料燃烧排放是指化石燃料燃烧产生的CO_2排放。包括企业内固定源排放，如钢铁企业中的焦炉、烧结机、高炉、工业锅炉等固定燃烧设备，以及用于生产的移动源CO_2排放，如运输用车辆及厂内非道路工程机械等的CO_2排放。

工业生产过程排放是指原材料在工业生产过程中除燃料燃烧之外的物理变化或化学反应造成的CO_2排放。如钢铁企业工业生产过程排放是指在烧结、炼铁、炼钢等工序中由于其他外购含碳原料（如电极、生铁、铁合金、直接还原铁等）和熔剂的分解和氧化产生的CO_2排放。

155 什么是净购入使用的电力热力产生的排放?

净购入使用的电力、热力产生的排放，是指企业消费的净购入电力和净购入热力（如蒸汽）所对应的电力或热力生产环节产生的二氧化碳排放。

使用购入电力与热力产生间接排放的排放源有：电加热炉窑、电动机系统、泵系统、风机系统、变压器、调压器、压缩机械、制热设备、制冷设备、交流电焊机、照明设备、空分装置等。排放气体种类CO_2、SF_6。

该部分排放实际发生在电力、热力生产企业，但在核算中应该计入电力、热力使用单位。报告主体购入电力、热力不直接产生排放，但电力、热、冷或蒸汽的供应商生产这些能源的过程会造成直接温室气体排放，因此购入电力、热力它属于能源间接温室气体排放，为避免重复或遗漏计算温室气体的排放，将购入的电力、热力产生的排放纳入报告主体的排放。

净购入电力／热力=外购电量／热量-外供电量/热量

（1）外供电量/热量包括：企业从外购入但没有使用，转供给其他企业；全国ETS八大行业范围内的企业还包括余热发电量/热量。但不包括发电企业/自备电厂的发电量/供热量外供给其他企业的部分。

（2）净购入电力/热力为负值时需要扣减二氧化碳排放量。

（3）凡购入的电力、热力的排放按当地电网给出的排放因子进行计算排放量。

$$E_{购入电/外供电}=AD_{购入消耗量/外供电量}\times EF_{电力因子}$$

购入热力或输出热力排放公式：

$$E_{热力}=AD_{热力}\times EF_{热力因子}$$

156 元素碳含量的检测有什么要求?

发电行业重点排放单位燃煤煤样的采样、制样、化验、基准换算，应按照《企业温室气体排放核算方法与报告指南发电设施（2022年修订版）》表1规定的相关标准实施。自2022年4月起，在每月结束后的40天内，发电行业重点排放单位应通过具有中国计量认证（CMA）资质或经过中国合格评定国家认可委员会（CNAS）认可的检测机构/实验室出具元素碳含量检测报告。

检测报告应同时包括样品的元素碳含量、低位发热量、氢含量、全硫、水分等参数的检测结果，用于数据真实性的交叉验证。检测报告应加盖CMA资质认定标志或CNAS认可标识章。

157 如何计算企业温室气体排放总量?

企业的CO_2排放总量等于企业边界内所有的化石燃料燃烧排放量、工业生产过程排放量及企业净购入电力和净购入热力隐含产生的CO_2排放量之和，还应扣除固碳产品隐含的排放量，按如下公式计算。

企业温室气体排放总量采用如下核算方法：

$$E_{CO_2} = E_{燃烧} + E_{过程} + E_{电和热} - R_{固碳}$$

式中：

E_{CO_2}——企业CO_2排放总量，单位为吨（tCO_2）；

$E_{燃烧}$——企业所消耗的化石燃料燃烧活动产生的CO_2排放量，单位为吨（tCO_2）；

$E_{过程}$——企业在工业生产过程中产生的CO_2排放量，单位为吨（tCO_2）；

$E_{电和热}$——企业净购入的电力和热力所对应的CO_2排放量，单位为吨（tCO_2）。

$R_{固碳}$——企业固碳产品隐含的CO_2排放量，单位为吨（tCO_2）。

158 生物质燃烧产生的碳排放是否计入核算总量?

生物质(废弃物)燃料因具有“碳中性”而被认为是低碳能源类型之一。在省级温室气体清单编制过程中，生物质能源（包括农业废弃物和森林产品的薪柴、木炭等）的利用仅计算甲烷和氧化亚氮的排放，忽略了占主要表观排放量的二氧化碳。然而，在省级温室清单的土地利用变化与林业部分，上述被忽略的生物质来源二氧化碳排放（毁林产生的薪柴等）却被计入在内。同样是生物质来源产生的二氧化碳，为何前者表现为“碳中性”，后者却依然要计算生物质来源的排放？

生物质减排项目中的生物质特指生物质废弃物，而不包含作为其他目的利用的生物质。由于生物质废弃物最终依然会转变为二氧化碳释放至大气中（也可能伴有甲烷、氧化亚氮），即基准线情景下与项目情景下均会释放入大气中，因此生物质废弃物的排放可表现为“碳中性”，记为零。

森林产品来自毁林的行为，而毁林的行为是土地利用变化所导致（即人为效应），由于森林的基准线情景是继续存在，因此当森林被毁并转变为相应的产品（例如薪炭柴）时，其碳蓄积量将转变为相应的二氧化碳、甲烷、氧化亚氮排放（假定一次性转变）。当此部分森林被毁之后，部分作为生物质能源进入能源利用领域。在温室气体清单编制过程中，由于能源领域已对薪炭柴的非二氧化碳温室气体排放做了估算，因此在林业领域只估算二氧化碳排放。

159 外售二氧化碳和固碳产品是否计入排放总量？

碳捕集的过程会产生CO_2产品（如食品级CO_2）。碳捕集的主要类型有工业废气碳捕集、环境空气碳捕集、生物质碳捕集三大类。对于工业过程中捕集生产的CO_2，如果以产品形式外售，此部分CO_2在核算中可以扣除；对于来源于生物发酵法或者空气压缩法生产的外售CO_2产品，在核算中不能扣除。

固碳产品隐含的碳排放是指固化在产品中的碳所对应的二氧化碳排放。比如，钢铁生产过程中有少部分碳固化在企业生产的生铁、粗钢等外销产品中，还有一小部分碳固化在以副产煤气为原料生产的甲醇等固碳产品中。这些固化在产品中的碳所对应的二氧化碳排放在核算时应予扣除。

160 数据质量控制计划包括哪些内容?

数据质量控制计划是企业碳排放报告编制的重要内容，也是碳核查的重点事项。重点排放单位应按照所属行业核算方法与报告指南中各类数据监测与获取要求，结合现有测量能力和条件，制定数据质量控制计划。

数据质量控制计划包括以下五个方面的内容：

（1）数据质量控制计划的版本及修订情况；

（2）重点排放单位情况：包括重点排放单位基本信息、主营产品、生产工艺、组织机构图、厂区平面分布图、工艺流程图等内容；

（3）指南确定的实际核算边界和主要排放设施情况：包括核算边界的描述，设施名称、类别、编号、位置情况等内容；

（4）数据的确定方式：包括所有活动数据、排放因子和生产数据的计算方法，数据获取方式，相关测量设备信息（如测量设备的名称、型号、位置、测量频次、精度和校准频次等），数据缺失处理，数据记录及管理信息等内容。测量设备精度及设备校准频次要求应符合相应计量器具配备要求；

（5）数据内部质量控制和质量保证相关规定：包括数据质量控制计划的制定、修订以及执行等管理程序，人员指定情况，内部评估管理，数据文件归档管理程序等内容。

出现以下情形，数据质量控制计划应该进行修订：

（1）排放设施发生变化或使用计划中未包括的新燃料或物料而产生的排放；

（2）采用新的测量仪器和方法，使数据的准确度提高；

（3）发现之前采用的测量方法所产生的数据不正确；

（4）发现更改计划可提高报告数据的准确度；

（5）发现计划不符合本指南核算和报告的要求；

（6）生态环境部明确的其他需要修订的情况。

161 企业为什么要制定数据质量控制计划？

严格的温室气体核算质量控制得到的真实数据，为企业今后进一步加强节能降耗工作提供了基础。要正确核算量化温室气体排放，必须建立以可测量、可报告、可核查的温室气体统计和管理体系。

在实践中，温室气体监测数据的测量和收集还存在着许多问题。例如，监测仪表不完善、方法不合理、标准不统一，数据统计及管理不规范等。因此，企业需要制定数据质量控制计划，以保证数据真实、准确。

数据质量控制计划是指重点排放单位为确保数据质量，对温室气体排放量和相关信息的核算与报告作出的具体安排与规划，包括重点排放单位和排放设施的基本信息、核算边界、核算方法、活动数据、排放因子及其他相关信息的确定和获取方式，以及内部质量控制和质量保证相关规定等。此外，如有因设施变化、使用原计划中未包括的新燃料或物料、采用新的测量仪器和方法、发现原计划不符合指南核算和报告的要求等情况，应对数据质量控制计划进行修订。

更新填报数据质量控制计划的意义有：

（1）建立制度：企业依据指南中各类数据监测与获取要求，结合现有测量能力和条件，建立起符合碳市场要求的相关管理制度。

（2）明确职责：明确企业碳排放管理部门和人员职责，避免由于人员调整、机构变动等因素影响数据监测记录、存档管理与存证。

（3）指导监测：指导相关人员按要求开展监测和记录活动、明确监测和计量要求，制定预案，避免因不可抗力等因素造成影响和损失。

（4）确保符合：通过确认计划与指南的符合性、计划的可行性，确保企业对相关要求理解和执行无误。

162 什么是碳核查?

碳核查是指根据行业温室气体排放核算方法与报告指南及相关技术规范，对重点排放单位报告的温室气体排放量和相关信息进行全面核实、查证的过程。核查结果作为重点排放单位碳排放配额清缴依据。

碳核查是碳排放管理和碳市场框架体系的重要组成部分，是了解重点排放单位碳排放现状、减排潜力，保证重点排放单位取得排放配额，顺利完成配额清缴和碳交易的重要环节。无论是重点排放单位还是一般报告单位，开展温室气体排放核查都具有重要意义。

163 碳核查管理部门有哪些主要职责?

《碳排放权交易管理办法（试行）》规定，国家、省、市级生态环境部门履行如下职责：

（1）生态环境部负责拟定全国碳排放权交易市场覆盖的温室气体种类和行业范围，负责制定相关活动的技术规范，负责对地方温室气体排放报告与核查工作进行监督管理；

（2）省级生态环境主管部门负责在本行政区域内组织开展碳排放配额分配和清缴、温室气体排放报告的核查等相关活动，并进行监督管理；

（3）设区的市级生态环境主管部门负责配合省级生态环境主管部门落实相关具体工作，并根据本办法有关规定实施监督管理。

164 碳核查工作包括哪些步骤？

碳核查的工作程序包括核查安排、建立核查技术工作组、文件评审、建立现场核查组、实施现场核查、出具《核查结论》、告知核查结果、保存核查记录等八个步骤，具体工作内容见表（3–4）。

表 3–4　碳核查工作流程表

序号	步骤	内容
1	核查安排	省级生态环境主管部门确定核查任务、进度安排及所需资源 省级生态环境主管部门确定是否通过政府购买服务的方式委托技术服务机构提供核查服务
2	建立核查技术工作组	建立一个或多个核查技术工作组，可由省级生态环境主管部门及其直属机构承担，也可通过政府购买服务的方式委托技术服务机构承担 技术工作组至少由 2 名成员组成，其中 1 名为负责人，至少 1 名成员具备被核查的重点排放单位所在行业的专业知识和工作经验
3	文件评审	初步确认重点排放单位的温室气体排放量和相关信息的符合情况 识别现场核查重点 提出现场核查时间、需访问调查的人员、设施设备、支撑文件等 填写完成《文件评审表》和《现场核查清单》
4	建立现场核查组	应至少由 2 人组成，为确保工作的连续性，成员原则上应为核查技术工作组的人员
5	实施现场核查	现场核查组根据《现场核查清单》收集相关证据和支撑材料和填写核查记录，报送技术工作组 由技术工作组判断是否存在不符合项，如存在，制定《不符合项清单》；重点排放单位进行整改并提供相关证据
6	出具《核查结论》	对于未提出不符合项的，技术工作组应在现场核查结束后 5 个工作日内完成《核查结论》 对于提出不符合项的，技术工作组根据重点排放单位整改情况完成《核查结论》
7	告知核查结果	- 省级生态环境主管部门将核查结果告知重点排放单位 - 告知结果之前，如有必要，可进行复查
8	保存核查记录	- 省级生态环境主管部门保存核查过程中产生的记录，至少 5 年 - 技术服务机构将相关记录纳入内部质量管理体系进行管理，至少 10 年

165 文件评审的重点是什么？

获得高质量的文件评审资料，是保证碳核查工作顺利实施的关键。文件评审工作应贯穿核查工作的始终，文件评审资料主要包括重点排放单位基本情况、核算边界、核算方法、核算数据、质量保证和文件存档、数据质量控制计划及执行等。

按照核查工作要求，承担核查工作任务的机构应成立技术工作组。技术工作组应将重点排放单位的如下情况作为文件评审重点：

（1）投诉举报企业温室气体排放量和相关信息存在的问题；

（2）日常数据监测发现企业温室气体排放量和相关信息存在的异常情况；

（3）上级生态环境主管部门转办交办的其他有关温室气体排放的事项。

166 现场核查的重点是什么？

现场核查组应该按照《现场核查清单》开展工作，并重点关注如下内容：

（1）投诉举报企业温室气体排放量和相关信息存在的问题；

（2）各级生态环境主管部门转办交办的事项；

（3）日常数据监测发现企业温室气体排放量和相关信息存在异常的情况；

（4）重点排放单位基本情况与数据质量控制计划或其他信息源不一致的情况；

（5）核算边界与核算指南不符，或与数据质量控制计划不一致的情况；

（6）排放报告中采用的核算方法与核算指南不一致的情况；

（7）活动数据、排放因子、排放量、生产数据等不完整、不合理或不符合数据质量控制计划的情况；

（8）重点排放单位是否有效地实施了内部数据质量控制措施的情况；

（9）重点排放单位是否有效地执行了数据质量控制计划的情况；

（10）数据质量控制计划中报告主体基本情况、核算边界和主要排放设施、数据的确定方式、数据内部质量控制和质量保证相关规定等与实际情况的一致性；

（11）确认数据质量控制计划修订的原因，比如排放设施发生变化、使用新燃料或物料、采用新的测量仪器和测量方法等情况。

对于核查年度之前连续2年未发现任何不符合项的重点排放单位，且当年文件评审中未发现存在疑问的信息或需要现场重点关注的内容，经省级生态环境主管部门同意后，可不实施现场核查。

167 碳核查过程中如何确定不符合项?

在对企业温室气体排放报告的核查中，需要对重点排放单位温室气体排放量、相关信息、数据质量控制计划、支撑材料等不符合温室气体核算方法与报告指南以及相关技术规范的情况进行核实查证，如与要求或实际情况不一致，视为不符合项。

不符合项主要包括以下四种情形：

（1）排放报告采用的核算方法不符合《核算指南》的要求；

（2）履约单位的边界、设施规模和排放源等基本信息与实际情况不一致；

（3）数据不完整或存在计算错误；

（4）存在不恰当的数据处理方法，如不确定性、置信度、抽样方法等。

168 企业对核查结果有异议时如何处理?

省级生态环境主管部门应当组织开展对重点排放单位温室气体排放报告

的核查，并将核查结果告知重点排放单位。重点排放单位对核查结果有异议的，可以自被告知核查结果之日起7个工作日内，向组织核查的省级生态环境主管部门申请复核；省级生态环境主管部门应当自接到复核申请之日起10个工作日内，做出复核决定。

169 碳核查完成后还有哪些工作？

一是做好资料归档。省级生态环境主管部门应以安全和保密的方式保管核查的全部书面（含电子）文件至少5年。技术服务机构应将核查过程的所有记录、支撑材料、内部技术评审记录等进行归档保存至少10年。

二是做好信息公开。省级生态环境主管部门应对技术服务机构提供的核查服务按《技术服务机构信息公开表》进行评价，并在官方网站上向社会公开。

170 碳核查技术服务机构的主要任务是什么？

核查技术服务机构未设立资质审批。省级生态环境主管部门根据《碳排放权交易管理办法（试行）》《企业温室气体排放报告核查指南（试行）》等规定，通过政府购买服务等方式确定技术服务机构开展核查有关工作。核查技术服务机构应当对提交核查结果的真实性、完整性、准确性负责。

核查技术服务机构主要任务有两项：一是开展核查技术服务。应按照《企业温室气体排放核算方法与报告指南》要求，为省级生态环境部门开展企业温室气体排放报告的核查提供技术支撑。编制并向省级生态环境部门报告年度公正性自查报告；二是核查信息网上填报。省级生态环境主管部门应通过生态环境专网登录全国碳排放数据报送系统管理端，进行核查任务分配和核查工作管理。组织核查技术服务机构通过环境信息平台（全国碳排放数据报送系统核查端）注册账户并进行核查信息填报。

为确保核查技术服务机构的公正性、规范性和科学性，可通过核查技术服务机构自查、省级生态环境主管部门抽查等方式，依据《企业温室气体排放报告核查指南（试行）》对核查技术服务机构内部管理情况、公正性管理措施、工作及时性、工作质量和利益冲突等内容进行评估。省级生态环境主管部门对核查技术服务机构的评估结果在省级生态环境主管部门网站、环境信息平台向社会公开。

171 碳核查技术服务机构禁止开展哪些活动?

根据《企业温室气体排放报告核查指南（试行）》，核查技术服务机构不应开展以下活动：

（1）向重点排放单位提供碳排放配额计算、咨询或管理服务；

（2）接受任何对核查活动的客观公正性产生影响的资助、合同或其他形式的服务或产品；

（3）参与碳资产管理、碳交易的活动，或与从事碳咨询和交易的单位存在资产和管理方面的利益关系，如隶属于同一个上级机构等；

（4）与被核查的重点排放单位存在资产和管理方面的利益关系，如隶属于同一个上级机构等；

（5）为被核查的重点排放单位提供有关温室气体排放和减排、监测、测量、报告和校准的咨询服务；

（6）与被核查的重点排放单位共享管理人员，或者在 3 年之内曾在彼此机构内相互受聘过管理人员；

（7）使用具有利益冲突的核查人员，如 3 年之内与被核查重点排放单位存在雇佣关系或为被核查的重点排放单位提供过温室气体排放或碳交易的咨询服务等；

（8）宣称或暗示如果使用指定的咨询或培训服务，对重点排放单位的排放报告的核查将更为简单、容易等。

172 如何加强对核查技术服务机构的监管？

为确保核查技术服务机构的公正性、规范性和科学性，可通过核查技术服务机构自查、省级生态环境主管部门抽查等方式，依据《企业温室气体排放报告核查指南（试行）》对核查技术服务机构内部管理情况、公正性管理措施、工作及时性、工作质量和利益冲突等内容进行评估。省级生态环境主管部门对核查技术服务机构的评估结果在省级生态环境主管部门网站、环境信息平台向社会公开。

173 核查技术服务机构易出现哪些不规范问题？

为严厉打击发电行业控排企业碳排放数据弄虚作假行为，加强碳排放报告质量监督管理，保障全国碳市场平稳健康运行，2021年10—12月，生态环境部组织31个工作组开展碳排放报告质量专项监督帮扶。以重点技术服务机构及其相关联的发电行业控排企业为切入点，围绕煤样采制、煤质化验、数据核验、报告编制等关键环节，深入开展现场监督检查，发现某些机构存在篡改、伪造检测报告，制作虚假煤样，报告结论失真失实等突出问题，具体问题归纳如下：

核查程序不合规。未落实《企业温室气体排放报告核查指南（试行）》要求，核查工作走过场，核查报告签名人员与现场实际核查人员不符。

核查履职不到位，核查结论失实。对报告中存在的检测报告造假、机组“应纳未纳”、参数选用和统计计算错误等明显问题“视而不见”。对元素碳含量缺省值改为实测值的重大变化，不核实数据来源及真实性。

伪造原始检测记录。伪造碳氢仪原始检测记录、样品检测委托书、样品试样编号记录单、仪器设备使用记录、样品处理台账等原始档案。内部质量控制体系缺失，合规性、真实性难以证实。

篡改伪造检测报告。利用可编辑的检测报告模板，篡改控排企业元素碳含量检测报告的送检日期、检测日期、报告日期、报告编号等重要信息，将集中送检伪造成分月送样、分月检测并删除原始检测报告的二维码，同时编造全水分数据用于折算收到基元素碳检测数据。

授意指导企业制作虚假煤样送检。在明知企业未留存历史煤样的情况下，授意指导控排企业临时制作煤样送检。

174 碳排放管理员职业体系建设进展如何?

2021年3月，人社部增列碳排放管理员作为国家职业分类大典第四大类新职业。

根据《人力资源社会保障部办公厅、国家市场监督管理总局办公厅、国家统计局办公室关于发布集成电路工程技术人员等职业信息的通知》（人社厅发〔2021〕17号）文件，遴选确定了碳排放管理员等18个新职业信息。碳排放管理员正式列入国家职业序列。碳排放管理员新职业在《中华人民共和国职业分类大典》中编码为4-09-07-04。碳排放管理员定义为：从事企事业单位二氧化碳等温室气体排放监测、统计核算、核查、交易和咨询等工作的人员。

碳排放管理员主要工作任务包括：企事业单位的碳排放现状监测，碳排放数据统计核算核查，碳排放权购买、出售、抵押和咨询服务等。职业包含但不限于下列工种：民航碳排放管理员、碳排放监测员、碳排放核算员、碳排放核查员、碳排放交易员、碳排放咨询员。目前《碳排放管理员国家职业技能标准》正在起草中，对于各个工种将提出具体要求。

为了加强碳排放管理员职业建设，目前正在研究制定《碳排放管理人才队伍能力提升行动计划》，以工作实际应用为导向，明确提升碳排放管理人才队伍能力的工作目标、工作措施、重点工程和项目等。同时，正在加快编制《碳排放管理员职业技能等级认定考试大纲》《碳排放管理员职业技能等级认定考试题库》等培训教材。

175 全国碳排放数据报送与监管系统有哪些功能？

按照《关于加强全国碳市场数据质量管理建立长效机制的工作方案》的要求，生态环境部已初步完成了互联网端的全国碳排放数据管理系统开发工作，用于排放单位向主管部门报告有关碳排放数据信息，是政府进行碳市场数据管理的重要基础。该系统提升了信息化智能化监管水平，在大数据统筹管理以及信息披露制度下，企业的数据将更加透明。

全国碳排放数据报送与监管系统包括报送端、核查端、管理端三个模块。报送端由企业经由互联网访问，进行数据报送、信息公开等操作；核查端由技术服务机构由互联网访问，进行单位信息维护、服务范围选择、核查任务在机构内部的二次分配、现场核查、不符合项、核查结论、信息公开等工作；管理端是由主管部门经环保专网访问，进行清单维护、任务分配、核查、复查、结论告知、复核等工作。

176 碳核查技术服务机构如何注册备案?

核查机构在开展企业温室气体排放报告核查时，需在全国碳排放数据报送与监管系统中进行机构注册、核查人员账号设置、核查服务范围选择、任务分配等四项工作。

（1）核查机构注册。核查机构通过信息系统的核查端注册账号，同一法人单位，只能注册一个核查技术服务机构账号，如有分公司的，可由总公司注册机构账号后，再设置分支机构管理员账号，由分支机构设置核查人员账号、组建工作组。

（2）核查人员账号设置。开设核查技术服务机构账号的用户默认为核查技术服务机构管理员，可在核查端“系统设置”“人员管理”模块创建账号，分支机构管理员、核查技术人员账号需设置区域，限定服务范围，工作组成员可上传电子签名，用于《文件评审表》等签字。

（3）服务范围选择。核查机构按照当年中标信息选择所服务“年份”“省份”，并上传“中标通知”等证明性文件，保存后的结果将提交至信息系统管理端，由管理人员进行确认启用。经启用后，核查机构即可进行任务分配，开展核查工作。

（4）任务分配。核查机构将任务分配至工作组或核查人员，分公司任务分配人员、核查人员在核查端系统中仅能看到本人服务区域内的任务。

177 被核查企业如何开展月度信息化存证?

为加强数据质量管理，根据生态环境部2022年3月发布的《企业温室气体排放核算方法与报告指南 发电设施（2022年修订版）》，电力行业重点排放单位从2022年4月起，在每月核算和报告工作结束后40天内，通过环境信息平台对以下台账和原始记录通过环境信息平台进行存证。月度信息化存证的信息，无需在年度报告中重复填报。

存证主要包括：

（1）与碳排放量核算相关的参数数据及其盖章版台账记录扫描文件：包括但不限于发电设施月度燃料消耗量、燃料低位发热量、元素碳含量、购入使用电量等在核算中适用的相关参数数据；

（2）通过具有CMA或CNAS资质的检验检测机构对元素碳含量等参数进行检测的，应同时检测同一样品的元素碳含量、低位发热量、氢含量、全硫、水分等参数，并存证加盖CMA资质认定标志或CNAS认可标识章的检验检测报告扫描文件；

（3）与配额核算与分配相关的生产数据及其盖章版台账记录扫描文件：包括但不限于月度供电量、供热量、机组负荷（出力）系数等相关参数。

鼓励地方组织有条件的发电行业重点排放单位探索开展自动化存证，加强样品自动采集与分析技术应用，采取创新技术手段，加强原始数据防篡改管理。

第八章

碳排放权交易管理

178 国家出台了哪些碳排放权交易的政策法规?

为了规范碳排放权交易，加强对温室气体排放的控制和管理，自2011年我国启动碳排放权交易试点工作以来，在探索和实践中不断完善，构建了从碳排放配额分配、排放核查、交易到履约清算全链条的制度规则，形成了具有中国特色的碳排放权交易体系，有力促进了经济社会发展向绿色低碳转型。我国2011年以来出台的碳排放权交易方面的主要政策法规见表（3–5）。

表 3–5　碳排放权交易主要政策法规

发布时间	文件名称	发布机构
2011 年 8 月	《清洁发展机制项目运行管理办法（修订）》	国家发展改革委
2011 年 10 月	《关于开展碳排放权交易试点工作的通知》	国家发展改革委
2012 年 6 月	《温室气体自愿减排交易管理暂行办法》	国家发展改革委
2012 年 10 月	《温室气体自愿减排项目审定与核证指南》	国家发展改革委
2013 年 10 月	首批 10 个行业企业温室气体排放核算方法与报告指南（试行）	国家发展改革委
2014 年 12 月	第二批 4 个行业企业温室气体排放核算方法与报告指南（试行）	国家发展改革委
2014 年 12 月	《碳排放权交易管理暂行办法》	国家发展改革委
2015 年 7 月	第三批 10 个行业企业温室气体排放核算方法与报告指南（试行）	国家发展改革委
2015 年 11 月	《关于落实全国碳排放权交易市场建设有关工作安排的通知》	国家发展改革委

续表

发布时间	文件名称	发布机构
2016 年 1 月	《关于切实做好全国碳排放权交易市场启动重点工作的通知》	国家发展改革委
2016 年 5 月	《关于进一步规范报送全国碳排放权交易市场拟纳入企业名单的通知》	国家发展改革委
2017 年 12 月	《全国碳排放权交易市场建设方案（发电行业）》	国家发展改革委
2019 年 4 月	《关于做好 2018 年度碳排放报告与核查及排放监测计划制定工作的通知》	生态环境部
2019 年 5 月	《关于做好全国碳排放权交易市场发电行业重点排放单位名单和相关材料报送工作的通知》	生态环境部
2020 年 12 月	《碳排放权交易管理办法（试行）》	生态环境部
2020 年 12 月	《2019—2020 年全国碳排放权交易配额总量设定与分配实施方案（发电行业）》	生态环境部
2020 年 12 月	《纳入 2019—2020 年全国碳排放权交易配额管理的重点排放单位名单》	生态环境部
2020 年 12 月	《2018 年度减排项目中国区域电网基准线排放因子》	生态环境部
2020 年 12 月	《2019 年度减排项目中国区域电网基准线排放因子》	生态环境部
2021 年 3 月	《碳排放权交易管理暂行条例（草案修改稿）》	生态环境部
2021 年 3 月	《企业温室气体排放报告核查指南（试行）》	生态环境部
2021 年 3 月	《企业温室气体排放核算方法与报告指南发电设施》	生态环境部
2021 年 5 月	《碳排放权登记管理规则（试行）》	生态环境部
2021 年 5 月	《碳排放权交易管理规则（试行）》	生态环境部
2021 年 5 月	《碳排放权结算管理规则（试行）》	生态环境部
2021 年 10 月	《关于做好全国碳排放权交易市场第一个履约周期碳排放配额清缴工作的通知》	生态环境部
2021 年 10 月	《关于做好全国碳排放权交易市场数据质量监督管理相关工作的通知》	生态环境部
2022 年 3 月	《企业温室气体排放核算方法与报告指南发电设施（2022 年修订版）》	生态环境部

179 碳排放权交易的参与主体有哪些?

全国碳排放权交易参与主体包括监管机构、重点排放单位、技术服务机构、全国碳排放权注册登记机构、交易机构、结算银行，以及符合国家有关交易规则的机构和个人等。

（1）监管机构。生态环境部及相关部委，省级和设区的市级生态环境主管部门。

（2）重点排放单位。全国碳排放权交易市场覆盖行业内年度温室气体排放量达到2.6万吨二氧化碳当量及以上的企业或者其他经济组织。

（3）技术服务机构。受省级生态环境主管部门委托开展核查的技术服务机构。

（4）交易服务机构。全国碳排放权注册登记机构、全国碳排放权交易机构。

180 管理部门在碳交易中有哪些监管职责？

全国碳排放权交易监管职责以国家和省（市、区）为主，以设区的市级行政区为辅。各级管理部门的职责如下：

（1）生态环境部等国家部委。生态环境部负责制定全国碳排放权交易及相关活动的技术规范，加强对地方碳排放配额分配、温室气体排放报告与核查的监督管理，并会同国务院其他有关部门对全国碳排放权交易及相关活动进行监督管理和指导。具体包括：组织建立全国碳排放权注册登记机构和全国碳排放权交易机构，组织建设全国碳排放权注册登记系统和全国碳排放权交易系统；制定碳排放配额总量确定与分配方案；加强对注册登记机构和注册登记活动的监督管理；加强对交易机构和交易活动的监督管理，建立市场调节保护机制；公开重点排放单位年度碳排放配额清缴情况等信息。

（2）省级生态环境主管部门。负责组织开展碳排放配额分配和清缴、温室气体排放报告的核查等相关活动，并进行监督管理。具体事项还包括，按照确定的本行政区域重点排放单位名录，向生态环境部报告，将核查结果告知重点排放单位，并向社会公开重点排放单位年度碳排放配额清缴情况等信息。

（3）设区的市级生态环境主管部门。负责配合省级生态环境主管部门落实相关具体工作，并根据有关规定实施监督管理。比如，梳理本行政区域重点排放单位；协助组织开展对重点排放单位温室气体排放报告的核查；采取“双随机、一公开”的方式，监督检查重点排放单位温室气体排放核算和碳排放配额清缴情况等。

181 碳排放权交易重点监管哪些环节？

全国碳排放权交易监管重点涉及三大环节，即温室气体排放报告与核查，碳排放配额分配和清缴，碳排放权登记、交易和结算。具体监管内容包括：

（1）数据监管。包括重点排放单位温室气体排放数据质量控制计划制定与执行，重点排放单位温室气体排放信息管理系统建设与运营，温室气体排放核算与报告技术规范制定与实施，温室气体排放核查、复查、复核，技术服务机构核查服务评价等。

（2）配额监管。碳排放配额总量确定与分配方案制定，全国碳排放权注册登记系统建设和运行，碳排放配额的分配、持有、变更、清缴、注销等。

（3）交易监管。交易产品、交易时间、交易方式设计，交易主体资格准入，交易场所管理，交易清算，交易风险防范和市场调节，全国碳排放权交易系统、结算系统建设与运营。

182 碳排放权交易包括哪些流程？

碳排放权交易的基本流程包括碳排放配额分配、温室气体排放报告、排放核查、配额交易和履约清算等5个环节，详见图（3–3）。

（1）碳排放配额分配：省级生态环境主管部门根据碳排放配额总量确定与分配方案，向本行政区域内的重点排放单位分配规定年度的碳排放配额，并书面通知重点排放单位。重点排放单位在全国碳排放权注册登记系统开立账户，进行相关业务操作。

（2）温室气体排放报告：重点排放单位根据温室气体排放核算与报告技术规范，编制该单位上一年度的温室气体排放报告，载明排放量，并于每年3月31日前报生产经营场所所在地的省级生态环境主管部门。

（3）排放核查：省级生态环境主管部门组织开展对重点排放单位温室气体排放报告的核查，也可以通过政府购买服务的方式委托技术服务机构提供核查服务。核查结果应当作为重点排放单位碳排放配额清缴依据。

（4）配额交易：重点排放单位通过碳排放权交易平台进行配额交易。

（5）履约清算：重点排放单位在规定时间上缴其经核查的上年度排放总量相等的配额量，用于抵销上年度碳排放量。

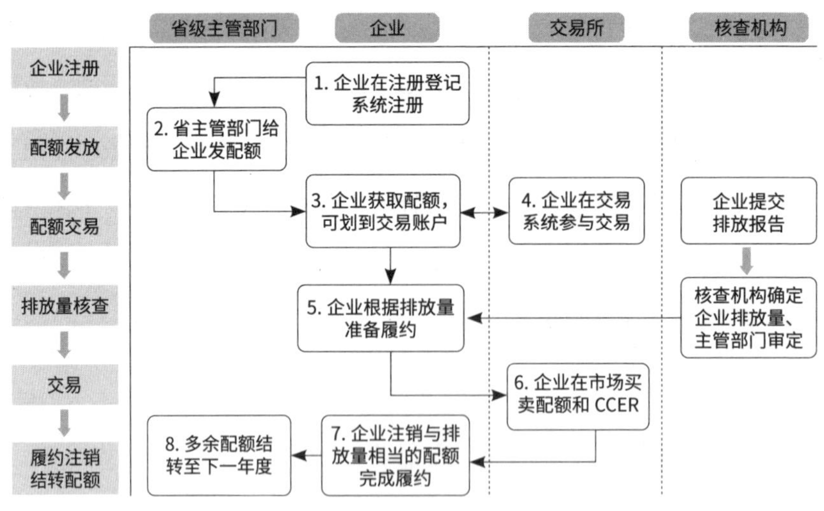

图 3–3　碳排放权交易基本流程

183 碳排放配额如何确定与分配？

碳排放配额是重点排放单位碳排放权的凭证和载体，由生态环境部门按照确定的方法进行分配。碳排放配额分配以免费分配为主，也可以根据国家有关要求适时地引入有偿分配。碳排放配额确定后，重点排放单位应当在全国碳排放权注册登记系统开立登记账户，该账户用于记录全国碳排放权的持有、变更、清缴和注销等信息。注册登记系统记录的信息是判断碳排放配额归属的最终依据。

碳排放权配额总量确定与分配程序如下：

第一，制定方案。生态环境部根据国家温室气体排放控制要求，综合考虑经济增长、产业结构调整、能源结构优化、大气污染物排放协同控制等因素，制定碳排放配额总量确定与分配方案。如生态环境部2020年印发的《2019—2020年全国碳排放权交易配额总量设定与分配实施方案（发电行业）》。

第二，配额分配。省级生态环境主管部门根据生态环境部制定的碳排放配额总量确定与分配方案，向本行政区域内的重点排放单位分配规定年度的碳排放配额。碳排放配额分配以免费分配为主，可以根据国家有关要求适时地引入有偿分配。

第三，确定配额。省级生态环境主管部门确定碳排放配额后，书面通知重点排放单位。

第四，异议处理。重点排放单位对分配的碳排放配额有异议的，自接到通知之日起7个工作日内向分配配额的省级生态环境主管部门申请复核；省级生态环境主管部门自接到复核申请之日起10个工作日内作出复核决定。

第五，自愿注销。国家鼓励重点排放单位、机构和个人，出于减少温室气体排放等公益目的自愿注销其所持有的碳排放配额。自愿注销的碳排放配额，在国家碳排放配额总量中予以等量核减，不再进行分配、登记或者交易。相关注销情况向社会公开。

184 发电行业碳排放配额的分配原则是什么？

发电行业碳排放配额是指重点排放单位拥有的发电机组产生的二氧化碳排放限额，包括化石燃料消费产生的直接二氧化碳排放和净购入电力所产生的间接二氧化碳排放。对不同类别机组所规定的单位供电（热）量的碳排放限值，简称为碳排放基准值。

根据《2019—2020年全国碳排放权交易配额总量设定与分配实施方案（发电行业）》，省级生态环境主管部门根据配额计算方法及预分配流程，按机组2018年度供电（热）量的70%，通过全国碳排放权注册登记系统（以下简称注册登记系统）向本行政区域内的重点排放单位预分配2019—2020年的配额。在完成2019—2020年度碳排放数据核查后，按机组2019—2020年实际供电（热）量对配额进行最终核定。核定的最终配额量与预分配的配额量不一致的，以最终核定的配额量为准，通过注册登记系统实行多退少补。

目前，对2019—2020年配额实行全部免费分配，并采用基准法核算重点排放单位所拥有机组的配额量。重点排放单位的配额量为其所拥有各类机组配额量的总和。

185 哪些发电机组纳入配额管理？

根据《2019—2020年全国碳排放权交易配额总量设定与分配实施方案（发电行业）》，纳入配额管理的机组类别包括纯凝发电机组和热电联产机组，自备电厂参照执行，不具备发电能力的纯供热设施不在分配范围之内。纳入2019—2020年配额管理的发电机组包括300MW等级以上常规燃煤机组，300MW等级及以下常规燃煤机组，燃烧煤矸石、煤泥、水煤浆等非常规燃煤机组（含燃煤循环流化床机组）和燃气机组4个类别，对不同类别的机组设定相应碳排放基准值，按机组类别进行配额分配。判定标准详见表（3–6）。

表 3–6　纳入配额管理的机组判定标准

机组分类	判定标准
300MW 等级以上常规燃煤机组	以烟煤、褐煤、无烟煤等常规电煤为主体燃料且额定功率不低于 400MW 的发电机组
300MW 等级及以下常规燃煤机组	以烟煤、褐煤、无烟煤等常规电煤为主体燃料且额定功率低于 400MW 的发电机组
燃煤矸石、煤泥、水煤浆等非常规燃煤机组（含燃煤循环流化床机组）	以煤矸石、煤泥、水煤浆等非常规电煤为主体燃料（完整履约年度内，非常规燃料热量年均占比应超过 50%）的发电机组（含燃煤循环流化床机组）
燃气机组	以天然气为主体燃料（完整履约年度内，其他掺烧燃料热量年均占比不超过 10%）的发电机组

注：1）合并填报机组按照最不利原则判定机组类别。
2）完整履约年度内，掺烧生物质（含垃圾、污泥等）热量年均占比不超过 10% 的化石燃料机组，按照主体燃料判定机组类别。
3）完整履约年度内，混烧化石燃料（包括混烧自产二次能源热量年均占比不超过 10%）的发电机组，按照主体燃料判定机组类别。

对于使用非自产可燃性气体等燃料（包括完整履约年度内混烧自产二次能源热量占比不超过10%的情况）生产电力（包括热电联产）的机组、完整履约年度内掺烧生物质（含垃圾、污泥等）热量年均占比不超过10%的生产电力（包括热电联产）机组，其机组类别按照主要燃料确定；对于纯生物质发电机组、特殊燃料发电机组、仅使用自产资源发电机组、满足本方案要求的掺烧发电机组以及其他特殊发电机组暂不纳入2019—2020年配额管理。判定标准详见表（3–7）。

表 3-7 暂不纳入配额管理的机组判定标准

机组类型	判定标准
生物质发电机组	纯生物质发电机组（含垃圾、污泥焚烧发电机组）
掺烧发电机组	生物质掺烧化石燃料机组 完整履约年度内，掺烧化石燃料且生物质（含垃圾、污泥）燃料热量年均占比高于 50% 的发电机组（含垃圾、污泥焚烧发电机组） 化石燃料掺烧生物质（含垃圾、污泥）机组：完整履约年度内，掺烧生物质（含垃圾、污泥等）热量年均占比超过 10% 且不高于 50% 的化石燃料机组 化石燃料掺烧自产二次能源机组 完整履约年度内，混烧自产二次能源热量年均占比超过 10% 的化石燃料燃烧发电机组
特殊燃料发电机组	仅使用煤层气（煤矿瓦斯）、兰炭尾气、炭黑尾气、焦炉煤气（荒煤气）、高炉煤气、转炉煤气、石油伴生气、油页岩、油砂、可燃冰等特殊化石燃料的发电机组
使用自产资源发电机组	仅使用自产废气、尾气、煤气的发电机组
其他特殊发电机组	燃煤锅炉改造形成的燃气机组（直接改为燃气轮机的情形除外） 燃油机组、整体煤气化联合循环发电（IGCC）机组、内燃机组

186 燃气发电机组碳排放配额核定包括哪些步骤?

《2019—2020年全国碳排放权交易配额总量设定与分配实施方案（发电行业）》，按照纯凝发电机组和热电联产机组，分别规定了燃气发电机组碳配额的核定步骤，具体包括：

（1）配额计算方法

燃气机组的CO_2排放配额计算公式与燃煤机组的CO_2排放配额计算公式相同，其中，$A_e=Q_e\times B_e\times F_r$，$Fr=1-0.6\times$供热比。

（2）配额预分配和核定

燃气纯凝发电机组配额预分配与核定步骤如表（3-8）所示。

表 3–8　燃气纯凝发电机组配额预分配与核定步骤

步骤		实施内容
预分配	第一步	核实机组 2018 年度的供电量（MW · h）数据
	第二步	按机组 2018 年度供电量的 70%，乘以燃气机组供电基准值、供热量修正系数（实际取值为 1），计算得到机组预分配的配额量
配额核定	第一步	核实机组 2019—2020 年实际的供电量数据
	第二步	按机组实际供电量，乘以燃气机组供电基准值、供热量修正系数（实际取值为 1），核定机组配额量
	第三步	核定的最终配额量与预分配的配额量不一致的，以最终核定的配额量为准，多退少补

燃气热电联产机组配额预分配与核定步骤如表（3–9）所示。

表 3–9　燃气热电联产机组配额预分配与核定步骤

步骤		实施内容
预分配	第一步	核实机组 2018 年度的供热比、供电量（MW · h）、供热量（GJ）数据
	第二步	按机组 2018 年度供电量的 70%，乘以机组供电基准值、供热量修正系数，计算得到机组供电预分配的配额量
	第三步	按机组 2018 年度供热量的 70%，乘以燃气机组供热基准值，计算得到机组供热预分配的配额量
	第四步	将第二步和第三步的计算结果加总得，到机组的预分配的配额量
配额核定	第一步	核实机组 2019—2020 年的供热比、供电量（MW · h）、供热量（GJ）数据
	第二步	按机组 2019—2020 年实际的供电量，乘以燃气机组供电基准值、供热量修正系数，核定机组供电配额量
	第三步	按机组 2019—2020 年的实际供热量，乘以燃气机组供热基准值，核定机组供热配额量
	第四步	将第二步和第三步的计算结果加总，得到机组最终配额量
	第五步	核定的最终配额量与预分配的配额量不一致的，以最终核定的配额量为准，多退少补

187 企业发生哪些变动需调整碳排放配额?

纳入全国碳排放权交易市场配额管理的重点排放单位发生合并、分立、关停或迁出其生产经营场所所在省级行政区域的，应在作出决议之日起30日内报其生产经营场所所在地省级生态环境主管部门核定，核定处理方式如表（3–10）所示。

表 3–10 重点排放单位碳排放配额调整一览表

变化情况	处理方式
合并	由合并后存续或新设的重点排放单位承继配额，并履行清缴义务。合并后的碳排放边界为重点排放单位在合并前各自碳排放边界之和；重点排放单位和未纳入配额管理的经济组织合并的，由合并后存续或新设的重点排放单位承继配额，并履行清缴义务
分立	明确分立后各重点排放单位的碳排放边界及配额量，并报其生产经营场所所在地省级生态环境主管部门确定
关停或搬迁	重点排放单位关停或迁出原所在省级行政区域的，应在作出决议之日起 30 日内报告迁出地及迁入地省级生态环境主管部门；关停或迁出前一年度产生的二氧化碳排放，由关停单位所在地或迁出地省级生态环境主管部门开展核查、配额分配、交易及履约管理工作；如重点排放单位关停或迁出后不再存续，2019—2020 年剩余配额由其生产经营场所所在地省级生态环境主管部门收回，2020 年后不再对其发放配额

188 碳排放权交易账户管理包括哪些内容?

重点排放单位应当在全国碳排放权注册登记系统开立账户，进行相关业务操作。注册登记机构依照申请为登记主体在注册登记系统中开立登记账户，该账户用于记录全国碳排放权的持有、变更、清缴和注销等信息。

每个登记主体只能开立一个登记账户。登记主体以本人或者本单位名义申请开立登记账户，不得冒用他人或者其他单位名义或者使用虚假证件开立登记账户。

根据生态环境部2021年5月14日发布的《碳排放权登记管理规则（试行）》，碳排放权登记账号的管理主要包括：开立登记账户、变更登记账户、注销登记账户、限制使用和解除限制等内容。

（1）开立登记账户

登记主体申请开立登记账户时，应当根据注册登记机构有关规定提供申请材料，并确保相关申请材料真实、准确、完整、有效。委托他人或者其他单位代办的，还应当提供授权委托书等证明委托事项的必要材料。材料中应当包括登记主体基本信息、联系信息以及相关证明材料等。

注册登记机构在收到开户申请后，对登记主体提交相关材料进行形式审核，材料审核通过后5个工作日内完成账户开立并通知登记主体。注册登记机构应当妥善保存登记的原始凭证及有关文件和资料，保存期限不得少于20年，并进行凭证电子化管理。

登记主体应当妥善保管登记账户的用户名和密码等信息。登记主体登记账户下发生的一切活动均视为其本人或者本单位行为。

（2）变更登记账户

登记主体下列信息发生变化时，应当及时向注册登记机构提交信息变更证明材料，办理登记账户信息变更手续：

1）登记主体名称或者姓名；

2）营业执照，有效身份证明文件类型、号码及有效期；

3）法律法规、部门规章等规定的其他事项。

注册登记机构在完成信息变更材料审核后5个工作日内完成账户信息变更并通知登记主体。

联系电话、邮箱、通信地址等联系信息发生变化的，登记主体应当及时地通过注册登记系统在登记账户中予以更新。

（3）注销登记账户

发生下列情形的，登记主体或者依法承继其权利义务的主体应当提交相关申请材料，申请注销登记账户：

1）法人以及非法人组织登记主体因合并、分立、依法被解散或者破产等原因导致主体资格丧失；

2）自然人登记主体死亡；

3）法律法规、部门规章等规定的其他情况。

登记主体申请注销登记账户时，应当了结其相关业务。申请注销登记账户期间和登记账户注销后，登记主体无法使用该账户进行交易等相关操作。

（4）限制使用

发现登记账户营业执照、有效身份证明文件与实际情况不符，或者发生变化且未按要求及时办理登记账户信息变更手续的，注册登记机构应当对有关不合格账户采取限制使用等措施，其中涉及交易活动的应当及时通知交易机构。

登记主体如对限制使用措施有异议，可以在措施生效后15个工作日内向注册登记机构申请复核；注册登记机构应当在收到复核申请后10个工作日内予以书面回复。

（5）解除限制

对已采取限制使用等措施的不合格账户，登记主体申请恢复使用的，应当向注册登记机构申请办理账户规范手续。能够规范为合格账户的，注册登记机构应当解除限制使用措施。

189 碳排放权登记形式有哪些?

根据《碳排放权登记管理规则（试行）》碳排放权登记形式包括以下

内容：

（1）初始分配登记

注册登记机构根据生态环境部制定的碳排放配额分配方案和省级生态环境主管部门确定的配额分配结果，为登记主体办理初始分配登记。

（2）交易及清缴登记

注册登记机构应当根据交易机构提供的成交结果办理交易登记，根据经省级重点排放单位可以使用符合生态环境部规定的国家核证自愿减排量抵销配额清缴结果办理清缴登记。

（3）抵销登记

重点排放单位可以使用符合生态环境部规定的国家核证自愿减排量抵销配额清缴。用于清缴部分的国家核证自愿减排量应当在国家温室气体自愿减排交易注册登记系统注销，并由重点排放单位向注册登记机构提交有关注销证明材料。注册登记机构核验相关材料后，按照生态环境部相关规定办理抵销登记。

（4）变更登记

1）登记主体出于减少温室气体排放等公益目的自愿注销其所持有的碳排放配额，注册登记机构应当为其办理变更登记，并出具相关证明。

碳排放配额以承继、强制执行等方式转让的，登记主体或者依法承继其权利义务的主体应当向注册登记机构提供有效的证明文件，注册登记机构审核后办理变更登记。

2）司法机关要求冻结登记主体碳排放配额的，注册登记机构应当予以配合；涉及司法扣划的，注册登记机构应当根据人民法院的生效裁判，对涉及登记主体被扣划部分的碳排放配额进行核验，配合办理变更登记并公告。

3）重点排放单位发生合并、分立等情形需要变更单位名称、碳排放配额等事项的，应当报经所在地省级生态环境主管部门审核后，向全国碳排放权注册登记机构申请变更登记。全国碳排放权注册登记机构应当通过全国碳排放权注册登记系统进行变更登记，并向社会公开。

4）登记主体可以通过注册登记系统查询碳排放配额持有数量和持有状态等信息。

190 碳排放权交易有哪些方式?

根据生态环境部2021年5月14日发布的《碳排放权交易管理规则（试行）》，全国碳排放权交易应当通过全国碳排放权交易系统进行，可采取协议转让、单向竞价或者其他符合规定的方式，如表（3–11）所示。

协议转让是指交易双方协商达成一致意见并确认成交的交易方式，包括挂牌协议交易及大宗协议交易。其中，挂牌协议交易是指交易主体通过交易系统提交卖出或者买入挂牌申报，意向受让方或者出让方对挂牌申报进行协商并确认成交的交易方式；大宗协议交易是指交易双方通过交易系统进行报价、询价并确认成交的交易方式。

单向竞价是指交易主体向交易机构提出卖出或买入申请，交易机构发布竞价公告，多个意向受让方或者出让方按照规定报价，在约定时间内通过交易系统成交的交易方式。

表 3–11　碳排放权交易方式

交易方式		说明
协议转让	挂牌协议交易	交易主体通过交易系统提交卖出或者买入挂牌申报，意向受让方或者出让方对挂牌申报进行协商并确认成交的交易方式
	大宗协议交易	交易双方通过交易系统进行报价、询价并确认成交的交易方式
单向竞价		交易主体向交易机构提出卖出或买入申请，交易机构发布竞价公告，多个意向受让方或者出让方按照规定报价，在约定时间内通过交易系统成交的交易方式

191 碳排放权交易有哪些限制条件？

根据《碳排放权交易管理规则（试行）》，在碳排放权交易过程中存在一些限制条件，只有在满足条件的情况下，交易才能正常进行。具体条件和内容如表（3–12）所示。

表 3–12　碳排放交易限制条件

限制条件	限制内容
交易前提	交易主体参与全国碳排放权交易，应当在交易机构开立实名交易账户，取得交易编码，并在注册登记机构和结算银行分别开立登记账户和资金账户；每个交易主体只能开设一个交易账户
计价单位	以“每吨二氧化碳当量价格”为计价单位
最小变动计量	买卖申报量的最小变动计量为 1 吨二氧化碳当量，申报价格的最小变动计量为 0.01 元人民币
交易的数量	交易机构应当对不同交易方式的单笔买卖最小申报数量及最大申报数量进行设定，并可以根据市场风险状况进行调整；单笔买卖申报数量的设定和调整，由交易机构公布后报生态环境部备案；交易主体申报卖出交易产品的数量，不得超出其交易账户内可交易数量；交易主体申报买入交易产品的相应资金，不得超出其交易账户内的可用资金

192 碳排放权交易如何生效？

根据《碳排放权交易管理规则（试行）》，碳排放权交易生效的规定如下：

碳排放配额买卖的申报被交易系统接受后即刻生效，并在当日交易时间内有效，交易主体交易账户内相应的资金和交易产品即被锁定。未成交的买卖申报可以撤销。已买入的交易产品当日内不得再次卖出。卖出交易产品的资金可以用于该交易日内的交易。

符合规则达成的交易于成立时即生效，买卖双方应当承认交易结果，履行清算交收义务。碳排放配额的清算交收业务，由注册登记机构根据交易机构提供的成交结果按规定办理。

交易机构应建立在每个交易日发布碳排放配额交易行情等公开信息，定期编制并发布反映市场成交情况的各类报表。交易主体可以通过交易机构获取交易凭证及其他相关记录。

193 碳排放权交易风险管理措施有哪些?

根据《碳排放权交易管理规则（试行）》，生态环境部作为全国碳排放权交易市场的监管部门，可以根据维护全国碳排放权交易市场健康发展的需要建立市场调节保护机制。当交易价格出现异常波动触发调节保护机制时，生态环境部可以采取公开市场操作、调节国家核证自愿减排量使用方式等措施，进行必要的市场调节。交易机构应建立风险管理制度，并上报生态环境部备案。

风险管理措施包括涨跌幅限制制度、最大持仓量限制制度、大户报告制度、风险警示制度、结算风险准备金制度、异常交易监控制度、重大交易临时限制措施，见表（3–13）。

表 3–13　碳排放权交易风险管理一览表

管理措施	说明
涨跌幅限制制度	交易机构设定不同交易方式的涨跌幅比例，可以根据市场风险状况对涨跌幅比例进行调整
最大持仓量限制制度	交易机构对交易主体的最大持仓量进行实时监控，交易主体交易产品持仓量不得超过交易机构规定的限额。同时，交易机构可以根据市场风险状况，对最大持仓量限额进行调整

续表

管理措施	说明
大户报告制度	交易主体的持仓量达到交易机构规定的大户报告标准的，交易主体应向交易机构报告
风险警示制度	当交易主体碳排放配额、资金持仓量变化波动较大，交易主体的碳排放配额被法院冻结、扣划等其他违反国家法律、行政法规和部门规章规定的情况出现时，注册登记机构可以要求交易主体报告情况、发布书面警示和风险警示公告、限制交易等措施，警示和化解风险
结算风险准备金制度	注册登记机构、交易机构应当建立结算风险准备金制度，用于维护碳排放权交易市场正常运转提供财务担保或者弥补因违约交收、技术故障、操作失误、不可抗力等不可预见风险造成的损失。风险准备金应当单独核算，专户存储
异常交易监控制度	交易主体违反规则或者交易机构业务规则、对市场正在产生或者将产生重大影响的，交易机构可以对该交易主体采取临时措施：限制资金或者交易产品的划转和交易；限制相关账户使用
重大交易 临时限制措施	因不可抗力、不可归责于交易机构的重大技术故障等原因导致部分或者全部交易无法正常进行的，交易机构可以采取暂停交易措施。交易机构采取暂停交易、恢复交易等措施时，应当予以公告，并向生态环境部报告

194　碳排放权交易纠纷如何处理？

根据《碳排放权交易管理规则（试行）》，交易主体之间发生有关全国碳排放权交易的纠纷，可以自行协商解决，也可以向交易机构提出调解申请，还可以依法向仲裁机构申请仲裁或者向人民法院提起诉讼。申请交易机构调解的当事人，应当提出书面调解申请。交易机构的调解意见，经当事人确认并在调解意见书上签章后生效。

交易机构与交易主体之间发生有关全国碳排放权交易的纠纷，可以自行协商解决，也可以依法向仲裁机构申请仲裁或者向人民法院提起诉讼。

交易机构和交易主体或者交易主体间发生交易纠纷的，当事人均应当记录有关情况以备查阅。交易纠纷影响正常交易的，交易机构应当及时采取止损措施。

195 碳排放权交易结算有哪些步骤?

注册登记机构应当选择符合条件的商业银行作为结算银行，并在结算银行开立交易结算资金专用账户，用于存放各交易主体的交易资金和相关款项。

根据生态环境部2021年5月14日发布的《碳排放权结算管理规则（试行）》，在当日交易结束后，注册登记机构应当根据交易系统的成交结果，按照货银对付的原则，以每个交易主体为结算单位，通过注册登记系统进行碳排放配额与资金的逐笔全额清算和统一交收。

当日完成清算后，注册登记机构应当将结果反馈给交易机构。交易主体应当及时核对当日结算结果，对结算结果有异议的，应在下一交易日开市前，以书面形式向注册登记机构提出。

经双方确认无误后，注册登记机构根据清算结果完成碳排放配额和资金的交收。交易主体发生交收违约的，注册登记机构应当通知交易主体在规定期限内补足资金，交易主体未在规定时间内补足资金的，注册登记机构应当使用结算风险准备金或自有资金予以弥补，并向违约方追偿。

196 碳排放权结算的风险管理制度有哪些?

为了防范和降低碳排放权结算的风险，根据《碳排放权结算管理规则（试行）》，注册登记机构应当制定完善的风险防范制度、建立结算风险准备金制度、风险联防联控制度、风险警示制度。见表（3–14）。

表 3-14　结算风险管理制度一览表

管理措施	说明
风险防范制度	注册登记机构应当制定完善的风险防范制度，构建完善的技术系统和应急响应程序，对全国碳排放权结算业务实施风险防范和控制。当出现以下情形之一的，注册登记机构应当及时发布异常情况公告，采取紧急措施化解风险：（1）因不可抗力、不可归责于注册登记机构的重大技术故障等原因导致结算无法正常进行；（2）交易主体及结算银行出现结算、交收危机，对结算产生或者将产生重大影响
风险准备金制度	结算风险准备金由注册登记机构设立，用于垫付或者弥补因违约交收、技术故障、操作失误、不可抗力等造成的损失。风险准备金应当单独核算，专户存储
风险联防联控制度	注册登记机构应当与交易机构相互配合，建立全国碳排放权交易结算风险联防联控制度
风险警示制度	注册登记机构认为有必要的，可以采取发布风险警示公告或者采取限制账户使用等措施。出现下列情形之一的，注册登记机构可以要求交易主体报告情况，向相关机构或者人员发出风险警示并采取限制账户使用等处置措施：（1）交易主体碳排放配额、资金持仓量变化波动较大；（2）交易主体的碳排放配额被法院冻结、扣划的；（3）其他违反国家法律、行政法规和部门规章规定的情况

197　碳排放配额如何清缴？

根据《碳排放权交易管理办法（试行）》，重点排放单位应在生态环境部规定的时限内，向分配配额的省级生态环境主管部门清缴上年度的碳排放配额。清缴量应大于等于省级生态环境主管部门核查结果确认的该单位上年度温室气体实际排放量。重点排放单位每年可使用国家核证自愿减排量抵销碳排放配额的清缴，抵销比例不得超过应清缴碳排放配额的5%。

碳排放配额“清缴”履约，实际上就是根据年度实际排放量在碳排放权登记账户系统提交相应的配额指标予以履约。履约后，相应数量的碳配额将予以注销。

考虑企业承受能力和对碳排放权交易市场的适应性，全国碳排放权交易市场建立履约成本控制机制。一是设立配额履约缺口上限。在配额清缴相关工作中设定配额履约缺口上限，当重点排放单位配额缺口量占其经核查排放量比例超过20%时，其配额清缴义务最高为其获得的免费配额量加20%的经核查排放量；二是纳入补充产品。重点排放单位每年可使用国家核证自愿减排量抵销碳排放配额的清缴，抵销比例不得超过应清缴碳排放配额的5%。此外，为鼓励燃气机组发展，当燃气机组经核查排放量不低于核定的免费配额量时，其配额清缴义务为已获得的全部免费配额量，即配额缺口“豁免”清缴履约。

198 碳排放权如何抵销?

碳排放权抵销是指减排主体在使用经审定的碳减排量履行年度碳排放控制责任时，可以采取一定的经过认证的其他减排量来抵销一定比例减排量的行为。

国家核证自愿减排量（CCER）产生的排放量抵销减排任务之后如有剩余则可用于交易，如不足也可从其他业主购买。目前我国的碳排放抵销机制，主要对交易主体、抵销流程、抵销限额等作出了规定，且不同交易所的规定各不相同。

我国可用于抵销碳排放量的项目种类，以CCER 为主，加上节能项目产生的碳减排量以及林业碳汇项目等产生的碳减排量，构成了我国碳排放抵销的主要内容。1单位CCER 可抵销1吨二氧化碳当量的排放量。

重点排放单位可使用CCER或生态环境部另行公布的其他减排指标，抵销其不超过5%的经核查排放量。其中，用于抵销的CCER应来自可再生能源、碳汇、甲烷利用等领域减排项目，在全国碳排放权交易市场重点排放单位组织边界范围外产生。

199 CCER抵销配额清缴有哪些步骤？

根据《碳排放权交易管理办法（试行）》，用于配额清缴抵销的CCER，应同时满足要求：抵销比例不超过应清缴碳排放配额的5%；不得来自纳入全国碳排放权交易市场配额管理的减排项目。

因2017年3月起温室气体自愿减排相关备案事项已暂停，全国碳排放权交易市场第一个履约周期可用的CCER均为2017年3月前产生的减排量，减排量产生期间，有关减排项目均不是纳入全国碳排放权交易市场配额管理的减排项目。

使用CCER抵销配额清缴具体程序包括8个步骤：

第一步，在自愿减排注册登记系统和交易系统开立账户。重点排放单位使用CCER抵销全国碳排放权交易市场配额清缴前，应确保已在国家温室气体自愿减排交易注册登记系统（以下简称自愿减排注册登记系统，网址见：http：//registry.ccersc.org.cn/login.do）开立一般持有账户和在任意一家经备案的温室气体自愿减排交易机构的交易系统上开立交易账户。若已开立一般持有账户和交易账户，则无须重复开立。重点排放单位可选择向任意一家自愿减排交易机构提交自愿减排注册登记系统一般持有账户和交易账户开立申请材料，申请材料清单及要求见自愿减排交易机构官方网站。自愿减排注册登记系统一般持有账户开立申请材料由接收申请材料的自愿减排交易机构初审通过后，提交至国家应对气候变化战略研究和国际合作中心（以下简称国家气候战略中心）复审，复审通过后，由国家气候战略中心完成开户。交易账户开立申请材料由自愿减排交易机构审核通过后完成开户。

第二步，重点排放单位购买CCER。重点排放单位通过自愿减排交易机构的交易系统购买符合配额清缴抵销条件的CCER后，将CCER从交易系统划转至其自愿减排注册登记系统一般持有账户。相关交易规则及要求见自愿减排交易机构官方网站。

第三步，重点排放单位提交申请表。重点排放单位应确认其自愿减排注册登记系统一般持有账户中拥有符合抵销配额清缴的条件、相应抵销配额清缴量的CCER，并填写《全国碳排放权交易市场第一个履约周期重点排放单位使用CCER抵销配额清缴申请表》（以下简称《申请表》），于2021年10月26日至2021年12月10日，向所属省级生态环境主管部门提交申请表。

第四步，省级生态环境主管部门确认。省级生态环境主管部门收到《申请表》后，依据上述使用CCER 抵销配额清缴的条件进行确认（主要包括重点排放单位名称、2019—2020年第一个履约周期应清缴配额总量、申请抵销量等），并将确认结果反馈至重点排放单位。同时，每周汇总申请表信息，并于周五下班前发至国家气候战略中心邮箱（registry@ccersc.org.cn）。

第五步，重点排放单位注销CCER。重点排放单位在2021年12月15日17点前使用自愿减排注册登记系统的“自愿注销”功能，按照经确认的《申请表》，注销其“一般持有账户”上符合条件的CCER。重点排放单位操作完成CCER自愿注销后，应及时地向所属省级生态环境主管部门提交在自愿减排注册登记系统完成注销操作的截图（打印并加盖公章）。

第六步，国家气候战略中心核实重点排放单位注销情况。国家气候战略中心于2021年10月26日至12月15日，每日通过自愿减排注册登记系统查询各省（自治区、直辖市）及新疆生产建设兵团重点排放单位完成的CCER注销操作记录，于每日17点后通过国家气候战略中心邮箱（registry@ccersc.org.cn）发送给相应省级生态环境主管部门指定的工作邮箱，并抄送全国碳排放权注册登记机构（湖北碳排放权交易中心）工作邮箱（ccer@chinacrc.net.cn）。

第七步，全国碳排放权注册登记机构办理CCER抵销配额清缴登记。全国碳排放权注册登记机构（湖北碳排放权交易中心）于2021 年10月26日至

12月15日，每日根据国家气候战略中心动态更新的重点排放单位CCER注销操作记录，向重点排放单位账户生成用于抵销登记的CCER。重点排放单位在系统中提交履约申请时选择已生成的CCER进行履约，待履约申请得到省级生态环境主管部门确认后，由全国碳排放权注册登记机构办理CCER抵销配额清缴登记。

第八步，CCER抵销配额清缴登记查询。重点排放单位可在全国碳排放权注册登记系统查询其使用CCER 抵销配额清缴登记相关信息。省级生态环境主管部门可通过全国碳排放权注册登记系统查询本行政区域重点排放单位使用CCER进行配额清缴抵销的相关信息。

第九章 碳排放环境影响评价

200 建设项目碳排放评价报告编制的依据是什么？

为指导重点行业建设项目的二氧化碳排放环境影响评价工作，生态环境部配套出台了《重点行业建设项目碳排放环境影响评价试点技术指南（试行）》，为建设项目碳排放评价报告的编制提供了依据和指导。

该指南适用于电力、钢铁、建材、有色、石化和化工等六大重点行业中需编制环境影响报告书的建设项目，其他行业的建设项目碳排放环境影响评价可参照使用。指南规定了上述六大重点行业环境影响报告书中开展碳排放环境影响评价的一般原则、工作流程及工作内容。

201 建设项目碳排放评价报告包括哪些内容？

2021年5月，生态环境部发布的《关于加强高耗能、高排放项目生态环境源头防控的指导意见》（环环评〔2021〕45号）提出："两高"项目环评开展试点工作，衔接落实有关区域和行业碳达峰行动方案、清洁能源替代、清洁运输、煤炭消费总量控制等政策要求。在环评工作中，统筹开展污染物和碳排放的源项识别、源强核算、减污降碳措施可行性论证及方案比选，提出协同控制最优方案。鼓励有条件的地区、企业探索实施减污降碳协同治理和碳捕集、封存、综合利用工程试点、示范。

在报告的内容方面：建设项目碳评价报告大纲包括概述、总则、项目概况、碳排放工程分析、减污降碳措施可行性论证、碳排放绩效水平分析、碳排放管理要求与监测计划、碳排放评价结论与建议等8部分内容。与大气、地下水等环境要素的评价内容相比较，由于缺少预测模型和排放标准，碳排放评价无须进行影响预测和达标分析。碳排放评价工作的重点和难点主要为统筹开展污染物和碳排放的源项识别、源强核算、减污降碳措施可行性论证及方案比选，提出协同控制最优方案。

在报告的编制形式方面：生态环境部和大部分省市要求将碳排放评价融入建设项目环境影响评价报告相应章节中，在环境影响报告书中增加碳排放评价专章，河北省则要求碳排放环境影响评价内容单独编制成册。

202　建设项目碳排放评价涉及哪些温室气体？

根据中国国家质量监督检验检疫总局、中国国家标准化管理委员会发布的国家标准《工业企业温室气体排放核算和报告通则》（GB/T 32150–2015），列入的温室气体包括：二氧化碳、甲烷、氧化亚氮、氢氟碳化物、全氟碳化物、六氟化硫和三氟化氮。

按照生态环境部发布的《关于开展重点行业建设项目碳排放环境影响评价试点的通知》（环办环评函〔2021〕346号）要求，碳排放评价主要开展的是建设项目二氧化碳排放环境影响评价，鼓励有条件的地区开展以甲烷、氧化亚氮、氢氟碳化物、全氟碳化物、六氟化硫、三氟化氮等其他温室气体排放为主的建设项目环境影响评价试点。

203 建设项目碳排放评价报告编制的流程是什么？

根据《重点行业建设项目碳排放环境影响评价试点技术指南（试行）》，在建设项目的环境影响评价中要编制碳排放评价专章，依次开展六方面的工作：一是政策符合性分析，主要分析建设项目碳排放是否满足相关政策要求；二是进行工程分析，明确建设项目二氧化碳产生节点，给出拟采取的减排措施，核算二氧化碳的产生和排放量；三是减排措施的可行性论证和方案比选，论证建设项目采取的二氧化碳减排措施，比选基于协同控制的污染物治理措施方案，并给出建设单位自愿采取的示范；四是碳排放绩效核算；五是给出碳排放管理与监测计划；六是给出建设项目碳排放环境影响评价结论，对碳排放评价工作进行归纳总结。

204 建设项目碳排放评价如何核算二氧化碳源强？

碳排放评价要全面分析建设项目二氧化碳排放节点，包括燃料燃烧排放、工业生产过程排放、净购入使用的电力和热力产生的排放以及固碳产品隐含的排放等四个方面。与碳核查相比较，碳排放评价更注重生产工艺过程中的二氧化碳的产生和排放情况。要在生产工艺流程介绍及相关图表中增加二氧化碳产生、排放情况（包括正常工况、开停工及维修等非正常工况）和排放形式等内容。明确建设项目化石燃料燃烧源中的燃料种类、消费量、含碳量、低位发热量和燃烧效率等，涉及碳排放的工业生产环节要给出原料、辅料及其他物料的种类、使用量和含碳量，烧焦过程中的烧焦量、烧焦效率、残渣量及烧焦时间等，火炬燃烧环节火炬气流量、组成及碳氧化率等参数，以及净购入电力和热力量等数据。可以通过物料平衡、实测和类比等方法确定各直接排放源有组织二氧化碳排放源强，说明二氧化碳源头防控、过程控制、末端治理、回收利用等减排措施状况。上述数据可依据建设项目的可研报告、立项文件、设计文件等。

建设项目碳排放评价源强核算是对核算边界范围内的二氧化碳排放量进行计算统计的过程。《重点行业建设项目碳排放环境影响评价试点技术指南（试行）》附录2《钢铁、水泥和煤制合成气项目工艺过程二氧化碳源强核算推荐方法》中给出了钢铁、水泥和煤制气等工艺过程的源强核算方法。

对于二氧化碳排放量的核算，还可参照碳核查中的方法，包括《工业企业温室气体排放核算和报告通则》（GB／T 32150–2015），以及国家发展改革委发布的重点行业企业温室气体排放核算方法与报告指南（三批共24个），分别计算建设项目所在企业及所涉及生产工序的碳排放量。

205 建设项目如何比选减污降碳措施和方案？

根据《建设项目环境影响评价技术导则总纲》（HJ 2.1–2016）、《环境影响评价技术导则大气环境》（HJ 2.2–2018）、《环境影响评价技术导则地表水环境》（HJ 2.3–2018）等文件，对污染治理措施方案选择具有明确要求，即在保证大气或水污染物能够达标排放并且环境影响可接受的前提下，开展基于碳排放量最小的废气和废水污染治理设施和预防措施多方案比选，提出末端治理措施和协同控制的最优方案。

对于环境质量达标区，在保证污染物能够达标排放，满足总量控制和许可量要求，并使环境影响可接受的前提下，优先选择碳排放量最小的污染防治措施方案；对于环境质量不达标区（环境质量细颗粒物$PM_{2.5}$因子对应污染源因子二氧化硫、氮氧化物、颗粒物$PM_{2.5}$和挥发性有机物VOCs，环境质量臭氧因子对应污染源因子NO_X和VOCs），在保证环境质量达标因子能够达标排放，满足总量控制和许可量要求，并使环境影响可接受前提下，优先选择碳排放量最小的针对达标因子的污染防治措施方案。

206 建设项目如何核算治理设施减污降碳量？

碳排放评价在减污降碳措施比选时，可以从采用污染防治措施的脱硝剂和脱硫剂的成分、资源能源消耗等方面进行比选，也可以利用原环境保护部办公厅发布的《工业企业污染治理设施污染物去除协同控制温室气体核算技术指南（试行）》（环办科技〔2017〕73号）进行核算分析。该《指南》规定了工业企业污染治理设施污染物协同控制温室气体核算的主要内容、程序、方法及要求，适用于工业企业采取脱硫、脱硝、挥发性有机物处理设施治理废气以及采用物理、化学、生化方法处理工业废水所产生的污染物去除量及温室气体减排量核算。

207 产业园区规划环评碳排放评价的依据是什么？

2003年9月1日实施的《中华人民共和国环境影响评价法》确立了规划环境影响评价制度，《规划环境影响评价技术导则 产业园区》（HJ 131–2021）作为环评法配套规章之一，规定了产业园区规划环境影响评价的基本任务、重点内容、工作程序、主要方法和要求，适用于国务院及省、自治区、直辖市人民政府批准设立的各类产业园区规划环境影响评价，其他类型园区可参照执行。

按照“坚持以现有规划环境影响评价制度为基础，将碳排放评价纳入评价工作全流程”的思路，《规划环境影响评价技术导则 产业园区》（HJ 131–2021）要求以园区能源利用为核心，将碳减排内容融入规划分析、现状调查与评价、环境影响预测评价、规划方案综合论证和优化调整、不良环境影响减缓对策和措施各环节。同时，对电力、钢铁、建材、有色、石化和化工等重点碳排放行业为主导产业的园区，还要求考虑这些重点行业的生产工艺过程的碳排放情况，调查园区碳排放控制水平现状、与行业碳达峰要求的差距以及降碳潜力，论证园区产业定位、产业结构、能源结构、重点涉碳行业规模的环境合理性。为把好碳源头减排关、构建园区碳减排实施路径提供了技术支撑，将有力推进园区能源低碳化转型和工业绿色发展。

208 产业园区规划碳排放评价报告包括哪些内容?

根据《关于在产业园区规划环评中开展碳排放评价试点的通知》，要坚持以现有规划环境影响评价制度为基础，将碳排放评价纳入评价工作全流程，鼓励在碳排放评价内容、指标、方法等方面大胆创新，探索形成产业园区减污降碳协同增效的技术方法和工作路径，促进产业园区低碳绿色发展。

产业园区规划的碳排放评价报告大纲包括总则、规划分析、碳排放现状调查与评价、环境影响识别与评价指标体系构建、环境影响预测与评价、规划方案综合论证和优化调整建议、协同降碳措施建议、建设项目环境影响评价要求、环境管理与环境准入、评价结论等10部分内容。

209 产业园区规划碳排放评价的要点有哪些?

按照生态环境部《关于在产业园区规划环评中开展碳排放评价试点的通知》，规划环评的碳排放评价的工作重点如下：

（1）结合园区产业特点和类型确定碳排放评价范围和评价因子。涉及电力、钢铁、建材、有色、石化和化工等“两高”行业项目的园区可重点关注能源消耗、企业生产和废弃物处理等与污染物排放相关的碳排放；涉及大数据、云计算等高耗电的园区可重点关注调入电力的碳排放。重点排放因子以二氧化碳为主，根据园区主导产业能源消耗和工艺过程，可纳入甲烷、氧化亚氮、氢氟碳化物、全氟碳化物、六氟化硫与三氟化氮等温室气体进行评价。

（2）在充分利用已有碳排放统计资料的基础上，摸清园区碳排放底数并开展规划分析。园区可根据碳排放清单、重点企业碳排放核查报告等现有资料分析碳排放现状；园区自行测算的，应按照国家有关指南，重点测算评价范围内的碳排放量。涉及电力、钢铁、建材、有色、石化和化工等“两高”行业项目的园区应重点评价主导产业碳排放水平，分析降碳潜力。分析规划实施后园区碳排放强度、结构等方面的变化，重点关注规划方案中产业发展、重点项目和涉及碳排放的配套基础设施等内容，分析与碳排放政策的符合性。

（3）根据区域和行业“双碳”目标，设定合理且符合区域特点的碳排放评价指标。立足园区现状碳排放水平和产业发展水平，从碳排放强度优化、资源利用效率提升等方面提出指标要求。

（4）以减污降碳协同增效为出发点，对规划提出优化调整建议和管控措施。重点关注园区内具有减污降碳协同效应的领域和环节，从规划产业结构、能源结构、运输结构、基础设施建设要求等方面对规划方案提出具有可操作性的优化调整建议和减污降碳协同管控措施建议。

210 产业园区规划碳排放评价如何开展合理性论证？

按照国家和地方“碳达峰、碳中和”的要求，产业园区规划环评碳评价要充分论证产业园区规划方案、特别是“两高行业”的环境合理性，并提出优化调整建议。

（1）环境合理性论证

要基于产业园区污染物排放管控、环境风险防控、资源能源开发利用管控，结合环境影响预测与评价结果，以及产业园区低碳化、生态化发展要求，论证产业园区规划规模（产业规模、用地规模等）、结构（产业结构、能源结构等）、运输方式的环境合理性。

以电力、钢铁、建材、有色、石化和化工等重点碳排放行业为主导产业的园区，重点从资源能源利用管控约束，与区域、行业的碳达峰和碳减排要求的符合性，资源与环境承载状态等方面，论证园区产业定位、产业结构、能源结构、重点涉碳排放产业规模的环境合理性。

（2）优化调整建议

1）对于规划实施后无法达到环境目标、满足区域碳达峰要求，或与国土空间规划功能分区等冲突，应提出产业园区总体发展目标、功能定位的优化调整建议。

2）对于规划产业发展可能造成重大生态破坏、环境污染、环境风险、人群健康影响或资源、生态、环境无法承载，应对产业规模、产业结构、能源结构等提出优化调整建议。

3）超标产业园区考虑区域污染防治和产业园区污染物削减后仍无法满足环境质量改善目标要求，应对产业规模、产业结构、能源结构等提出优化调整建议。

4）污染物排放、资源开发、能源利用、碳排放不符合产业园区污染物排放管控、环境风险防控、资源能源开发利用等管控要求，应对产业规模、产业结构、能源结构等提出优化调整建议。

在碳排放权交易的背景下，通过政府的配额核定和国家核证自愿减排量等管理手段，温室气体减排行为被赋予了经济价值，碳排放权配额和碳排放信用等成为一种具有储存、流通和交易等价值功能的资产。在推进碳达峰、碳中和的工作中，发挥碳资产、碳金融等经济手段的重要作用，能够有效刺激企业或个人节能减排的积极性。此外，作为社会经济发展的命脉和重要基础，绿色新能源的开发应用也取得了重大进展，为改善能源结构、保障能源安全发挥了重要作用。为了比较全面完整地论述碳减排的知识体系，作为拓展性常识内容，本篇共包括3章：第十章碳资产，讲述了碳资产的概念、定价工具、定价方法和CCER项目方法学开发途径及开发流程；第十一章碳金融，介绍了碳金融产品的范畴、功能与作用等内容；第十二章碳循环，着重介绍了碳循环的有关概念和原理，风电、光伏、生物质能、氢能等绿色新能源的特点和发展趋势，以及典型行业、重点领域的案例和常识。

第十章 碳资产

211 什么是碳资产?

碳资产是指在各种碳排放权交易机制下产生的、代表重点排放单位温室气体许可排放量的碳配额，以及由温室气体减排项目产生并经特定程序核证、可用来抵销重点排放单位温室气体实际排放量的减排证明。2005年欧盟碳市场启动，碳排放权交易市场的出现使碳排放配额和碳减排信用具备了价值储存、流通和交易的功能，形成最初的“碳资产”。

碳资产可以从三个方面理解：

（1）在碳排放权交易体系下，企业由政府分配的排放量配额，称为碳资产。

（2）企业内部通过节能技术改造活动，减少企业的碳排放量。由于该行为使得企业可在市场流转交易的排放量配额增加，这部分配额也可以被称为碳资产。

（3）企业投资开发的零排放项目或者减排项目所产生的减排信用额，且该项目成功申请了清洁发展机制项目（CDM）或者国家核证自愿减排量（CCER）项目，并在碳排放权交易市场上进行交易或转让，此减排信用额也可称为碳资产。

根据目前碳资产交易制度，碳资产可以分为配额碳资产和减排碳资产。

已经或即将被纳入碳排放权交易体系的重点排放单位可以通过免费获得或参与政府拍卖获得配额碳资产；未被纳入碳排放权交易体系的非重点排放单位可以通过自身主动开展温室气体减排活动，得到政府认可的减排碳资产；重点排放单位和非重点排放单位均可通过交易获得配额碳资产和减排碳资产。

212 如何进行碳资产管理?

重点排放单位是被强制要求参与碳排放权交易体系的企事业单位。与非重点排放单位不同点在于，重点排放单位将获得碳排放权交易管理部门按照确定的配额分配方法和标准向其分配的配额，需要承担履约义务；非重点单位由于没有获得配额，所以也无须承担履约义务。

在单位低碳发展过程中，通过监测排放数据，设定适合的碳排放目标，制定碳排放策略，根据实际需要储备用于履约的CCER和配额。如果重点排放单位存在配额缺口，可以根据市场的供求情况，适时地购入配额以获得最大收益；非重点排放单位可以选择适当时机出售CCER，以获取资金。

（1）重点排放单位碳资产管理关注事项

1）收集并整理包括重点排放单位历年碳排放及工业增加值信息、本年度单位碳排放及工业增加值等信息。

2）根据信息分析，预测重点排放单位本年度全年碳排放量及工业增加值，判断本单位的碳排放配额充足情况。

3）对本单位排放配额进行判断，如果重点排放单位碳排放配额足够，则建议通过出售配额获取收益；如果碳排放配额不足，则建议买入碳排放配额或CCER满足履约要求。

4）由于重点排放单位买入CCER的比例受限（抵销比例不得超过应清缴碳排放配额的 5%），若某重点排放单位碳排放配额不足，则应判断该重点排放单位能否完全依靠购买CCER满足履约要求。

5）若该重点排放单位能完全依靠购买CCER满足履约要求，则需分析碳排放权交易市场CCER价格变化情况，预测该重点排放单位需要投入多少资金购买CCER。

6）若该重点排放单位不能完全依靠购买CCER满足履约要求，则应分析重点排放单位节能减排潜力及成本分析报告，通过比较该单位节能减排成本和市场碳排放配额价格，确定该单位是选择节能减排还是通过购买碳排放配额来满足履约要求。

（2）非重点排放单位碳资产管理关注事项

非重点排放单位未被碳排放权交易主管部门强制纳入碳排放权交易的范围，因此也无须承担履约的义务。非重点排放单位也可按照重点排放单位的开户和交易流程，参与到碳排放权交易市场交易中。非重点排放单位的碳资产经营管理主要有三种情形。

1）主动申请加入碳排放权交易体系。经碳排放权交易主管部门批准后，这类企业可视为重点排放单位，建立企业的碳资产管理体系。

2）有可开发的碳减排资产。这类企业可以开发减排项目，通过在碳排放权交易市场出售减排项目所产生的国家核证自愿减排量（CCER）实现资产增值。

3）既不想加入碳排放权交易体系，也没有可开发的碳减排资产。这类单位可通过积极实施节能减排、碳排放信息披露、碳中和等自愿行为打造低碳品牌，增加单位的美誉度。

213 碳定价的工具有哪些?

碳定价工具可分为碳排放权交易机制和碳税两大类。根据世界银行的统计，截止到2020年，全球共有61项正在实施或计划实施的碳定价机制，包括31项碳排放权交易市场和30项碳税。

碳排放权交易机制是碳定价工具之一，因为碳交易市场具有价格发现功能，能够发现减排和低碳投资的价格。通过提供气候变化领域的相关价格信息，如宏观经济形势和减排要求、供需双方的交易意愿、碳信用的稀缺程度等因素，在价格信号的引导下，将资金配置到应对气候变化领域中效益最大化的部门、企业和项目，使资源得到合理有效地利用。另外，碳排放权的价格信号引导经济主体把碳排放成本作为投资决策的一个重要因素，促使环境外部成本内部化，使企业或个人支付的减排成本向收益转化，激励企业或个人减排。并且，碳市场上的衍生金融工具还可以分散、转移和管理气候变化给经济发展、企业经营、居民生命财产安全带来的风险。

碳税，是对一单位的温室气体排放量增加固定的税收价格，刺激公司以及个人减少温室气体的排放。碳税的税率是基于评估一单位的温室气体所带来的危害以及控制这种危害所需的成本。如果碳税的税率过低，企业和个人就会选择多排放和交碳税，控制减排的效率不会太高；如果碳税的税率过高，在减排成本一定的情况下，企业可能会选择减少生产从而减少排放，这将会影响企业的利润、工作机会甚至终端消费者的利益。

214 碳定价的方法有哪些?

配额交易市场具有碳排放权价值发现的基础功能，决定着碳排放权的价值。配额多少以及惩罚力度的大小，影响着碳排放权价值的高低。配额交易创造了碳排放权的交易价格，影响项目交易市场上碳排放权的交易价格。当配额交易价格高于各种减排单位的价格时，配额交易市场的参与者就会选择在二级市场上购入已发行的减排单位来交易，进行套利或满足排放监管的需要。这种差价越大，投资者的收益空间越大，对各种减排单位的需求量也会增加，从而会进一步促进低碳技术项目的开发和应用，实现更大规模的减排。

理论上，碳税与碳交易会产生一样的效果，因为碳税与碳交易都是给温室气体减排行为增加经济价值，刺激企业或个人节能减排。如果对环境污染敏感度高，就需要确定温室气体的排放总量，确定排放配额的多少以及惩罚力度的大小，因此碳交易相对就更有效率；相反，如果对减排成本非常敏感，那么就需要确定减排成本，确定碳税的税率，因此固定的碳税就更有效率。当前，碳交易和碳税并存的这种混合模式最为常见，将控排企业纳入碳交易体系（不对其征收碳税），对非控排企业征收碳税。从效率与公平的角度来讲，碳税是碳交易的一个重要补充，碳税将非控排企业纳入减排体系之中。

除碳税和碳交易之外，基于成果的融资（Results-based financing，RBF）、减少森林退化造成的碳排放（Reducing Emissions from Deforestation and Forest Degradation，REDD）和自愿碳抵销也属于碳定价的范畴。

（1）RBF 作为一种融资手段，使用已核证的结果作为支付基础，包括减排或避免排放等不同指标。当使用某种建立在已有市场工具基础之上的碳指标，它就变成了直接的碳定价工具，这得到联合国气候变化框架公约（UNFCCC）的公认。为了提高 2020年之前的减排可能性，联合国气候大会邀请各方促进CER的自愿注销。在气候融资的背景下，为已核证的结果进行支付激励了私营部门的减排活动。

（2）REDD是从森林砍伐、森林退化等方面减少碳排放，并且对森林进行可持续经营和增强森林碳储量。如今，每年全球由于森林消失平均造成了30亿吨二氧化碳的排放。用 REDD所产生的“碳资产”为REDD融资，使REDD也成为碳定价的一种。

（3）私营部门自愿碳抵销市场。如果一个企业在其生产过程中排放了温室气体，那么它就应当购买相应数量的“碳信用额度”来抵销自身的污染行为。销售“碳信用额度”的收入用来资助其他改善环境的项目或研究。对自愿碳抵销的需求是在碳排放配额不足的动机所驱动的，尽管如此，国际政策大事件和其他信息都会对自愿碳抵销市场的供求产生重要影响。自愿碳抵销市场的价格发现功能，使其成为碳定价工具之一。

215 碳资产有哪些开发途径?

碳资产的开发途径包括清洁发展机制（CDM）、国家核证自愿减排量（CCER）、国际核证碳减排标准（VCS，已更名 Verra）、黄金标准（GS）项目、国内地方碳排放权交易市场接受的项目（如福建省 FFCER、广东省 PHCER）以及其他机制。

清洁发展机制（CDM）：其核心是允许发达国家和发展中国家进行项目级的减排量抵销额度交易，是单向双边场外交易活动。

国家核证自愿减排量（CCER）：2012年6月，国家发改委颁布了《温室气体自愿减排交易活动管理暂行办法》，解决国内自愿减排市场缺乏统一规范化管理体系的问题，对于中国自愿减排碳市场的规范发展具有重要意义，将对配额交易形成补充。

国际核证碳减排标准（VCS）：企业基于企业社会责任，公共关系，投资获利，管制预期等动机，自愿购买碳减排量，以抵消其生产经营活动所产生的二氧化碳。

黄金标准（GS）：世界自然基金会2003年设计并启用黄金标准，为清洁发展机制和联合履约项目提供经过独立机构认证的质量标识。设计出发点是认为早先的项目设计在展示“额外性”和环境与社会效益方面存在缺陷，认为是CDM执行理事会的规则和指南不完善导致。

216 CCER项目开发涉及哪些领域?

国家核证自愿减排量（CCER）按照大类可分为可再生能源、林业碳汇、甲烷利用等项目，通过项目实施可实现温室气体排放的替代、吸附或者减少。详见表（4-1）。

表 4-1　CCER 项目开发主要领域

适用领域	项目类型
可再生能源	水力发电项目、风力发电项目、太阳能 / 光伏发电、生物质发电（如秸秆、生物废弃物发电等）项目
林业碳汇	碳汇造林、竹子造林、森林经营和竹林经营
甲烷回收利用	在污水处理厂、制药厂、有机物生产企业的废水处理中沼气利用项目等
	家庭或小农场农业活动沼气回收
	垃圾填埋气发电项目、垃圾焚烧发电项目、生物堆肥项目
	煤层气利用项目
工业能效提高	如造纸厂、氮肥厂、水泥厂、钢铁厂等耗能大户的余热、余压发电项目，焦化厂干熄焦发电项目、焦炉煤气发电项目、高炉煤气发电项目
化学工业气体直接减排	如铝厂减排 PFCs 项目，己二酸工厂、脂肪酸厂、硝酸厂等化工厂氧化亚氮分解项目，制冷剂 HCFC-22 的副产品 HFC-23 分解项目，发电厂、水泥厂碳捕集项目
燃料替代	在工业生产中用天然气等清洁燃料替代煤或其他燃料的项目，如天然气发电项目

217 什么是CCER项目方法学?

CCER项目方法学是指用于确定项目基准线、论证额外性、计算减排量、制定监测计划等的方法指南，是审查CCER项目合格性以及估算/计算项目减排量的技术标准和基础。方法学由基准线方法学和监测方法学两部分构成，前者是确定基准线情景、项目额外性、计算项目减排量的方法依据，后者是确定计算基准线排放、项目排放和泄漏所需监测的数据/信息的相关方法。

其中基准线研究和核准是CCER项目实施的关键环节，不同的项目适用的方法学是不同的。例如，对于提高能效项目来说，基准线的计算需要对现有设备的性能进行测量；对于可再生能源项目来说，基准线计算可以参照项目所处地区最有可能的替代项目的排放量。

目前《温室气体自愿减排交易管理暂行办法》中提到的方法学主要有两种：一种是直接使用来自联合国清洁发展机制执行理事会（CDMEB）批准的CDM方法学；另一种是国内项目开发者向国家主管部门申请备案和批准的新方法学。这两类方法学在经过委托专家进行评估之后，都可以在国家主管部门进行备案，为自愿减排项目的申报审批等提供技术支持。

218 我国已备案的CCER方法学有哪些？

按照对碳减排的贡献方式来分，CCER的计算方法学主要可以分为3类，分别是："吸附"，即采用负碳技术将碳排放吸收利用，降低碳排放总量，例如林业碳汇项目、碳捕集和碳封存技术、填埋气发电项目等；"减少"，采用节能提效的技术减少生产生活中能源使用，从而降低碳排放量，例如余热发电和热电联产、资源回收利用项目等；"替代"，即利用新能源等途径替代传统能源，从而减少碳排放，例如用风电、光伏等新能源项目替代火电等。

截止到2016年11月，国家主管部门在中国自愿减排交易信息平台公布了12批共计200个已备案的CCER方法学，其中由联合国清洁发展机制（CDM）

方法学转化而来的有174个，新开发的有26个。在这200个已备案的CCER方法学中，包括常规方法学109个，小型项目方法学86个，林业碳汇项目方法学5个。这些方法学已基本涵盖了国内CCER项目的适用领域，为国内CCER业主和开发机构开发自愿减排项目提供了广阔的选择空间。在200个已备案的CCER方法学中，使用频率较高的方法学有10个，其对应的项目领域见表（4–2）。

表 4–2　常用温室气体自愿减排方法学

领域	具体领域	自愿减排方法学编号	对应 CDM 方法学编号	方法学名称
可再生能源	水电、光电、风电、地热	CM-001-V02	ACM0002	可再生能源并网发电方法学
		CMS-002-V01	AMS-I.D.	联网的可再生能源发电
废物处置	垃圾焚烧发电 / 供热 / 热电联产 / 堆肥	CM-072-V01	ACM0022	多选垃圾处理方式
	垃圾填埋气发电	CM-077-V01	ACM0001	垃圾填埋气项目
可再生能源	生物质热电联产	CM-075-V01	ACM0006	生物质废弃物热电联产项目
	生物质发电	CM-092-V01	ACM0018	纯发电厂利用生物废弃物发电
能效（能源生产）	废能利用（余热发电 / 热电联产）	CM-005-V02	ACM0012	通过废能回收减排温室气体
避免甲烷排放	户用沼气回收	CMS-026-V01	AMS-III.R	家庭或小农场农业活动甲烷回收
煤层气 / 煤矿瓦斯	煤层气 / 煤矿瓦斯发电、供热	CM-003-V02	ACM0008	回收煤层气、煤矿瓦斯和通风瓦斯用于发电、动力、供热和 / 或通过火炬或无焰氧化分解
林业碳汇	造林	AR-CM-001-V01	新开发方法学	碳汇造林项目方法学

219 CCER项目备案的类型及途径有哪些？

《温室气体自愿减排交易管理暂行办法》规定，2005年2月16日之后开工建设的以下四类项目可申请备案。

（1）采用经国家主管部门备案的方法学开发的自愿减排项目；

（2）获得国家主管部门批准为清洁发展机制项目但未在联合国清洁发展机制执行理事会注册的项目；

（3）获得国家主管部门批准为清洁发展机制项目且在联合国清洁发展机制执行理事会注册前产生减排量的项目；

（4）在联合国清洁发展机制执行理事会注册但减排量未获得签发的项目。

另外，《温室气体自愿减排交易管理暂行办法》规定，不同类型的项目业主申请自愿减排项目备案的途径不同，包括两种情况：

（1）国资委管理的中央企业中直接涉及温室气体减排的企业（包括其下属企业、控股企业），直接向国家主管部门申请自愿减排项目备案，名单由国家主管部门制定、调整和发布。此名单已在《管理办法》中以附件的形式注明；

（2）未列入名单的企业法人，通过项目所在省、自治区、直辖市主管部门提交自愿减排项目备案申请，省、自治区、直辖市主管部门就备案材料完整性和真实性提出意见后转报国家主管部门。

220 CCER项目开发有哪些步骤？

2012年，《温室气体自愿减排交易管理暂行办法》颁布后，CCER项目申请开始。2017年3月，国家发改委公告，组织修订《温室气体自愿减排交易管理暂行办法》，并暂缓受理CCER方法学、项目、减排量的备案申请。CCER新项目开发搁置，至今已有5年。2021年10月，生态环境部发布了《关于做好全国碳排放权交易市场第一个履约周期碳排放配额清缴工作的通知》，明确“组织有意愿使用国家核证自愿减排量（CCER）抵销碳排放配额清缴的重点排放单位抓紧开立国家自愿减排注册登记系统一般持有账户，并在经备案的温室气体自愿减排交易机构开立交易系统账户，尽快完成CCER购买并申请CCER注销。”CCER市场有望重启。

CCER项目的开发流程在很大程度上沿袭了清洁发展机制（CDM）项目的框架和思路，主要包括6个步骤两个阶段，第一阶段是项目备案，包括项目设计文件、项目审定、项目备案；通过专家评审后，进入第二阶段减排量备案，包括项目实施与监测、减排量核查与核证、减排量备案。详见图（4–1）。

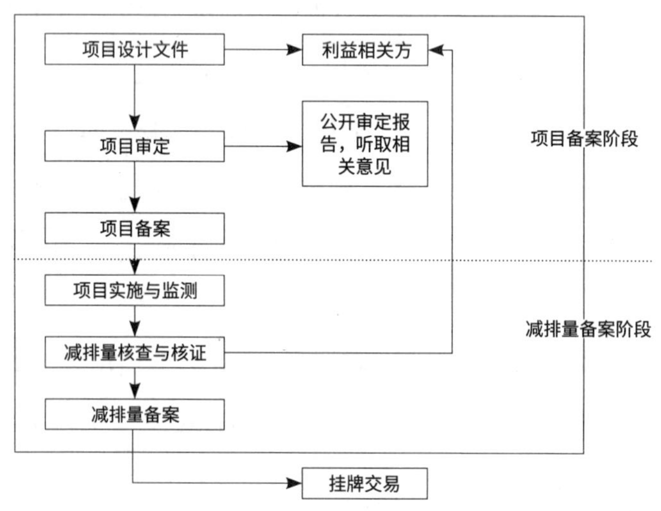

图 4–1　CCER 项目开发流程

（1）项目设计文件。项目设计文件是CCER项目开发的起点，是申请CCER项目的必要依据。项目设计文件的编写需要依据从国家主管部门网站上获取的最新格式和指南。项目设计文件主要内容是介绍项目的基本情况、确定项目基准线、论证额外性、估算减排量、编制监测计划等内容。项目设计文件可以由项目业主自行撰写，也可由咨询机构协助项目业主完成，在项目开发前期就可以着手准备。

（2）项目审定。项目审定必须要由国家主管部门批准的第三方机构进行审定。审定时主要根据项目设计文件，对项目基准线的确定和减排量的准确性、项目的额外性、监测计划的合理性等进行审定，并出具审定报告。

（3）项目备案。第三方机构出具审定报告后，项目业主便可以向国家主管部门申请CCER项目备案，需提交的材料包括以下9项：

1）项目备案申请函和申请表；

2）项目概况说明；

3）企业的营业执照；

4）项目可研报告审批文件、项目核准文件或项目备案文件；

5）项目环评审批文件；

6）项目节能评估和审查意见；

7）项目开工时间证明文件；

8）采用经国家主管部门备案的方法学编制的项目设计文件；

9）项目审定报告。（第三方出具）

以上三步是项目备案阶段。

（4）项目实施与监测。完成项目备案后项目业主就可以开始实施项目，并对减排量进行日常监测，根据监测计划记录监测数据并编写监测报告（MR）。而当项目业主需要使用CCER进行抵销或者出售CCER换取收益时，就进入第二阶段，即减排量备案申请阶段。

（5）减排量核查与核证。减排量备案申请阶段分为两步：减排量核证及减排量备案签发阶段。减排量核证与项目审定类似，必须要由国家主管部门指定的第三方机构进行减排量核证。该步骤主要是对监测计划的执行情况及项目减排量进行核证，并出具减排量核证报告。

（6）减排量备案。减排量核证报告完成后，项目业主便可以向国家主管部门申请CCER项目减排量备案。项目业主申请CCER项目备案须准备并提交的材料包括：

1）减排量备案申请函；

2）项目业主或项目业主委托咨询机构编制的监测报告；

3）减排量核证报告。

国家主管部门审核通过后，该减排量便可在国家登记簿进行登记，并与备案交易机构的交易系统进行连接，实时记录减排量变更情况。

221 CCER项目的开发周期有多长?

根据CCER项目开发流程估算，一个CCER的开发周期最少要有5个月。此外，在整个项目开发过程中，还要考虑到不同类型项目的开发难易程度、项目业主与咨询机构及第三方机构的沟通过程、审定及核证程序中的澄清不符合要求，以及编写审定、核证报告及内部评审等环节的成本时间。

一个CCER项目成功备案并获得减排量签发，还需经过国家主管部门的审核批准，国家主管部门组织专家评估并进行审核批准的时间周期在60～120个工作日之间，即需要3～6个月时间。

综上，正常情况下，一个CCER项目从着手开发到最终实现减排量签发的最短时间周期为8个月，长则11个月以上。CCER项目备案和减排量备案流程及周期详见图（4–2）。

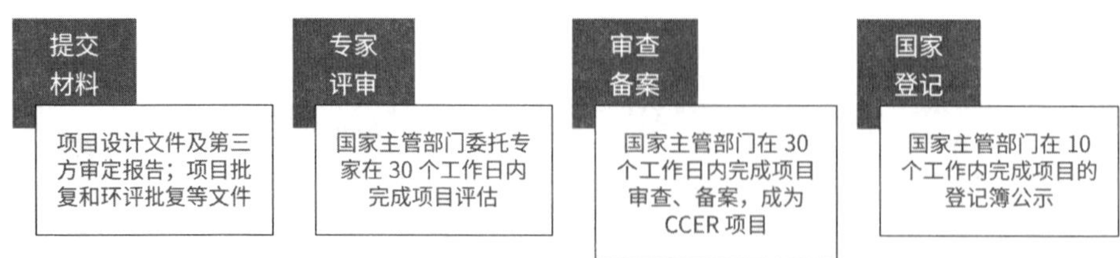

图 4–2 CCER 项目备案流程及各环节周期

在CCER项目开发的过程中，主要有3部分费用：一是第三方咨询费用和协调管理费用，主要是指项目设计文件（PDD）、减排量监测报告、相关文件填报，协助备案和核证等；二是第三方项目审定费用（国家认可的审定机构），提交CCER项目的备案申请材料后，需经过审定程序，由审定机构出具审定报告后才能够在国家主管部门进行备案；三是第三方减排量核证费用（国家认可的审定机构），提交项目的减排量备案申请材料后，由审定机构出具减排量核证报告后才能够最终完成备案。

222 如何开展CCER项目可行性预评估?

CCER项目开发之前需要通过专业的咨询机构或技术人员对项目进行评估，判断该项目是否可以开发成为CCER项目。主要评估该项目是否符合国家主管部门备案的CCER方法学的适用条件以及是否满足额外性论证的要求。额外性是指项目活动所带来的减排量相对于基准线是额外的，即这种项目及其减排量在没有外来的CCER项目支持情况下，存在财务效益指标、融资渠道、技术风险、市场普及和资源条件方面的障碍因素，依靠项目业主的现有条件难以实现。

如果所评估项目符合方法学的适用条件并满足额外性论证的要求，咨询机构将依照方法学计算项目活动产生的减排量并参考碳排放权交易市场的CCER价格，进一步估算项目开发的减排收益。CCER项目的开发成本，主要包括编制项目文件与监测计划的咨询费用以及出具审定报告与核证报告的第三方费用等。项目业主以此分析项目开发的成本及收益，决定是否将项目开发为CCER项目并确定每次核证的监测期长度。

223 CCER项目减排量如何计算?

CCER 项目的减排量采用基准线法计算。基本的思路是：假设在没有该CCER项目的情况下，为了提供同样的服务，最可能建设的其他项目所带来的基准线排放量（BE_y），减去该CCER项目的温室气体排放量（PE_y）和泄漏量（LE_y），由此得到该项目的减排量，其基本公式是：

$$ER_y = BE_y - PE_y - LE_y$$

这个减排量经核证机构的核证后，进行减排量备案即可交易。

CCER 项目减排量计算案例

案例 1：装机容量 50MW 光伏地面电站项目

项目概况：2015年某光伏投资企业拟投资4.8亿元在西北地区新建光伏地面电站项目，进行并网发电。该项目装机总容量为50MW，发电约1400h，年发电量70000MW · h，负荷因子15.98%（负荷因子=1400/8 760=15.98%）。根据国家发展改革委公布2015年区域电网基准线排放因子，电网排放因子为0.7883 t/（MW · h）。

项目类型：类别1，能源工业（可再生能源/不可再生能源）。

项目方法学：CM-001-V02 可再生能源并网发电方法学（第二版）。

项目减排量：预计本项目年减排55182.7吨二氧化碳当量。

案例 2：清丰县冶都中央公园 22.82 万平方米地热供暖工程项目

项目概况：本项目位于河南省濮阳市清丰县，业主为中石化新星河南新能源开发有限公司。本项目新建地热井5口，其中，生产井3口，回灌井2口。新建地下地热换热站一座，设计供暖能力7 364.95kW，利用深层地热水作为供暖热源，为冶都中央公园22.82万平方米居民住宅建筑供暖。本项目的基准线情景是利用锅炉房中的燃煤锅炉通过热量分配网络向冶都中央公园小区22.82万平方米居民住宅建筑供热。

项目类型：类别1，能源工业（可再生能源/不可再生能源）。

项目方法学：CM-022-V01 供热中使用地热替代化石燃料（第一版）。

项目减排量：预计本项目年减排6671吨二氧化碳当量。

案例3：北京液化天然气（LNG）公共交通项目

项目概况：由于在燃烧释放相同热量的情况下，天然气产生的二氧化碳排放量比燃油低。2016年，北京公交集团按照国家核证自愿减排量（CCER）项目管理办法，开发了“北京液化天然气（LNG）公共交通项目”，3155辆LNG公交车替换传统柴油车。

项目类型：类别7，交通运输业。

项目方法学：CMS-034-V01现有和新建公交线路中引入液化天然气汽车（第一版）。

项目减排量：预计年减排125108吨二氧化碳当量。

案例4：青山垃圾填埋场填埋气综合利用发电项目

项目概况：本项目位于广东省清远市清城区横荷街道青山垃圾填埋场，是垃圾填埋气收集及利用项目。收集的填埋气将用于发电，电力接入本地电网，多余的填埋气将引入火炬燃烧。本项目总装机容量为5.9MW，年均发电量为23153.16MW · h，负荷因子为44.80%，除去厂用电后，年均上网电量21995.50MW · h。

项目类型：类别13，废物处置。

项目方法学：CM-077-V01 垃圾填埋气回收（第一版）。

项目减排量：预计年减排117 487吨二氧化碳当量。

案例 5：定边黄湾风电场工程项目

项目概况：本项目位于陕西省定边县黄湾乡北部区域，距定边县城约 55km，由国电定边新能源有限公司投资建设和运营。本项目为新建风力发电项目，拟安装 25 台单机容量为 2MW风力发电机，总装机容量为 50MW。本项目预计年上网电量 96627MW · h，年等效满负荷运行小时数为 1933h，负荷因子为 22.06%。

项目类型：类别1，能源工业（可再生能源/不可再生能源），风力发电。

项目方法学：CM-001-V02 可再生能源并网发电方法学（第二版）。

项目减排量：预计年减排76173吨二氧化碳当量。

案例 6：鱼台长青环保能源有限公司生物质发电工程项目

项目概况：本项目新建1台130t/h的秸秆直燃锅炉、1台30MW的凝汽式汽轮机和1台30MW的空冷发电机，发电装机容量为30MW，年利用小时数6 500h，电厂负荷因子72.4%，本电厂年消耗农林生物质废弃物（包括棉杆、秸秆、树皮枝桠和谷壳等）24.15万吨（湿重），年发电量 195000MW · h，年供电量171000MW · h，部分替代华北电网化石燃料燃烧所发的电量。

项目类型：类别1，能源工业（可再生/不可再生能源）。

项目方法学：CM-092-V01 纯发电厂利用生物废弃物发电（第二版）。

项目减排量：预计年减排126 386吨二氧化碳当量。

224 CCER项目减排量计入期如何计算?

计入期是指项目可以产生减排量的最长时间期限。《温室气体自愿减排项目审定与核证指南》规定CCER项目参与者可在两个备选的计入期期限中选择其中之一：固定计入期和可更新的计入期。

固定计入期：项目活动的减排额计入期期限和起始日期只能一次性确定，即一旦该项目活动完成登记后不能更新或延长。在这种情况下，项目活动的计入期最长可为10年。

可更新计入期：一个单一的计入期最长可为7年。这一计入期最多可更新两次（即最长为21年），条件是每次更新时指定的经营实体确认原项目基准线仍然有效或者已经根据适用的新数据加以更新。第一个计入期的起始日期和期限须在项目登记之前确定。

此外，已经在联合国清洁发展机制下注册的减排项目可选择补充计入期，补充计入期从项目运行之日起（但不早于2005年2月16日）并截止至清洁发展机制计入期开始时间。

225 CCER第三方审定与核证机构有哪些？

截至2017年，经国家通过的具有CCER第三方审定与核证资质的企业总共有12家，见图（4–3）。

第一批	第二批	第三批	第四批	第五批	第六批
中国质量认证中心 广州赛宝认证中心服务有限公司	中环联合（北京）认证中心有限公司	环境保护部环境保护对外合作中心 中国船级社质量认证公司 北京中创碳投科技有限公司	中国林业科学研究院林业科技信息研究所 深圳华测国际认证有限公司 中国农业科学院	中国建材检验认证集团股份公司	江苏省星霖碳业股份有限公司 中国铝业郑州有色金属研究院有限公司
2013 年 6 月	2013 年 9 月	2014 年 6 月	2014 年 8 月	2016 年 3 月	2017 年 3 月

图 4–3　第三方审核机构备案情况表

第十一章 碳金融

226 什么是碳金融？

碳金融是指由《京都议定书》而兴起的低碳经济投融资活动，或称碳融资和碳物质的买卖，即服务于限制温室气体排放等技术和项目的直接投融资、碳权交易和银行贷款等金融活动。碳金融运用金融资本去驱动环境权益的改良，以法律法规作支撑，利用金融手段和方式在市场化的平台上使得相关碳金融产品及其衍生品得以交易或者流通，最终实现低碳发展、绿色发展、可持续发展的目的。

一般而言，碳金融泛指所有服务于限制温室气体排放的金融活动，包括直接投融资、碳指标交易和银行贷款等。“碳金融”的兴起源于国际气候政策的变化，准确地说是涉及两个具有重大意义的国际公约——《联合国气候变化框架公约》和《京都议定书》。

碳金融交易工具主要表现为两大类：一是基础产品，即碳排放权，属于原生碳产品，包括碳排放配额和核证减排量。二是衍生碳产品。主要有碳远期、碳期货、碳期权和碳掉期等。同时，碳排放配额和核证减排量在其他投融资工具、理财工具领域也有了新的应用，例如碳配额质押/抵押、碳债券、碳基金、碳信托、碳保险以及减排信用的货币化/证券化等。碳金融衍生产品的价值取决于相关的碳金融原生产品的价格，其主要功能不在于调剂资金的余缺和直接促进储蓄向投资的转化，而是管理与原生碳金融工具相关的风险暴露。

在推动实现双碳目标过程中，碳金融可以发挥以下作用：（1）有效发挥市场机制，推动碳资源优化配置，实现低成本完成碳减排；（2）有助于将技术和资金导向低碳发展领域，加快推动产业结构的转型升级；（3）促进技术进步、产业升级，科学实现碳达峰、碳中和目标。

227 碳金融产品主要有哪些？

根据证监会发布的行业标准——《碳金融产品》（JR/T 0244-2022），碳金融产品是指建立在碳排放权交易的基础上，服务于减少温室气体排放或者增加碳汇能力的商业活动，以碳配额和碳信用等碳排放权益为媒介或标的的资金融通活动载体。碳金融产品分为碳市场融资工具、碳市场交易工具和碳市场支持工具等三类。

碳市场融资工具是指以碳资产为标的进行各类资金融通的碳金融产品，包括但不限于碳债券、碳资产抵质押融资、碳资产回购、碳资产托管等。碳债券是发行人为筹集低碳项目资金向投资者发行并承诺按时还本付息，同时将低碳项目产生的碳信用收入与债券利率水平挂钩的有价证券。碳资产抵质押融资是碳资产的持有者（即借方）将其拥有的碳资产作为质物/抵押物，向资金提供方（即贷方）进行抵质押以获得贷款，到期再通过还本付息解押的融资合约。碳资产回购是碳资产的持有者（即借方）向资金提供机构（即贷方）出售碳资产，并约定在一定期限后按照约定价格购回所售碳资产以获得短期资金融通的合约。碳资产托管是碳资产管理机构（托管人）与碳资产持有主体（委托人）约定相应碳资产委托管理、收益分成等权利义务的合约。

碳市场交易工具，即碳金融衍生品，是指在碳排放权交易基础上，以碳配额和碳信用为标的的金融合约，包括但不限于碳远期、碳期货、碳期权、碳掉期、碳借贷等。碳远期是交易双方约定未来某一时刻以确定的价格买入或者卖出相应的以碳配额或碳信用为标的的远期合约。碳期货是期货交易场所统一制定的、规定在将来某一特定的时间和地点交割一定数量的碳配额或碳信用的标准化合约。碳期权是期货交易场所统一制定的、规定买方有权在将来某一时间以特定价格买入或者卖出碳配额或碳信用（包括碳期货合约）的标准化合约。碳掉期也称为碳互换（包括期限互换和品种互换），是指交易双方以碳资产为标的，在未来的一定时期内交换现金流或现金流与碳资产的合约。碳借贷是指交易双方达成一致协议，其中一方（贷方）同意向另一方（借方）借出碳资产，借方可以担保品附加借贷费作为交换。碳借贷时碳资产的所有权不发生转移。目前常见的有碳配额借贷，也称借碳。

碳市场支持工具，是指为碳资产的开发管理和市场交易等活动提供量化服务、风险管理及产品开发的金融产品，包括但不限于碳指数、碳保险、碳基金等。碳指数是指反映整体碳市场或某类碳资产的价格变动及走势而编制的统计数据。碳指数既是碳市场重要的观察指标，也是开发指数型碳排放权交易产品的基础，基于碳指数开发的碳基金产品列入碳指数范畴。碳保险是指为降低碳资产开发或交易过程中的违约风险而开发的保险产品。目前主要包括碳交付保险、碳信用价格保险、碳资产融资担保等。碳基金是指依法可投资碳资产的各类资产管理产品。

228 碳金融产品有哪些功能与作用?

碳金融产品自产生以来，之所以不断发展壮大并成为现代市场体系中不可或缺的重要组成部分，是因为碳金融产品市场具有难以替代的功能和作用。

（1）价格发现

碳金融产品普遍具有价格发现功能。价格发现是指在一个公开、公正、竞争的市场中，通过完成交易形成远期或期货价格，它具有真实性、预期性、连续性和权威性的特点，能够比较真实地反映出供求情况及其价格变动趋势。

国际碳远期和碳期货市场集中了大量的市场供求信息，碳远期或碳期货合约包含的远期成本和远期因素必然会通过合约价格反映出来，即合约价格可以反映出众多的买方和卖方对于未来价格的预期。其中，期货合约的买卖转手相当频繁，所以，期货价格能比较连续地反映价格变化趋势，对生产经营者有较强的指导作用。

（2）风险管理

风险管理在金融衍生产品交易市场中起着最为重要和核心的作用。因为衍生品的价格与现货市场价格相关，它们通常被用来降低或者规避持有现货的风险。通过金融衍生品交易，市场上的交易风险还可以重新分配。所有的市场参与者都可以把风险控制在自身可以接受的范围内，让低风险承受者把风险更多地转向愿意并且有能力承受高风险的专业风险管理者成为可能。

以碳期货为例，一般情况下，碳现货市场和期货市场由于受到相同的经济因素的影响和制约，价格变动趋势相同，并且随着期货合约临近交割，现货价格和期货价格保持一致。套期保值就是利用两个市场的这种关系，在期货市场上采取与现货市场上交易数量相同但交易方向相反的交易，从而在两个市场上建立一种相互冲抵的机制。最终亏损额和盈利额大致相等、两相冲抵，从而将价格变动的大部分风险转移出去。

（3）资产配置

期货作为资产配置工具，不同品种有各自的优势。首先，期货能够以套期保值的方式为现货资产对冲风险，从而起到稳定收益、降低风险的作用。

其次，期货是良好的保值工具，持有期货合约能够在一定程度上抵销通货膨胀的影响。最后，将期货纳入投资组合能够实现更好的风险–收益组合，能够借助金融工程的方法与其他资产创造出更为灵活的投资组合，从而满足不同风险偏好的投资者的需求。碳期货作为期货品种之一，也具备类似功能和作用。

（4）可盘活碳资产

此功能为碳金融衍生品所特有。碳现货创新衍生产品是以碳资产为标的衍生出的创新型的碳金融产品，它既是为碳排放权交易体系管控单位提供新型融资方式的金融工具，同时也可盘活市场碳资产，加大碳资产在碳排放权交易市场中的流通率和流转率，一定程度的流动性将保证市场的活跃度和交易量，从而可以更好地形成市场价格，让企业更好地发现有效的减排成本，从事节能减排活动。

229 碳资产抵质押融资包括哪些流程？

根据证监会发布的《碳金融产品》（JR/T 0244–2022），实施碳资产抵质押融资包括以下9项流程：

（1）碳资产抵质押贷款申请。借款人向符合相关规定要求的金融机构提出书面的碳资产抵质押融资贷款申请。办理碳资产抵质押贷款的借款人及其碳资产应符合金融机构、抵质押登记机构以及行业主管部门设立的准入规定。

（2）贷款项目评估筛选。贷款人对借款人进行前期核查、评估、筛选。

（3）尽职调查。贷款人应根据其内部管理规范和程序，对碳资产抵质押融资贷款借款人开展尽职调查。借款人通过碳资产抵质押融资所获资金原则上用于企业减排项目建设运维、技术改造升级、购买更新环保设施等节能减排改造活动，不应购买股票、期货等有价证券和从事股本权益性投资。

（4）贷款审批。贷款人应根据其内部管理规范和程序，对进行尽职调查人员提供的资料进行核实、评定，复测贷款风险度，提出意见，并按规定权限报批后做出对碳资产抵质押融资贷款项目的审批决定。贷款额度根据贷款企业实际情况确定。

（5）签订贷款合同。通过贷款审批后，借贷双方签订碳资产抵质押贷款合同。

（6）抵质押登记。贷款合同签订后，借款人应在登记机构办理碳资产抵质押登记手续，审核通过后，向行业主管部门进行备案。

（7）贷款发放。贷款发放时，贷款人需按借款合同规定如期发放贷款，借款人则需确保资金实际用途与合同约定用途一致。

（8）贷后管理。贷款发放后，贷款人应对借款人执行合同情况及借款人经营情况持续开展评估、监测和统计分析，跟踪借款人资金使用情况及还款情况。

（9）贷款归还及抵质押物解押。借款人在完全清偿贷款合同的债务后，和贷款人共同向登记机构提出解除碳资产抵质押登记申请，办理解押手续。借款人未能清偿贷款合同的债务，贷款人可按照有关规定或约定的方式对抵质押物进行处置，所获资金按相关合同规定用于偿还贷款人全部本息及相关费用，处置资金仍有剩余的，应退还借款人；如不足偿还的，贷款人可采取协商、诉讼、仲裁等措施要求借款人继续承担偿还责任。

230 碳资产回购包括哪些流程？

根据证监会发布的《碳金融产品》（JR/T 0244–2022），实施碳资产回购包括以下4项流程：

（1）协议签订。参与碳资产回购交易的参与人应符合交易所设定的条件。回购交易参与人通过签订具有法律效力的书面协议、互联网协议或符合国家监管机构规定的其他方式进行申报和回购交易。回购交易参与人进行配额回购交易应遵守交易所关于碳配额或碳信用持有量的有关规定。

（2）协议备案。回购交易参与人将已签订的回购协议提交至交易所进行备案。

（3）交易结算。回购交易参与人提交回购交易申报信息后，由交易所完成碳配额或碳信用划转和资金结算。

（4）回购。回购交易日，正回购方以约定价格从逆回购方购回总量相等的碳配额或碳信用。回购日价格的浮动范围应按照交易所规定执行。

231 碳资产托管包括哪些流程?

根据证监会发布的《碳金融产品》（JR/T 0244–2022），实施碳资产托管包括以下8项流程：

（1）申请托管资格

开展碳资产托管业务的托管方是以自身名义对委托方所托管的碳资产进行集中管理和交易的企业法人或者其他经济组织，需向符合相关规定要求的交易所申请备案，由交易所认证资质。

（2）开设托管账户。托管方应在交易所开设专用的托管账户，并独立于已有的自营账户。

（3）签订托管协议及备案。委托方应签署由交易所提供的风险揭示书，以及与托管方协商签订托管协议，并提交至交易所备案。

（4）缴纳保证金。托管协议经交易所备案后，托管方应按照交易所规定，在规定交易日内向交易所缴纳初始业务保证金。

（5）开展托管交易。委托方通过交易系统将托管配额或碳信用转入托管方的托管账户。委托方不应要求托管方托管委托方的资金。托管期限内，交易所冻结托管账户的资金和碳资产转出功能。

（6）解冻托管账户。托管业务到期后，由托管方和委托方共同向交易所申请解冻托管账户的资金和碳资产转出功能。需提前解冻的，由托管方和委托方共同向交易所提出申请，交易所审核通过后执行解冻操作。

经交易所审核后，托管方按照协议约定通过交易系统将托管配额或碳信用和资金转入相应账户。

（7）托管资产分配。托管账户解冻后，交易所根据交易双方约定对账户所有资产进行分配。

（8）托管账户处置。账户资产分配结束后，交易所对托管账户予以冻结或注销。

232 碳远期包括哪些流程？

根据证监会发布的《碳金融产品》（JR/T 0244–2022），碳远期实施包括以下5项流程：

（1）开立交易和结算账户。碳远期交易参与人应具有自营、托管或公益业务资质，并在符合相关规定要求的交易所及交易所或清算机构指定结算银行开立交易账户和资金结算账户。

（2）签订交易协议。碳远期交易双方通过签订具有法律效力的书面协议、互联网协议或符合国家监管机构规定的其他方式进行指令委托下单交易。

（3）协议备案和数据提交。交易双方提交签订的远期合约至交易所进行备案或将交易双方达成的远期交易成交数据提交至清算机构。

（4）到期日交割。碳远期合约交割日前，交易所或清算机构应在指定交易日内通过书面、互联网或符合国家监管机构规定的其他方式向交易参与人发出清算交割提示，明确需清算的交易资金和需交割的标的。交割日结束后，交易所或清算机构当日对远期交易参与人的盈亏、保证金、手续费等款项进行结算。

（5）申请延迟或取消交割。申请延迟交割或取消交割，碳远期交易参与人应按交易所规定，在交割日前向交易所提出申请，经批准后可延迟交割或取消交割。

233 碳借贷包括哪些流程？

根据证监会发布的《碳金融产品》（JR/T 0244–2022），碳借贷实施包括以下6项流程：

（1）签订碳资产借贷合同。碳借贷双方应为纳入碳配额管理的企业或符合相关规定要求的机构和个人。机构和个人参与碳借贷业务需符合交易所规定的条件。碳借贷双方自行磋商并签订由交易所提供标准格式的碳资产借贷合同。

（2）合同备案。碳借贷双方按交易所规定提交碳资产借贷交易申请材料，并提交至交易所进行备案。

（3）设立专用科目。碳借贷双方在注册登记系统和交易系统中设立碳借贷专用碳资产科目和碳借贷专用资金科目。

（4）保证金缴纳及碳资产划转。碳资产借入方在交易所规定工作日内按相关规定向其碳借贷专用资金科目内存入一定比例的初始保证金，碳资产借出方在交易所规定工作日内将应借出的碳资产从注册登记系统管理科目划入借出方碳借贷专用碳资产科目。所借碳资产为全国碳排放权注册登记系统中登记的碳排放权。碳资产借入方缴纳保证金，碳资产借出方划入应借出配额后，交易所向注册登记系统出具碳资产划转通知。

（5）到期日交易申请。碳借贷期限到期日前（包括到期日），交易双方共同向交易所提交申请，交易所在收到申请后按双方约定的日期暂停碳资产借入方碳借贷专用科目内的碳资产交易，并向注册登记系统出具碳资产划转通知。

（6）返还碳资产和约定收益。交易双方约定的碳借贷期限届满后，由碳资产借入方向碳资产借出方返还碳资产并支付约定收益。

234 碳保险包括哪些流程?

根据证监会发布的《碳金融产品》（JR/T0244–2022），碳保险实施包括以下5项流程：

（1）提出参保申请。碳保险业务参与人应为纳入碳配额管理的企业或拥有碳配额的企业或者其他经济组织。碳保险业务参与人向符合相关规定要求的保险公司提出参保申请。

（2）项目审查、核保以及碳资产评估。保险公司进行项目审查、核保，具备资质的独立的第三方评估机构对碳资产进行评估。碳资产评估价值通常根据第三方评估机构等的评估结果进行综合评定，保险公司可依实际情况设定保险期限和保险额度。

（3）签订保险合同。碳保险业务参与人与保险公司签订碳保险合同。

（4）缴纳保险费。碳保险业务参与人向承保的保险公司支付保险费。

（5）保险承保。在保险期内，碳保险业务参与人的参保项目发生风险，由保险公司核实后，对保险受益人进行赔付。保险期结束后，碳保险业务参与人未发生损失触发保险赔偿条款的，保险自动失效。

235 人民银行碳减排支持工具包括哪些项目?

碳减排支持工具是人民银行为支持碳达峰、碳中和而创设的货币政策工具。人民银行通过碳减排支持工具向符合条件的金融机构提供低成本资金，支持金融机构为碳减排重点领域内具有显著碳减排效应的项目提供优惠利率贷款（以下简称碳减排贷款）。人民银行牵头成立绿色金融行动委员会，统筹协调金融支持绿色低碳发展有关事宜。碳减排支持工具实施期暂定为2021年和2022年。

为确保碳减排支持工具精准支持具有显著碳减排效应的领域，中国人民银行会同相关部门，按照国内多种标准交集、与国际标准接轨的原则，以减少碳排放为导向，重点支持清洁能源、节能环保和碳减排技术三个碳减排领域。初期的碳减排重点领域范围突出“小而精”，重点支持正处于发展起步阶段，但促进碳减排的空间较大，给予一定的金融支持可以带来显著碳减排效应的行业。

具体而言，清洁能源领域主要包括风力发电、太阳能利用、生物质能源利用、抽水蓄能、氢能利用、地热能利用、海洋能利用、热泵、高效储能（包括电化学储能）、智能电网、大型风电光伏源网荷储一体化项目、户用分布式光伏整县推进、跨地区清洁电力输送系统、应急备用和调峰电源等；节能环保领域主要包括工业领域能效提升、新型电力系统改造等；碳减排技术领域主要包括碳捕集、封存与利用等。后续支持范围可根据行业发展或政策需要进行调整。

236 应对气候变化投融资支持哪些重点领域?

根据生态环境部、国家发展和改革委员会、中国人民银行、中国银行保险监督管理委员会和中国证券监督管理委员会印发的《关于促进应对气候变化投融资的指导意见》（环气候〔2020〕57号），气候投融资是指为实现国家自主贡献目标和低碳发展目标，引导和促进更多的资金投向应对气候变化领域的投资和融资活动，是绿色金融的重要组成部分。支持范围包括两个方面。

一是减缓气候变化。包括调整产业结构，积极发展战略性新兴产业；优化能源结构，大力发展非化石能源；开展碳捕集、利用与封存试点示范；控制工业、农业、废弃物处理等非能源活动温室气体排放；增加森林、草原及其他碳汇等。

二是适应气候变化。包括提高农业、水资源、林业和生态系统、海洋、气象、防灾减灾救灾等重点领域适应能力；加强适应基础能力建设，加快基础设施建设、提高科技能力等。

237 金融机构如何申请获得碳减排支持工具？

碳减排支持工具是“做加法”，用增量资金支持清洁能源等重点领域的投资和建设，从而增加能源总体供给能力，金融机构应按市场化、法治化原则提供融资支持，助力国家能源安全保供和绿色低碳转型。

根据《中国人民银行关于设立碳减排支持工具有关事宜的通知》（银发〔2021〕278号）要求，碳减排支持工具向金融机构提供资金采取“先贷后借”的直达机制。金融机构在自主决策、自担风险的前提下，向碳减排重点领域内的各类企业一视同仁提供碳减排贷款，贷款利率应与同期限档次贷款市场报价利率（LPR）大致持平。

金融机构向重点领域发放碳减排贷款后，可向人民银行申请资金支持。人民银行按贷款本金的60%向金融机构提供资金支持，利率为1.75%，期限1

年，可展期2次。金融机构需向人民银行提供合格质押品。

238 企业如何在“双碳”目标下提高竞争力？

只有积极承担社会责任的企业才是最有竞争力和生命力的企业。当前，越来越多的企业将绿色低碳发展的理念纳入社会责任中，树立绿色低碳理念，研发绿色低碳技术，履行节能减排责任，创造企业社会效益。未来全球绿色低碳大趋势下，对企业的战略定位、创新能力、适应能力、转型能力、整合能力提出了更高的要求。

未来全球绿色低碳大趋势下，对企业责任的要求也越来越高，企业需要做好以下工作：

（1）将绿色低碳纳入企业战略。把握“清洁、高效、低碳、循环”几个关键词，握先机开新局。全球碳中和大势下要求社会经济的系统性变革，产业转型、能源革命向纵深发展，不仅传统能源企业面临转型压力，各行各业都面临重新洗牌。关注、了解绿色低碳趋势，把握碳减排风口机遇，在洞悉产业变迁趋势基础上进行战略决策。

（2）识变求变应变，实现快速转型。需要关注重要的时间节点，尽快在绿色低碳行业抓住关键知识产权以及核心技术，形成核心竞争力。通过“低碳经营”“低碳创新”，满足碳减排要求，甚至通过碳减排创造更多经济效益，提升企业市场地位，增强产业链各个环节的资源整合能力。

（3）内部建立完善的碳管理体系。未来碳排放绩效将成为影响企业成本以及市场竞争力的核心要素。企业内部需要建立完善的碳管理体系，将碳指标纳入企业的生产经营的各个评价环节，合理设定减排目标，制定减排实施方案。在此基础上，积极参与碳排放交易市场及其他资源环境权益市场。无论企业目前是否为碳交易市场的控排企业，都可以关注并在合适的时机参与碳交易、绿证交易、用能权交易等环境资源市场，优化配置碳资产，从而有效降低成本，拓展企业的市场机会。

（4）加强绿色供应链管理。企业需要提升绿色供应链管理意识，需要充分意识到开展绿色供应链的相关工作具有非常可观的综合效益，绿色供应链管理对提升企业品牌形象以及维护供应链安全均具有重要意义。

（5）加强ESG（环境、社会和公司治理）管理。ESG投资已经成为全球趋势，企业需建立有效的ESG管理体系，完善ESG数据，定期披露包括碳排放在内的ESG信息，并加强与金融机构及其他投资者以及社会公众的沟通，为企业持续经营创造更和谐的外部环境。

第十二章 碳循环

239 什么是碳循环?

碳循环，是指碳元素在地球上的生物圈、岩石圈、水圈及大气圈中交换，并随地球的运动循环不止的现象。生物圈中的碳循环主要表现在绿色植物从大气中吸收二氧化碳，在水的参与下经光合作用转化为葡萄糖并释放出氧气，有机体再利用葡萄糖合成其他有机化合物。有机化合物经食物链传递，又成为动物和细菌等其他生物体的一部分。生物体内的碳水化合物一部分作为有机体代谢的能源经呼吸作用被氧化为二氧化碳和水，并释放出其中储存的能量。

大气中的二氧化碳大约20年可完全更新一次。自然界中绝大多数的碳储存于地壳岩石中，岩石中的碳因自然和人为的各种化学作用分解后进入大气和海洋，同时死亡生物体以及其他各种含碳物质又不停地以沉积物的形式返回地壳中，由此构成了全球碳循环的一部分。碳的地球生物化学循环控制了碳在地表或近地表的沉积物和大气、生物圈及海洋之间的迁移。

碳循环是无机环境和有机生物之间的物质循环锁链，保持了大气中的二氧化碳平衡，促进了生态系统的物质循环和能量流动。

240 什么是碳源/碳汇？

碳源与碳汇是两个相对的概念，即碳源是指自然界中向大气释放碳的母体，碳汇是指自然界中碳的寄存体。减少碳源一般通过二氧化碳减排来实现，增加碳汇则主要采用固碳技术。

在温室气体排放中，碳源是指向大气中释放碳的过程、活动或机制。碳源是自然界和人类社会向地球大气环境排放碳的本源，可以产生于自然界中的海洋、土壤、岩石与生物体内，也会产生在工业生产、人类生活等过程中。减少碳源的必要手段是控制二氧化碳等温室气体的排放量。碳源主要分为能源及转换工业、工业过程、农业、土地使用的变化和林业、废弃物、溶剂使用及其他共有七个部分。

碳汇一般是指从空气中清除二氧化碳的过程、活动和机制。碳汇是自然界中碳的寄存载体，主要通过植树造林、森林管理、植被恢复等措施，利用植物光合作用吸收大气中的二氧化碳，并将其固定在植被和土壤中，从而减少大气中温室气体的浓度。生态碳汇主要包括森林碳汇和草地碳汇以及耕地碳汇、土壤碳汇、湿地碳汇、海洋碳汇等。此外，也可以通过人工技术增加碳汇，主要途径有采用固碳技术实现碳封存，包括物理固碳、化学固碳、生物固碳等技术。

241 碳源排放量如何测算？

自然界中碳源主要是海洋、土壤、岩石与生物体，另外工业生产、生活等都会产生二氧化碳等温室气体，也是主要的碳排放源。这些碳中的一部分累积在大气圈中，引起温室气体浓度升高，打破了大气圈原有的热平衡，影响了全球气候变化。

碳源的分类，以IECD和IEA共同于1991年初提交的《温室气体清单编制方法的报告》为基础，经IPCC等组织合作，历时5年的修改和完善，最终对碳源做了较为详尽的分类：主要将其分为能源及转换工业、工业过程、农业、土地使用的变化和林业、废弃物、溶剂使用及其他共有七个部分。但因IPCC的研究是在发达国家的背景下产生的，因此对发展中国家的化石燃料和工业发展所涉及的排放状况没有足够的估计。以我国为例，在能源活动中，除化石燃烧的燃烧外，我国农村很大程度上还是以传统的生物质为燃料。因此，在2001年10月国家计委气候变化对策协调小组办公室起动的“中国准备初始国家信息通报的能力建设”项目中，正式将温室气体的排放源分类为能源活动、工业生产过程、农业活动、土地利用变化和林业、废弃物处理5个部分。

目前碳源排放量测算主要采用三种方法：实测法、物料衡算法和排放系数法。这三种方法各有所长，互为补充。除这三种方法外，还包括模型法、生命周期法和决策树法。对于不同的碳源，所采用的方法也不尽相同。

（1）实测法

实测法主要通过监测手段或国家有关部门认定的连续计量设施，测量排放气体的流速、流量和浓度，用环保部门认可的测量数据来计算气体的排放总量的统计计算方法。实测法的基础数据主要来源于环境监测站。监测数据是通过科学、合理地采集和分析样品而获得的。样品是对监测的环境要素的总体而言，如采集的样品缺乏代表性，尽管测试分析很准确，不具备代表性的数据也是毫无意义的。

（2）物料衡算法

物料衡算法是对生产过程中使用的物料情况进行定量分析的一种方法。始于质量守恒定律，即生产过程中，投入某系统或设备的物料质量必须等于该系统产出物质的质量。该法是把工业排放源的排放量、生产工艺和管理、资源（原材料、水源、能源）的综合利用及环境治理结合起来，系统地、全面地研究生产过程中排放物的产生、排放的一种科学有效的计算方法。适用于整个生产过程的总物料衡算，也适用于生产过程中某一局部生产过程的物料衡算。目前大部分的碳源排碳量的估算工作和基础数据的获得都是以此方法为基础的。在具体应用中，主要有表观能源消费量估算法和详细的燃料分类为基础的排放量估算法。

（3）排放系数法

排放系数法是指在正常技术经济和管理条件下，生产单位产品所排放的气体数量的统计平均值，排放系数也称为排放因子。目前的排放系数分为没有气体回收和有气体回收或治理情况下的排放系数。但在不同技术水平、生产状况、能源使用情况、工艺过程等因素的影响下的排碳系数存在很大差异。因此，使用系数法存在的不确定性也较大。此法对于统计数据不够详尽的情况有较好的适用性，对我国一些小规模甚至是非法的企业估算其排碳量也有较高的效率。

（4）模型法

由于森林与土壤这类生态系统复杂，碳通量受季节、地域、气候、人类与各种生物活动、社会发展等诸多因素的影响，而各因素之间又是相互作用的，因此，对于森林与土壤的排碳量，国际上比较多用生物地球化学模型进行模拟。它通过考察环境条件，包括温室、降水、太阳辐射和土壤结构等条件为输入变量来模拟森林、土壤生态系统的碳循环过程，从而计算森林—土壤—大气之间的碳循环以及温室气体通量。代表模型有：F7气候变化和热带森林研究网络、COMAP模型、CO_2FIX模型、BIOME-BGC模型、CENTURY模型、TEM模型和我国自己开发的F-CARBON模型。基于碳循环模型的模拟方法要求准确获得森林、土壤的呼吸、各种生物量在不同条件下的值和其生态学过程的特征参数，但以上数值目前还处于研究之中。因此，其局限性很大，不仅一些生态学过程特征难以把握，而且模型参数的时间和空间代表性也值得怀疑。

（5）生命周期法

生命周期分析评价是对产品“从摇篮到坟墓”的过程有关的环境问题进行后续评价的方法。它要求详细研究其生命周期内的能源需求、原材料利用和活动造成的向环境排放废弃物，包括原材料资源化、开采、运输、制造/加工、分配、利用/再利用/维护以及过后的废弃物处理。按照生命周期评价的定义，理论上是每个活动过程都会产生CO_2气体。由于研究时采用的是从活动的资源开发开始，会涉及不同的部门和过程，需要把在这个过程中能源、原材料所历经的所有过程进行追踪，形成一条全能源链，对链中的每个环节的气体排放进行全面综合的定量和定性分析。所以用该法研究每个活动过程排放的温室气体时，是以活动链为分类单位的，与常规的碳源分类方式不太一样。

（6）决策树法

由于目前的许多项目只是零散地计算某一范围或地区的排碳量，随着人们在微观层次上对各个碳排放特征有了较深入的了解后，国内外现在都面临着一个如何将微观层次的研究整合到宏观国家或部门排放的问题上。这在国家级和部门排放量的估算中考虑如何系统地合理利用数据，避免重复计算和漏算尤其重要。IPCC在提供单一点碳源排放估算方法外，还提供了通过使用决策树的方法来确定关键源及如何合理使用数据和避免重复计算的问题。

242 中国人均生活能源消费量有何变化？

能源消费是指生产和生活所消耗的能源。能源消费按人平均的占有量是衡量一个国家经济发展和人民生活水平的重要标志。人均能耗越多，国民生产总值就越大，社会也就越富裕。在发达国家里，能源消费强度变化与工业化进程密切相关。随着经济的增长，工业化阶段初期和中期能源消费一般呈缓慢上升趋势，当经济发展进入后工业化阶段，经济增长方式发生重大改变，能源消费强度开始下降。

从能源消费结构来看，中国是煤炭资源比较丰富的国家，在中华人民共和国建立初期，中国煤炭消费量占一次能源消费总量的90%以上，随着中国石油天然气工业和水电事业的发展，煤炭消费比例有所下降。从整体上看，1983—2019年间中国人均生活能源消费量基本形成以煤、电为基础，其他能源多元发展的能源消费结构。

表 4–3　中国人均生活能源消费量变化表

年份	人均生活能源消耗量（千克标准煤）	煤炭（千克）	电力（千瓦小时）	液化石油气（千克）	天然气（立方米）	煤气（立方米）
1983	107	128	13	0.6	0.1	1.5
1984	113	135	15	0.6	0.4	1.6
1985	127	149	21	0.9	0.4	1.3
1986	127	148	23	1.1	0.6	1.3
1987	132	152	26	1.1	0.7	1.6
1988	141	159	31	1.2	1.4	1.6
1989	139	152	35	1.4	1.5	2.4
1990	139	147	42	1.4	1.6	2.5
1991	139	143	47	1.8	1.6	3.2
1992	134	127	55	2.1	1.8	4.4
1993	133	123	63	2.5	1.5	4.6
1994	129	109	73	3.2	1.7	6.3
1995	131	112	83	4.4	1.6	4.7
1996	121	83	88	5.9	1.7	6.4
1997	119	77	99	6.2	1.7	8.9

续表

年份	人均生活能源消耗量（千克标准煤）	煤炭（千克）	电力（千瓦小时）	液化石油气（千克）	天然气（立方米）	煤气（立方米）
1998	119	73	104	6.9	1.9	9.7
1999	122	70	109	6.8	2.1	9.3
2000	132	67	115	6.8	2.6	10.0
2001	136	66	127	6.7	3.3	9.4
2002	146	66	138	7.6	3.6	9.8
2003	166	70	160	8.6	4.0	10.1
2004	191	75	184	10.4	5.2	10.7
2005	211	77	221	10.2	6.1	11.1
2006	230	77	256	11.5	7.8	12.7
2007	250	74	308	12.4	10.9	14.1
2008	254	69	332	11.0	12.8	13.9
2009	264	69	366	11.2	13.3	12.5
2010	273	68	383	11.5	17.0	12.5
2011	294	68	418	11.9	19.7	10.9
2012	312	68	459	12.1	21.3	10.1
2013	334	68	513	13.5	23.7	7.9
2014	344	68	523	15.8	25.0	7.1
2015	366	70	548	18.5	26.1	5.8
2016	392	68	607	21.3	27.4	4.5
2017	412	66	650	23.1	30.1	3.7
2018	431	55	717	22.4	33.4	3.4
2019	438	47	756	20.3	35.7	3.3

243 碳排放水平评价代表性指标有哪些？

气候变化国家责任的概念是一个有争议的问题，包括当今人口和前几代人口的不平等规模、财富和碳强度的不同，这些问题在国家内部和国家之间都适用。同时，由于历史、地理和政治的因素，各国对自身历史责任的认识大相径庭。解决这一问题的一种方法是根据各国的人口总量，将各国对累积二氧化碳排放量的贡献标准化。

英国能源研究机构Carbon Brief 根据各国的人口总量，将各国累积二氧化碳排放量的贡献标准化，公布了两种累积人均碳排放量的算法，计算结果揭示了发达国家与发展中国家在历史责任方面的差异。第一种方法是将一个国家每年的累积排放量除以该国当时的人口数量，隐含地将过去的责任分配给今天活着的人。第二种方法是将一个国家每年的人均排放量加起来，得出累积至今的结果，这使得过去和现在的人口人均排放量具有同等的重要性。

表4–4列出了两种算法下排名前20的国家。无论哪种方法，累积排放总量前十名的几个国家，如中国、印度、巴西和印度尼西亚都没有出现。虽然这些国家对全球累积排放量作出了巨大贡献，但它们的人口也很多，人均影响要小得多。事实上，这4个国家占世界人口的42%，但仅占1850—2021年累计排放量的23%。

相比之下，前十名中的其余国家，即美国、俄罗斯、德国、英国、日本和加拿大，占世界人口的10%，但占累计排放量的39%。这反映在表中当前人口的权重中，加拿大排名第一，其次是美国、爱沙尼亚、澳大利亚、特立尼达和多巴哥以及俄罗斯。

人均排放量高的小国对全球变暖相对不重要。因此，在计算人均累计排放量没有包括目前人口低于100万的国家（例如排除了卢森堡、圭亚那、伯利兹和文莱等国。）

无论哪种方法，以美国为代表的发达国家人均历史累积CO_2排放量均位居前列，美国、俄罗斯、德国、英国、日本和加拿大，占世界人口的10%，但占累计排放量的39%。而中国、印度、巴西和印度尼西亚等碳排放大国均未列入累积人均碳排放量的前20位，这4个国家占世界人口的42%，但仅占1850—2021年累计排放量的23%。累积人均碳排放反映出了排放空间分配的不公平性，发展中国家相对发达国家工业化时间晚、程度低，在有限的排放空间中分到的资源更少，但发展中国家往往人口众多，这使发展中国家的公民无法拥有公平的排放权利。因而按照《联合国气候变化框架公约》的原则率先大幅度减排是发达国家为纠正目前排放空间不公平分配而应当采取的行动。

表 4–4　主要国家 1850—2021 年累积人均碳排放情况（单位：tCO_2）

排名	国家	算法 1- 累积人均碳排放量	排名	国家	算法 2- 累积人均碳排放量
1	加拿大	1751	1	新西兰	5764
2	美国	1547	2	加拿大	4772
3	爱沙尼亚	1394	3	澳大利亚	4013
4	澳大利亚	1388	4	美国	3820
5	特立尼达和多巴哥	1187	5	阿根廷	3382
6	俄罗斯	1181	6	卡塔尔	3340
7	哈萨克斯坦	1121	7	加蓬	2764
8	英国	1100	8	马来西亚	2342
9	德国	1059	9	刚果共和国	2276
10	比利时	1053	10	尼加拉瓜	2187
11	芬兰	1052	11	巴拉圭	2111
12	捷克	1016	12	哈萨克斯坦	2067
13	新西兰	962	13	赞比亚	1966
14	白俄罗斯	961	14	巴拿马	1948
15	乌克兰	922	15	科特迪瓦	1943
16	立陶宛	899	16	哥斯达黎加	1932
17	卡塔尔	792	17	玻利维亚	1881
18	丹麦	781	18	科威特	1855
19	瑞典	776	19	特立尼达和多巴哥	1842
20	巴拉圭	732	20	阿拉伯联合酋长国	1834

注：算法 1：按 2021 年人口规模加权的 1850—2021 年累积排放量；算法 2：按历年人口规模加权的 1850—2021 年累积排放量。

244 人均碳排放水平主要受哪些因素影响?

碳排放具体涉及国家碳排放总量、国家累积碳排放量、人均碳排放量、人均历史累积碳排放量等概念，一个国家的人均碳排放水平主要受到以下社会经济驱动因子的影响。

一是经济发展阶段。主要体现在产业结构、人均收入和城市化水平等方面。产业结构变动对能源消费和碳排放有重要影响，人均收入增加将会提高一国居民对环境产品的支付能力和意愿。发达国家处于后工业化时代，城市化已经完成，碳排放主要由消费型社会驱动，而发展中国家主要是生产投资和基础建设带动的碳排放。

二是能源资源禀赋。在碳排放主要来源中，煤炭、石油、天然气等化石能源的使用是主要排放源，绿色植物的碳源和碳汇是平衡的，而太阳能、风能、水能等可再生能源以及核能属于零碳能源。一个国家和地区的能源资源禀赋会显著影响碳排放量，丰富的低碳资源对于降低碳排放具有重要意义，提升清洁能源比重，有助于降低碳排放强度。

三是技术因素。技术进步可以通过改进提升能源利用效率、管理效率以及碳捕集与封存等技术水平，进而能够减缓甚至降低二氧化碳的排放。

四是消费模式。能源消耗及其排放在根本上受到全社会消费活动的驱动，发展水平、自然条件、生活方式等方面的差异导致不同国家居民能源消耗和碳排放的巨大差异，消费模式和行为习惯对于碳排放影响显著，如美国人均碳排放水平是欧盟国家的2倍以上。

此外，人口变化和环境政策以及国际环境也会对碳排放产生重要影响。

245 主要行业单位产品产生多少二氧化碳?

2020年我国碳排放总量113亿吨，其中能源领域碳排放量为99亿吨，占比88%。能源领域排放主要是煤、石油、天然气等化石能源的燃烧，石化、化工、建材、钢铁、有色、造纸、电力、航空等纳入碳排放权交易市场的八大行业是耗能主力。2020年全国火电发电量为53300亿度，碳排放实际统计数据为51.2亿吨，占当年我国能源领域CO_2总排放量比重的51.72%；中国钢铁行业综合能耗5.8亿吨标准煤，折合二氧化碳排放量15.6亿吨，占当年我国能源领域CO_2总排放量比重的15.76%，八大重点行业的碳排放总量合计约占全国能源领域碳排放总量的80%。焦炭、水泥、玻璃等也是我国碳排放的重点工业行业。主要工业产品的单位碳排放数据如表（4–5）所示。

表 4–5 主要行业单位产品碳排放一览表

行业	单位产品	生产工艺	二氧化碳排放量
火电	1 度电	—	0.581kg（注：全国电网平均）
钢铁	1 吨钢	全流程炼钢	2010kg
		短流程炼钢	444kg
		直接还原铁（DRI）电弧炉炼钢	1040kg
焦化	1 吨焦炭	—	170kg ～ 200kg
水泥	1 吨水泥	新型干法生产工艺	616.6kg（注：生料煅烧石灰石分解 CO_2 约 376.7kg，熟料生产耗煤排放 CO_2 约 193kg，综合耗电（扣除余热发电）折算碳排放约 46.9kg）
玻璃	1 吨玻璃	—	802kg ～ 975kg（注：化石燃料燃烧排放占比 65.23% ～ 66.67%；过程排放占比 10.20% ～ 10.24%；购入的电力及热力产生的排放占比 23.13% ～ 24.53%）

246 废旧物资循环利用可以减少多少碳排放?

废旧物资是能源的“存储器”，回收利用废旧物资可以同步回收固化在产品材料中的能源和碳，通过再生利用、二手商品交易、再制造等不同层级的利用方式实现多维度降碳。钢铁、有色等高耗能产品的再生利用可以实现物质投入的减碳化，有效减少原材料开采、运输及生产加工过程等价值链上的碳排放。二手商品交易、再制造等利用形式可以延长产品使用寿命，将原材料制作产品过程中的碳排放持续固定在产品中，实现了产品功能和价值的保留。

绝大多数品种材料和产品的循环利用都具有明显的降碳效果。废钢是可多次循环使用的载能资源，以废钢为主要原料的电炉“短流程”炼钢工艺与以天然资源（铁矿石）为原料的高炉+转炉“长流程”工艺相比，缩短了工艺流程。再生铝加工避免了碳排放较高的电解环节。废铜能够被直接利用生产铜材，显著减少铜矿开采，缩短冶炼流程。经研究测算，每吨废钢代替天然铁矿石生产钢可减少二氧化碳排放约1.3～1.6吨；采用废铝代替原生资源生产铝每吨可减少二氧化碳排放约11吨；与利用原生资源生产铜相比，每利用1吨废铜可减少二氧化碳排放约2.5吨；对产品进行再制造可节省70%～98%的新材料使用，可减少碳排放79%～99%；每一单闲置手机的二手交易，可以实现约25公斤的碳减排量。

247 陆地主要植被的碳汇能力如何?

土壤是陆地生态系统中最大的碳库，在降低大气中温室气体浓度、减缓全球气候变暖中，具有十分重要的作用。在全世界陆地生态系统有机碳储量分布中，森林占39%～40%，草地占33%～34%，农田占20%～22%，其他占4%～7%。据IPCC估算，陆地生态系统2.48万亿吨碳储量中有1.15万亿吨贮存在森林生态系统中。截至2022年，我国森林蓄积量超过175亿立方米，森林植被总碳储量达92亿吨，近年来平均每年增加的森林碳储量都在2亿吨以上，折合碳汇7亿～8亿吨。我国草原植被生物量占全国总生物量的10.3%，但草原土壤碳储量占全国土壤总碳储量的36.5%，我国草原总碳储量在300亿～400亿吨，每年固碳量约6亿吨。主要植被碳汇能力如表（4–6）所示：

表 4–6　主要植被碳汇能力对比表

植被类别	碳汇能力（年）
1 公顷阔叶林	18 吨
1 公顷乔木林	15 吨
1 公顷竹林	12 吨
1 公顷芦苇	30 吨
1 公顷红树林	40 吨
1 公顷草地	6.9 吨

248 林草业碳汇是如何实现的？

林草产业横跨一、二、三产业，包括木材及其他原料林培育、林产加工业、经济林、森林草原旅游、林下经济、竹藤花卉苗木、林业生物质能源、木本粮油、饲草种植等产业。作为碳源，木材等林产品在燃烧分解等生化过程中被分解，向环境中释放碳；作为碳汇，林草等绿色植物在光合作用中吸收二氧化碳释放氧气，将碳固化为自身的一部分。就目前我国现状来看，每年的林地面积和森林蓄积量都有所增长，林草业既是碳源也是碳汇，碳汇大于碳源。

林业碳汇是指森林植物吸收大气中的二氧化碳并将其固定在植被或土壤中，从而减少二氧化碳在大气中的浓度。林业碳汇通过市场化手段参与林业资源交易，从而产生额外的经济价值，包括森林经营性碳汇和造林碳汇两个方面。其中，森林经营性碳汇针对的是现有森林，通过森林经营手段促进林木生长，增加碳汇；造林碳汇由政府、部门、企业和林权主体合作开发，政府主要发挥牵头和引导作用，林草部门负责项目开发的组织工作，项目企业承担碳汇计量、核签、上市等工作，林权主体是收益的一方，有需求的温室气体排放企业实施购买碳汇。

森林通过光合作用吸收二氧化碳，相对工业，碳汇成本较低，有“绿色黄金”之称。有关资料表明，森林面积虽然只占陆地总面积的1/3，但森林植被区的碳储量几乎占到了陆地碳库总量的一半。树木通过光合作用吸收了大气中大量的二氧化碳，减缓了温室效应。这就是通常所说的森林的碳汇作用。二氧化碳是林木生长的重要营养物质。它把吸收的二氧化碳在光能作用下转变为糖、氧气和有机物，为生物界提供枝叶、茎根、果实、种子，提供最基本的物质和能量来源。这一转化过程，就形成了森林的固碳效果。森林是二氧化碳的吸收器、贮存库和缓冲器。反之，森林一旦遭到破坏，则变成了二氧化碳的排放源。

IPCC评估报告中指出，林业具有多种效益，兼具减缓和适应气候变化双重功能，是未来30～50年增加碳汇、减少排放成本较低且经济可行的重要措施。据相关资料表明，林木每生长1立方米蓄积量，大约可以吸收1.83吨二氧化碳，释放1.62吨氧气。我国政府曾在联合国气候大会上庄严承诺：大力增加森林碳汇，争取到2020年森林面积比2005年增加4000万公顷，森林蓄积量比2005年增加13亿立方米。

相比传统林业，碳汇林业具备“交易”的潜质，蕴藏着巨大商机。

林业碳汇案例

案例 1：贵州省松桃苗族自治县碳汇造林项目

松桃苗族自治县碳汇造林项目位于贵州省铜仁市松桃苗族自治县境内。该项目2015—2017年在松桃苗族自治县境内按照《碳汇造林项目方法学》陆续开展碳汇造林活动，造林活动所选造林地均为荒山荒地等无林地，造林面积为14210公顷，主要造林树种为杉木、马尾松、刺槐和柏木。该项目预计在30年计入期内产生5812920 t二氧化碳当量的减排量，年均减排量为193 764吨二氧化碳当量。

案例 2：CGCF 农户森林经营碳汇交易项目

为促进集体林权制度改革后的森林经营和林农增收，中国绿色碳汇基金会和浙江农林大学于 2014年开发了《农户森林经营碳汇项目交易体系》。该体系参照国际规则，结合我国国情和林改后农户分散经营森林的特点及现阶段碳汇自愿交易的国内外政策和实践经验，以浙江省杭州临安区农户森林经营为试点，研制建成了包括项目设计、审核、注册、签发、交易、监管等内容的森林经营碳汇交易体系。该体系明确了政府部门的管理角色，科研部门提供技术服务，第三方对项目进行审定核查、注册以确保碳汇减排量的真实存在，最后托管到华东林权交易所进行交易。

首期42户农民的森林经营碳汇项目4285吨减排量由中国建设银行浙江分行购买，用于抵销该行办公大楼全年的碳排放，实现了办公碳中和目标。这是林改后农户首次获得林业碳汇交易的货币收益，虽然交易量不大，但对促进林业生态服务交易提供了有益借鉴。

249 湿地碳汇是如何实现的？

湿地生态系统是湿地植物、栖息于湿地的动物、微生物及其环境组成的统一整体。湿地丰富的水分条件适宜植物生长，大部分湿地都有茂盛的植物。湿地植物能大量吸收空气中的二氧化碳，当这些植物死亡以后，残体会交织在一起，在湿地上形成疏松的草根层，碳元素就以固态形式保存下来。保护和恢复湿地对抑制大气中二氧化碳上升和全球变暖具有重要意义。

根据《湿地公约》（Ramsar Convention）的分类系统，湿地分为三大类：一是海洋/滨海湿地，如海草层、滩涂、珊瑚礁、红树林沼泽等；二是内陆湿地，如湖泊、河流、泥炭地、灌丛沼泽等；三是人工湿地，如水库、水稻田、盐田甚至废水处理场所。其中滨海湿地中储存的碳可以在土壤中保存数千年以上，在减缓气候变化过程中发挥重大作用。尤其是滨海湿地中的盐沼、红树林、海草床、珊瑚礁等自然生态系统，是自然界生物多样性丰富、具有多种独特功能、生产力最高的生态系统之一。

以红树林为例，每公顷红树林植被碳密度约为79.9吨，全球储量约为12亿吨。更重要的是，与陆地生态系统不同，由于潮间带土壤多处于厌氧状态，有机碳分解很少，有利于有机碳在土壤中的积累，进而形成碳汇。因此，红树林土壤可以不断地累积有机碳，土壤碳含量会随之持续增加，而陆地生态系统土壤有机碳达到平衡后就不再进行积累。据估计，红树林土壤有机碳年固定碳速率达1.39吨碳/公顷，全球红树林土壤年固碳1840万吨。由于红树林土壤中存在大量硫酸盐从而降低了甲烷微生物的活性，所以与淡水湿地相比，红树林土壤几乎不产生甲烷。

250 海洋碳汇是如何实现的?

海洋碳汇，又称蓝色碳汇，是将海洋作为一个特定载体吸收大气中的二氧化碳，并将其固化的过程和机制。海洋生物（特别是海岸带的红树林、海草床和盐沼）能够捕获和储存大量的碳，海洋是地球系统中最大的碳库，海洋碳库是大气的50倍，是陆地生态系统的20倍，全球大洋每年从大气吸收CO_2约20亿吨，占全球每年CO_2排放量的1/3左右。

海洋储碳的形式包括无机的、有机的、颗粒的、溶解的碳等各种形态。海洋中95%的有机碳是溶解有机碳（DOC），而其中95%又是生物不能利用的惰性溶解有机碳（RDOC），世界大洋中RDOC的储碳量大约是6500亿吨，储碳周期约5000年，它们与大气CO_2的碳量相当，其数量变动影响到全球气候变化。

251 种植业是碳源还是碳汇?

农业是国民经济中一个重要产业，是指包括种植业、林业、畜牧业、渔业、副业五种产业形式；狭义的农业是指种植业，包括生产粮食作物、经济作物、饲料作物和绿肥等农作物的生产活动。据联合国粮农组织FAO的数据统计，农业用地释放出来的温室气体超过了全球人为温室气体排放总量的30%，但同时农业生态系统也可以抵销掉80%的温室气体排放。所以，农业既是全球温室气体重要的排放源，同时又是一个巨大的碳汇系统。

种植业是农业中的重要组成部分，作为碳汇其表现为：从农作物生长初期，农作物通过光合作用吸收固定CO_2，每亩生长良好的农作物每天约吸收40~60千克的CO_2。作为碳源其表现为：农作物收获时，留下的秸秆无论是通过焚烧、还田或者用作生物燃料，最终还是会将固定的CO_2释放到空气中去，另一方面种植业产生的粮食被动物或者人类消化吸收也最终会产生碳排放，同时当代农业化肥、农药、农业机械等的使用，都会造成额外的碳排放。

252 土地利用及其变化与碳源、碳汇的关系？

土地利用变化对生态系统的物质循环与能量流动产生较大的影响，改变了生态系统的结构、过程和功能，进而显著影响生态系统各部分的碳分配。土地利用变化对陆地生态系统碳循环的影响取决于生态系统的类型和土地利用变化的方式，既可能成为碳源，也可能成为碳汇。

土地利用方式变化与生态系统服务价值具有强相关性。人类不合理的土地利用方式将带来严重的生态环境问题，如土地荒漠化与土地污染、水资源短缺、生物多样性减少等，极大地影响了生态系统的功能。农业开发和城市化等土地利用实践中应考虑其生态环境效应，进行合理规划和布局，调整土地利用方式和结构，实现土地利用效率以及生态系统服务效益的最大化。

土地利用变化对森林生态系统的影响主要表现在毁林、垦荒、工业用材、不适当的管理等方面，这些活动会导致森林地上生物量的减少，也会降低土壤有机碳含量。因此，土地利用变化中的毁林是一个碳排放过程。通过减少森林砍伐、退耕还林等保护性措施，促进森林生态系统的恢复和再生长，可以达到增加碳汇的目的。

253 什么是生态系统碳通量？

生态系统碳通量（Carbon Flux）是碳循环研究中一个最基本的概念，用来表述生态系统通过某一生态断面的碳元素的总量。例如：某河流的碳通量，就是流过河流断面的有机碳和无机碳的总量；某森林生态系统碳通量，就是该生态系统单位时间单位面积上的碳循环总量；海洋的碳通量，也就是单位时间和单位面积内碳增减的数量。

生物生产力的概念与碳通量相似，可以直接反映生态系统或生物群落的陆地–大气间的净碳交换量。生物生产力包含总初级生产力（Gross Primary Productivity，GPP）、净初级生产力（Net Primary Productivity，NPP）、净生态系统生产力（Net Ecosystem Productivity，NEP）、净生物群区生产力（Net Biome Productivity，NBP）等4个指标，一般称为4P。

总初级生产力是指单位时间内生物（主要是绿色植物）通过光合作用所固定的有机碳量，又称总第一性生产。测定和估算的方法主要有产量收割法、O_2测定法、CO_2测定法、叶绿素测定法、放射性标记法以及开顶式同化箱法和自由CO_2施肥方法。净初级生产力表示植被所固定的有机碳中扣除本身呼吸消耗的部分，也称净第一性生产力，反映了植物固定和转化光合产物的效率。净生态系统生产力指净初级生产力中减去异养生物呼吸消耗（土壤呼吸）光合产物之后的部分，表示较大尺度上碳的净贮存，当NEP大于0时表示该生态系统为CO_2之汇，反之则为源。净生物群区生产力是指NEP中减去各类自然和人为干扰（如火灾、病虫害、动物啃食、森林间伐一级农林产品的收获）等非生物呼吸消耗所剩下的部分。

254　生物固碳的主要方式有哪些?

生物固碳技术具有环境友好和可持续发展等优点，是目前世界上最主要和最有效的固碳方式之一。常见的固碳方式有两种，一种是光合作用，可以进行光合作用的生物主要有：绿色植物，光合细菌，红藻、绿藻、褐藻等真核藻类，以及原核生物蓝藻等，光合作用生物通过自身的各种转化酶吸收转化CO_2；另一种是化能合成作用，如硝化细菌利用氧化氨合成有机物等。固碳过程主要通过以下六种途径，分别是：卡尔文循环（CBB）、还原性三羧酸循环（rTCA）、还原性乙酰辅酶A途径（W–L循环）、3–羟基丙酸/4–羟基丁酸（3HP/4HB）、3–羟基丙酸、二羧酸/4–羟基丁酸（DC/4HB）。

在海岸带生态系统中，红树林、海草床和盐沼等是海洋固碳的主力军。红树林由于水热环境优越，植被生产力较高，并且地下根系周转较为缓慢，较高的CO_2沉积速率和较低的有机物分解速率使得红树林固碳能力较高。海草床通过减缓水流促进颗粒碳沉降，固碳量巨大、固碳效率高、碳存储周期长。盐沼湿地是位于陆地和开放海水或半咸水之间，伴随有周期性潮汐淹没的潮间带上部生态系统，盐沼土壤由于通气性差，地温低且变幅小等各种环境因素，有着较高的碳沉积速率和固碳能力。除此之外，海洋中鱼类、大型海藻、贝类和微型生物在固碳方面也发挥着一定作用。

森林生态系统是陆地生物固碳的主体，也是陆地上最大的“碳库”。我国陆地生态圈巨大的碳汇能力主要来自我国重要林区，尤其是西南林区的固碳贡献，同时我国东北林区在夏季也有非常强的碳汇作用。全球陆地生态系统碳汇存在较大不确定性，该不确定性主要来源于干旱区生态系统，干旱区生态系统占全球陆地面积的41%，相较于湿润区生态系统，干旱区土壤微生物固碳的相对贡献更大。但当前碳评估模型仅包括植物固碳，忽略了土壤微生物固碳，为科学衡量陆地生态系统碳汇带来了不确定性。

255 如何评价生物的固碳能力?

陆地植被通过光合作用固定二氧化碳是生物固碳的主要途径，可以通过土地利用变化、造林、再造林以及加强农业土壤吸收等措施，增加植物和土壤的固碳能力。此外，微藻、蓝细菌和厌氧光合细菌等是高效固碳生物体，其中微藻对太阳光的单位面积利用率是普通高等植物的10倍以上。与CCUS

技术相比，生物固碳是天然的碳封存过程，不需要CO_2的分离、捕集、压缩等程序，从而可以节省成本。

陆地植被中植物种类的不同，其固碳能力各有差异。反应植物固碳能力的两个重要指标是单位叶面积日固碳量和单位覆盖面积日固碳量。单位叶面积日固碳量，是指植株单位面积叶片在单位时间内所固定二氧化碳的质量（克/（平方米·日）），这一指标虽然反映了植物固碳能力，但因为不同种类植物形态特征变化较大，植株单位覆盖（或称投影）面积上叶片总面积值（通常用叶面积指数来表示）存在较大差异，不能直接衡量区域植被的固碳能力高低。单位覆盖面积日固碳量表示植物整株单位投影面积上所有叶片在单位时间内所固定二氧化碳的质量（克/（平方米·日）），这一指标基于单位叶面积日固碳量和叶面积指数计算而来，更具直接参考价值。

256 常见植物固碳效果如何?

陆地生态系统中，具有高固碳能力的植物数量越多，植被固碳效益就越高，可通过增加高固碳能力的植物种群个体数量，直接扩大高固碳能力植物的覆盖面积，来提升植被的固碳能力。

园林植物中，按照常见园林植物的生理、结构及外部形态差异，可分为常绿乔木、落叶乔木、常绿灌木、落叶灌木、藤本植物、草本花卉六种类型。六类植物的单位叶面积日固碳量由大到小的顺序为：草本花卉>落叶灌木>落叶乔木>常绿灌木>常绿乔木>藤本植物，而单位覆盖面积日固碳能力排序则为：草本花卉>落叶乔木>常绿灌木>落叶灌木>常绿乔木>藤本植物。

大型水生植物中，从植株的不同部位来看，叶比茎的固碳能力强；从植株的整体来看，固碳能力依次为：睡莲>大薸>狐尾藻>美人蕉>再力花>泽泻>水鳖>香菇草>梭鱼草>花叶芦竹>水竹。固碳能力最强的为睡莲，其次为大藻，固碳能力最弱的为水竹，从生活类型分析，浮水植物的固碳增汇能力最好，漂浮植物次之，挺水植物最差。

257 生物质能有哪些利用途径?

生物质是指通过光合作用而形成的各种有机体，包括所有的动植物和微生物。而所谓生物质能，就是太阳能通过光合作用贮存CO_2，转化为生物质中的化学能，即以生物质为载体的能量。人类历史上最早使用的能源是生物质能，它直接或间接地来源于绿色植物的光合作用，可转化为常规的固态、液态和气态燃料，是一种可再生能源，同时也是唯一一种可再生的碳源。

生物质能的利用主要有直接燃烧、热化学转换和生物化学转换等3种途径。生物质的直接燃烧在今后相当长的时间内仍将是国内生物质能利用的主要方式；生物质的热化学转换是指在一定的温度和条件下，使生物质汽化、炭化、热解和催化液化，以生产气态燃料、液态燃料和化学物质的技术；生物质的生物化学转换包括生物质-沼气转换和生物质-乙醇转换等。在生物化学转化法中，沼气利用是较为普遍的一种生物质能利用方式。有机物质在厌氧环境中通过微生物发酵产生以甲烷为主要成分的可燃性混合气体，即沼气；乙醇转换是利用生物质中的糖质、淀粉和纤维素等经发酵制成乙醇。

258 可开发利用的新能源有哪些?

新能源是指传统能源之外的各种能源形式，又称非常规能源，主要包括太阳能、地热能、风能、海洋能、生物质能和核能等，此外，还有氢能、沼气、酒精、甲醇等，而已经广泛利用的煤炭、石油、天然气、水能等能源，称为常规能源。

（1）太阳能

太阳能一般指太阳光的辐射能量。太阳能的主要利用形式有太阳能光伏、太阳能光热和太阳光合能。太阳能光伏是通过光电转换把太阳光中包含的能量转化为电能；太阳能光热是利用太阳光的热量加热水，并利用热水发电等；太阳光合能是植物利用太阳光进行光合作用，合成有机物。太阳能清洁环保，无任何污染，利用价值高，太阳能更没有能源短缺这一说法，其种种优点决定了其在能源更替中的不可取代的地位。

（2）核能

核能是通过转化其质量从原子核释放的能量，核能的释放主要有三种形式：核裂变能，是通过一些重原子核（如铀-235、钚-239等）的裂变释放出能量；核聚变能，由两个或两个以上氢原子核（如氢的同位素——氘和氚）结合成一个较重的原子核，同时发生质量亏损释放出巨大能量的反应叫作核聚变反应，其释放出的能量称为核聚变能；核衰变，核衰变是一种自然的、非常慢的裂变方式，因其能量释放缓慢而难以加以利用。核能的利用主要要解决核安全问题，主要问题是反应堆安全运行和核废料的处置，同时核电站建设投资大，风险较高。

（3）海洋能

海洋能指蕴藏于海水中的各种可再生能源，包括潮汐能、波浪能、海流能、海水温差能、海水盐度差能等。这些能源都具有可再生性和不污染环境等优点，是一项亟待开发利用的具有战略意义的新能源。海洋能的主要应用形式是波浪发电和潮汐发电。据科学家推算，地球上波浪蕴藏的电能高达90万亿度，现阶段海上导航浮标和灯塔已经用上了波浪发电机发出的电来照明，大型波浪发电机组也已问世。据世界动力会议估计，到2020年，全世界潮汐发电量将达到1000亿~3000亿千瓦，世界上最大的潮汐发电站是法国北部英吉利海峡上的朗斯河口电站，发电能力24万千瓦，已经工作了30多年，中国在浙江省建造了江厦潮汐电站，总容量达到3000千瓦。

（4）生物质能

生物质能来源于生物质，也是太阳能以化学能形式贮存于生物中的一种能量形式，它直接或间接地来源于植物的光合作用，可转化成常规的固态、液态或气态的燃料。目前，中国已经开发出多种固定床和流化床气化炉，以秸秆、木屑、稻壳、树枝为原料生产燃气。美国科学家已发明在多种环境下可自动收集微生物、蛋白质等能量物质进行工作，可自动收集动物死尸或活体进行转化，如老鼠等小型生物的活体或尸体。

（5）地热能

地热能是地球内部的一种热源，可来自重力分异、潮汐摩擦、化学反应和放射性元素衰变释放的能量等。中国地热资源丰富，分布广泛，已有5500处地热点，地热田45个，地热资源总量约320万兆瓦。地热能的利用方式主要有地热发电、地热供暖、地热农业和地热行医等。

地热发电是地热最重要的利用方式。高温地热流体应该首先用于发电。地热发电的原理与火力发电相同。两者都是利用蒸汽的热能在汽轮机中转化为机械能，然后驱动发电机发电。

直接利用地热能供暖、供热是地热仅次于地热发电的第二大应用方式。由于这种利用方式简单、经济，引起了许多国家的关注，尤其是位于高山地区的西方国家，其中以冰岛的开发利用最好。

此外，地热能还可以应用于农业和医学领域。在地热水灌溉、地热水养鱼、温泉医疗等方面具有广阔的应用前景。

（6）氢能

氢在地球上主要以化合态的形式出现，是宇宙中分布最广泛的物质，它构成了宇宙质量的75%。同时，氢能是一种二次能源，被人类利用后，还可以通过化石能源、可再生能源等再生产出来，真正成为人类取之不尽、用之不竭的可靠的可持续能源。与传统能源相比，氢能更清洁，发热值高，耗损少，利用率高，运输方便，可有效减少温室效应。

氢能储存（氢气储能）本质是储氢，即将氢气以稳定形式储存。传统的储能方式难以便捷地实现能量长时间的储存，而氢能作为一种新能源，其储能方式能量密度高，储能规模大，能量容量成本较小，可作为长时间储能或季节性储能的最优方案，从而有效提高能量利用率。

氢气还具有很强的还原性，既可以和氧气通过燃烧产生热能，也可以通过燃料电池转化成电能。最重要的是，氢能在上述转化中并不产生温室气体。因此，氢能除用于发电外，还能够在炼钢、化工、水泥等工业部门中起到广泛应用，并且能够作为燃料实现交通部门的深度减排。在冶金方面，目前，国内利用富氢工艺改造高炉进行氢能炼钢已进入开发应用阶段。

259　可再生能源发电成本如何？

2021年，国际可再生能源署IRENA发布全球《2020年可再生能源发电成本》，报告显示大多数新建可再生能源的发电成本，已经比最便宜的化石燃料发电成本要低，越来越低的可再生能源发电成本，使得从现在开始用可再生能源大规模代替煤炭发电成为可能。新能源发电成本如表（4–7）所示：

表 4–7　2020 年新能源发电成本对比表

发电形式	分类	发电成本
生物质能发电	--	约 0.49 元 / 度
地热发电	--	约 0.46 元 / 度
水力发电	--	约 0.28 元 / 度

续表

发电形式	分类	发电成本
光伏太阳能发电	集中式光伏发电	约 0.37 元 / 度
	分布式光伏发电	约 0.70 元 / 度
风力发电	海上风电	约 0.54 元 / 度
	陆上风电	约 0.25 元 / 度

仅从上述数据来看，陆上风电成本最低，且全球风能资源量较高，全球风能约为2.74×10^9MW，其中可利用的风能为2×10^7MW，比地球上可开发利用的水能总量还要大10倍。光伏发电也有较大前景，据估算，每年辐射到地球上的太阳能为17.8亿千瓦，其中可开发利用500～1000亿度，且光伏是半导体电子技术，光伏技术迭代较快，降成本能力也就更强。随着硅片、电池片等技术的提升，未来太阳能光伏的发电成本有望继续大幅降低，后续随着光伏产业链各环节效率提升和成本下降，发电成本会越来越低。

但风能、光伏发电受环境影响较大，并不能提供稳定的发电量。比如，光伏发电量因地区而不同，在一年8760小时中，中国不同地区光伏发电量在1100～2000小时，全国平均在1450～1750小时，每年仅能提供1/6～1/5稳定发电量。如果具有高效且成本低廉的储能技术，风电、光伏发电未来有望取代现有火电技术。

260 氢能在新能源中有什么特别优势?

氢是世界上最丰富的物质，构成宇宙质量的75%，在地球上主要以化合形态存在。氢燃烧的产物是水，热值仅次于核能，是汽油的3倍、煤的4.3倍，氢因其清洁和极高的重量能量密度（122 kJ/g），且使用过程无温度限制，被认为是一种有希望解决全球能源危机和环境问题的燃料。不过，氢能不像煤、石油、天然气等一次能源可直接开采，而需通过利用其他能源来制取。

氢能利用包括氢的制备、储存和应用三个环节。氢能源可储藏，能用于发电、制作燃料电池等。氢能可通过燃料电池转变为电能，加上废热利用，总效率可达80%以上。氢能是连接气、电、热等不同能源形式的桥梁，与电力系统形成互补协同关系。

（1）氢能可以成为新型电力系统消纳新能源的大容量载体。电制氢将扩大新能源消纳空间，减少弃风、弃光现象。将氢能与富余新能源发电耦合发展可以有效降低制氢成本，促进氢能规模化推广应用。预计2030年新能源制氢用电量约2000亿度；2060年有望达到2万亿～4万亿度。

（2）氢能可以作为参与新型电力系统高效运行的灵活调节器。电制氢既是灵活性负荷，又可作为储能，为新型电力系统提供优质的调节资源。短周期来看，启停响应速度较快的电制氢厂站可以提供调频等辅助服务，提升系统转动惯量，保障电力系统的安全稳定运行。长周期来看，通过氢能可实现电能的大规模、长周期存储，实现跨区域、跨季节调峰，优化新型电力系统的协调配置能力。

（3）氢能可以充当新型电力系统安全、稳定供应的保障资源。氢能作为长周期能源储备的优良载体，如高压气罐、液态、氢转氨、氢转甲烷等储氢方式，对提升电网韧性和保障能源安全具有重要意义。氢能的大规模利用可以实现电—气、气—电的灵活转换，推动电网与气网深度融合，充分利用电网响应速度快、能源效率高的优势和气网适宜能量存储的优势，显著增强电力系统应急保供能力。此外，储氢作为重要战略资源在终端可以替代进口油气，大幅降低我国能源对外依存度，对保障能源安全具有重要意义。

对“双碳”目标而言，氢能是不可或缺的支撑载体。氢能有望填补电能的不足，助力能源消费侧部分高能耗、高排放领域的深度脱碳。

261 常见的制氢方法有哪些？

氢元素在地球上主要以化合物的形式存在于水和化石燃料中，而氢能作为一种二次能源，需要通过制氢技术进行“提取”。目前，现有制氢技术大多依赖化石能源，无法避免碳排放。而根据氢能生产来源和生产过程中的排放情况，人们将氢能分别命名为灰氢、蓝氢、绿氢。

（1）灰氢，是通过化石燃料（例如石油、天然气、煤炭等）燃烧产生的氢气，在生产过程中会有二氧化碳等气体排放。目前，市面上绝大多数氢气是灰氢，约占当今全球氢气产量的95%。灰氢的生产成本较低，制氢技术较为简单，而且所需设备、占用场地都较少，生产规模偏小。

（2）蓝氢，是将天然气通过蒸汽甲烷重整或自热蒸汽重整制成。虽然天然气也属于化石燃料，在生产蓝氢时也会产生温室气体，但由于使用了碳捕集、利用与储存（CCUS）等先进技术，温室气体被捕获，减轻了对地球环境的影响，实现了低排放生产。

（3）绿氢，是通过使用再生能源（例如太阳能、风能、核能等）制造的氢气，例如通过可再生能源发电进行电解水制氢，在生产绿氢的过程中，完全没有碳排放。绿氢是氢能利用的理想形态，但受到目前技术及制造成本的限制，绿氢实现大规模应用还需要时间。

电催化与光催化水解制氢是最近兴起的新能源制氢方法，是对化石原料制氢的重要补充。各类制氢方法的优缺点如表（4–8）所示。

表 4–8　不同制氢方法特点对比表

制氢方法	优点	缺点
化石燃料重整、气化制氢	技术成熟，可满足近期所需	原料属于不可再生能源，储量有限，有 CO_2 和污染物排放
生物制氢	属可再生能源，资源分布广储量大	产氢速率慢，产氢生物种类单一
电解水制氢	技术比较成熟，工艺简单，无污染，可制备高纯度氢，同时是一种储能方式	电耗巨大，能量利用效率有 70% ～ 80%
光解水制氢	无污染，有工业应用潜力	光能转化率和产氢速率低，离实用距离尚远
高温热解水制氢	原理简单，理论技术成熟	需要 2500℃～ 3000℃高温，近期可行性较小
热化学循环水分解制氢	反应温和，可匹配核能、太阳能作为热源等，热效率较高，可实现大规模工业化	步骤较多，流程复杂，需研制耐腐蚀高温材料和设备

第五篇 技术篇

气候变化问题的发现源于科学技术的发展，节能降碳问题的根本解决也要依靠科技进步。从国际气象组织开展全球气象观测开始，气象观测、大气监测、生态调查等监测评估技术不断发展，在应对气候变化中具有基础性地位，并发挥了关键性作用。同时，人类为了有效控制化石能源消费、减少工业生产过程温室气体的排放，在节能减排技术和二氧化碳捕集、利用与封存技术等方面进行了大量科学研究，开发形成一系列技术成果并得到示范推广。本篇共有2章：第十三章监测与调查技术，介绍了碳监测与调查的技术方法、监测对象、技术标准等；第十四章CCUS技术，介绍了二氧化碳捕集、利用与封存技术原理、方法和特点，以及国内外研究进展和发展趋势等。

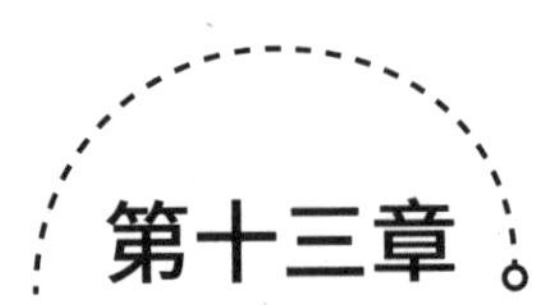

第十三章 监测与调查技术

262 全球大气监测网发展现状如何？

气象合作是人类最早开展的国际合作领域。从1853年第一次国际海洋气象会议到1873年的第一次国际气象大会成立国际气象组织（IMO），促进了全球气象协调观测，并实现了仪器标准化。在第一个国际极地年（1882—1883年），在北极和南极共建立了14个观测站，标志着气象研究国际合作的开始。1950年，国际气象组织改名为世界气象组织（WMO），1951年，正式成为联合国的一个专门机构。

全球大气观测网（Global Atmosphere Watch，GAW）由世界气象组织于1989年开始组建，在全球范围内开展大气成分本底观测，经过几十年发展，已成为当前全球最大、功能最全的国际性大气成分监测网络，可以对具有重要气候、环境、生态意义的大气成分进行长期、系统和精准的综合观测。目前已有60个国家的400多个本底监测站（其中全球基准站24个）加入GAW网络，并按照GAW观测指南的要求，开展了大气中温室气体、气溶胶、臭氧、反应性微量气体、干–湿沉降化学、太阳辐射、持久性有机污染物和重金属、稳定和放射性同位素等的长期监测，涉及200多种观测要素。

263 中国参与全球大气观测的监测站点有哪些？

全球大气观测网（GAW）温室气体监测站主要有大气本底站和海洋监测站。国内开展大气温室气体本底浓度业务化观测的部门为中国气象局，中国气象局在GAW框架下，负责协调中国温室气体及相关微量成分高精度本底观测，1990年与美国国家海洋与大气管理局合作，开始监测温室气体。自1992年起，陆续在青海瓦里关、北京上甸子、浙江临安、黑龙江龙凤山、湖北金沙、云南香格里拉和新疆阿克达拉建立了7个区域大气本底观测站，分别观测青藏高原、京津冀、长三角、东北平原、江汉平原、云贵高原和北疆地区的大气本地特征，其中青海瓦里关、北京上甸子、浙江临安、黑龙江龙凤山4个站点已列入GAW大气本底站系列，并按照GAW的观测规范和质量标准开展观测。瓦里关站是GAW观测网31个全球大气本底观测站之一，也是目前欧亚大陆腹地唯一的大陆型全球本底站，它的观测结果可代表北半球中纬度内陆地区大气温室气体浓度及其变化状况。

原国家海洋局海洋灾害预报技术研究重点实验室率先在国内开展了海洋大气温室气体连续监测工作，自2013年起，在浙江嵊山岛、福建北礵岛、海南西沙永兴岛和南沙建立了4个符合GAW规范的大气温室气体监测站，并投入业务化运行，覆盖东海和南海，初步评估了海洋季风和气团长距离输送对温室气体浓度变化特征的影响。

264 全球温室气体综合信息系统有什么作用？

世界气象组织正在积极推进全球温室气体综合信息系统（IG3IS）计划，该计划旨在结合全球大气观测结果和反演模式，评估全球和区域碳源/汇及变化，对“自下而上”的清单进行验证补充，降低排放清单不确定性，为国家在减排战略和减排承诺方面的进展提供及时和量化的指导。

IPCC将浓度观测作为排放清单估算的重要验证手段，国际卫星对地观测委员会（Committee on Earth Observation Satellites，CEOS）明确提出在2025年形成星座业务化运行，以支撑2028年第二次全球碳盘点。未来，借助新一代高精度高时空分辨率的组网卫星观测，基于观测浓度的源/汇碳排放评估将逐渐成为独立于排放清单调查的另一种重要估算手段。

此外，在提高观测数据质量与数量基础上，还需要改进数据同化方法和大气化学模型：大气化学模型需包括从全球模型到中尺度模型、到城市规模和点源模型的多种尺度模型，提高大气化学传输模式分辨率，降低模式误差；利用先进的数据同化反演模型融合尽可能多的大气观测信息（地基网络观测、卫星组网观测以及飞机观测等），支撑城市到国家范围的碳排放清单验证，开展自然碳循环对气候变化的响应研究；同时大量观测数据的同化过程需要大量的计算，因此还需要提高反演模式的计算效率。

265 欧盟综合碳监测系统有什么功能？

综合碳监测系统（Integrated Carbon Observation System，ICOS）筹建于2008年10月，由欧盟提供500万欧元的资金支持，是一个分布于全欧洲的包括30个大气观察站和30个生态系统碳流量观察站的网络，该网络也包括科研飞机与科研船舶。ICOS已成为为欧洲和邻近地区提供一个标准化、高精度、长时期的监测海洋和大气温室气体浓度、生态系统通量和重要的碳循环参量的分布式基础设施。这些测量将在一个详细研究大气、陆地表面和海洋之间的碳交换过程的基础上，进行100 km^2/d尺度上碳源和碳汇的观测。该系统于2012年开始运行，将一直持续到2031年。

ICOS项目旨在建立一个每日更新的温室气体来源和气井图，通过观察并测试温室气体在大气当中的聚集、二氧化碳流、氢氧化物流、热流以及生态系统的各种变量，对欧洲大陆和附近地区的温室效应状况以及大气、地球表面和海洋表面之间的二氧化碳流进行量化。所获得的数据涵盖了各个观察点的地面和大气观察数据，不但精确而且进行了统一处理，便于对温室气体进行现场观察、数据处理与模型反演。ICOS具有很高的科学价值，对全球温室气体的长期监测研究、大气层和大陆生物圈之间的这些通量和生态系统中的碳储存研究有重要贡献。

266 火电行业温室气体监测如何开展？

我国以煤炭为主的能源结构决定了我国火电行业以煤电为主的燃料结构，燃气发电量和燃油发电量在火电行业中所占比例较小。火电行业温室气体排放相对集中，排放源基本为高架源，二氧化碳排放浓度较高。火电行业温室气体监测内容包括：

（1）监测项目：火电行业温室气体监测项目包括废气总排口的CO_2排放浓度、烟气流量等相关烟气参数，以及在碳核查过程中核算法所需的低位发热量、单位热值含碳量和碳氧化率等指标。

（2）点位布设要求：手工监测监测点位布设应满足《固定污染源排气中颗粒物测定与气态污染物采样方法》（GB/T 16157-1996）、《固定源废气监测技术规范》（HJ/T 397-2007）；自动监测应满足《固定污染源烟气（SO_2、NO_x、颗粒物）排放连续监测技术规范》（HJ 75-2017）中对于监测点位布设的要求；采样口设置及监测平台设置应符合《固定源废气监测技术规范》（HJ/T 397-2007）中规定；监测过程中监测断面流速应相对均匀，监测平台应安全、稳定、易于到达，且便于监测和运维人员开展工作。

（3）监测方法：自动监测设备的运行管理参照《固定污染源烟气（SO_2、

NO_x、颗粒物）排放连续监测技术规范》（HJ 75-2017）和《火电厂烟气二氧化碳排放连续监测技术规范》（DL / T 2376—2021）执行；CO_2浓度手工监测可使用非分散红外吸收法参照《固定污染源废气二氧化碳的测定非分散红外吸收法》（HJ 870-2017）、傅里叶变换红外光谱法参照《固定污染源废气气态污染物（SO_2、NO、NO_2、CO、CO_2）的测定便携式傅里叶变换红外光谱法》（HJ 1240-2021）、可调谐激光法等；流量手工监测使用皮托管压差法参照《固定污染源排气中颗粒物测定与气态污染物采样方法》（GB/T16157-1996）、三维皮托管法参照《Flow Rate Measurement with 3-D Probe》（EPA Method 2F）、超声波法、热平衡法、光闪烁法等；碳核查过程中所需排放量核算的相关参数测定按照《中国发电企业温室气体排放核算方法与报告指南（试行）》（发改办气候〔2013〕2526号）执行。其中，化石燃料低位发热量（GJ/t，GJ /万Nm^3）、单位热值含碳量（tC/TJ）和碳氧化率（%）的测定应按照《煤的发热量测定方法》（GB/T 213-2008）、《石油产品热值测定法》（GB/T 384-81）（1988年确认）、《天然气能量的测定》（GB/T 22723-2008）等相关标准执行。

（4）监测频次：采用自动监测时，频次应满足《固定污染源烟气（SO_2、NO_x、颗粒物）排放连续监测技术规范》（HJ 75-2017）要求，试点期间总运行时间不少于180天；手工监测频次不低于1次/月，用于与自动监测设备的比对校验；核算过程所需相关参数测定频次按照《中国发电企业温室气体排放核算方法与报告指南（试行）》（发改办气候〔2013〕2526号）中规定执行。

267 钢铁行业温室气体监测如何开展？

钢铁企业工艺流程复杂，工序工段多，使用的原料和燃料类型多，排放点源多，且各个点源的温室气体排放水平和强度差异较大。主要的碳排放节点分布在烧结、球团机头、焦炉、高炉热风炉、转炉、电炉、轧钢加热炉、热处理炉、自备电厂、石灰窑等位置。以某全流程不锈钢生产企业监测为例，监测点位汇总见表（5–1）。其他类型钢铁企业可参照执行。

表 5–1　某全流程不锈钢生产企业监测点位汇总表

<table>
<tr><th>序号</th><th>所属工序</th><th>点位名称</th><th>排气筒编号</th><th>现阶段监控污染物</th><th>是否自动监测</th><th>主要原料 / 燃料</th><th>监测项目 *</th></tr>
<tr><td>1</td><td>炼铁 - 炼焦</td><td>焦炉烟囱</td><td rowspan="10">按照排污许可证中点位编号填写，例如 DA001</td><td rowspan="10">指对应排气筒中须监控的污染物，例如氮氧化物、二氧化硫、颗粒物等</td><td rowspan="10">指监控污染物排放是否采用自动在线设备监测</td><td>洗精煤 / 高炉煤气</td><td>1，2</td></tr>
<tr><td>2</td><td>炼铁 - 烧结</td><td>烧结机头排气筒</td><td>石灰石 / 焦炉煤气、煤粉、焦粉</td><td>1，2，3</td></tr>
<tr><td>3</td><td>炼铁 - 炼铁</td><td>高炉热风炉排气筒</td><td>焦炭 / 无烟煤、高炉煤气</td><td>1，2，3</td></tr>
<tr><td>4</td><td>炼钢</td><td>电炉排气筒</td><td>废钢 / 焦炉煤气、天然气</td><td>1，2，3，4，5</td></tr>
<tr><td>5</td><td>炼钢</td><td>氩氧脱碳炉排气筒</td><td>钢水</td><td>1，4，5</td></tr>
<tr><td>6</td><td>轧钢 - 热轧</td><td>加热炉排气筒</td><td>焦炉煤气、高炉煤气、转炉煤气、天然气</td><td>1，2</td></tr>
<tr><td>7</td><td>轧钢 - 冷轧</td><td>热处理炉排气筒</td><td>天然气</td><td>1，2</td></tr>
<tr><td>8</td><td>轧钢 - 冷轧</td><td>退火炉排气筒</td><td>焦炉煤气</td><td>1，2</td></tr>
<tr><td>9</td><td>自备电厂</td><td>锅炉排气筒</td><td>高炉煤气、焦炉煤气</td><td>1，2</td></tr>
<tr><td>10</td><td>石灰窑</td><td>石灰窑排气筒</td><td>石灰石 / 煤粉</td><td>1，2，3</td></tr>
<tr><td>备注</td><td colspan="7">* 监测项目：
1、二氧化碳排放浓度和相关烟气参数（烟气温度、湿度、流速、压力）；
2、化石燃料消耗量、低位发热量、固体燃料收到基元素碳含量、气体燃料各气体组分含量；
3、熔剂纯度和消耗量；
4、生产过程含碳原料消耗量和含碳量；
5、电极消耗量和含碳量；
6、固碳产品产量和含碳量。</td></tr>
</table>

268 石油天然气开采业温室气体监测如何开展?

（1）监测项目：石油天然气开采行业根据其工艺特点选择监测逃逸、工艺放空以及火炬燃烧排放的CH_4浓度，其中逃逸排放的CH_4浓度通过地面手工监测形式开展，工艺放空和火炬燃烧排放使用核算方法计算，并与卫星遥感、走航、无人机等手段测得的场站整体CH_4排放情况进行比对验证。同步对核算法所需的火炬气CH_4浓度、流量和碳氧化率，天然气井的无阻流量和排放气中的CH_4浓度等开展监测。

（2）点位布设要求：根据油气田的布局以及工艺结构特点，监测范围应覆盖油气田生产全流程，包括油气勘探、开采、储运、处理等。排气筒监测点位布设应满足《固定污染源排气中颗粒物测定与气态污染物采样方法》（GB/T 16157-1996）、《固定源废气监测技术规范》（HJ/T 397-2007）；无组织散逸温室气体监测点位布设应满足《大气污染物无组织排放监测技术导则》（HJ/T 55-2000）等相关标准要求。

（3）监测频次：有组织排放、无组织排放及泄漏和敞开手工监测，频次不低于1次/季度；其他监测方法，如车载、无人机、遥感等监测频次根据现场实际条件确定，一般同一设施的监测频次在试点期间应高于3次，每次监测时长1天以上。

269 煤炭开采业温室气体监测如何开展?

（1）监测项目：煤炭开采行业关注井工开采、露天开采等矿后活动及废弃矿井的CH_4排放浓度，井工开采的通风流量等相关参数。测算结果需与卫星遥感、走航、无人机等手段测得的矿区整体CH_4排放情况进行比对印证。

（2）点位布设要求：井工开采CH_4浓度、流量等传感器布设应满足《煤矿安全监控系统及检测仪器使用管理规范》（AQ 1029-2019）要求；如需开展手工监测，手工监测点位与其布设在同一点位；露天开采点位布设应满足《大气污染物无组织排放监测技术导则》（HJ/T 55-2000）要求；矿后活动煤样采集可参照《商品煤样人工采取方法》（GB/T 475-2008）、《煤炭机械化采样第1部分：采样方法》（GB/T 19494. 1-2004）等相关标准执行，确保煤样的代表性。

（3）监测频次：自动监测频次应满足《固定污染源烟气（SO_2、NO_x、颗粒物）排放连续监测技术规范》HJ 75-2017）要求，试点期间总运行时间不少于180天；有组织排放、无组织排放手工监测频次不低于1次/月；其他监测方法，如车载、无人机、遥感等监测频次根据现场实际条件确定，一般同一设施的监测频次在试点期间应多于3次，每次监测时长1天以上。

270 废弃物处理行业温室气体监测如何开展？

（1）监测项目：根据废弃物处理行业处理类型的分类，重点监测废弃物填埋和污水处理过程中的CH_4和N_2O排放量，废弃物焚烧处理过程中的CO_2、CH_4和N_2O排放量。

（2）点位布设要求：点位布设时监测范围要覆盖废弃物处理的全流程，重点关注温室气体产生过程和关键节点。有组织温室气体监测点位布设应满足《固定污染源排气中颗粒物测定与气态污染物采样方法》（GB/T 16157-1996）、《固定源废气监测技术规范》（HJ/T 397-2007）要求；无组织散逸温室气体监测点位布设应满足《大气污染物无组织排放监测技术导则》（HJ/T 55-2000）等相关标准要求。

（3）监测频次：自动监测频次应满足《固定污染源烟气（SO_2、NO_x、颗粒物）排放连续监测技术规范》（HJ 75-2017）要求，试点期间总运行时间不少于180天；手工和静态箱法监测频次不低于1次/月。

271 滨海生态系统碳汇监测内容是什么?

根据滨海生态系统的特点，滨海生态系统碳汇监测可分为红树林生态系统碳汇监测、盐沼生态系统碳汇监测和海草床生态系统碳汇监测三类。其中，红树林生态系统碳汇由红树林沉积物碳汇、红树林植物碳汇、红树林底栖动物碳汇三部分组成；盐沼生态系统碳汇由盐沼沉积物碳汇、盐沼植物碳汇和盐沼底栖动物碳汇三部分组成；海草床生态系统碳汇由海草床初级生产碳汇、海草床底栖藻类碳汇、海草床增殖碳汇和海草床捕获沉积碳汇四部分组成。

272 海洋生态系统碳汇监测内容是什么?

海洋生态系统的碳汇监测的对象是藻类碳汇、海水贝类碳汇和浮游植物碳汇三部分。在海洋生态系统中，藻类碳汇是指通过藻类活动，吸收并固定海水中二氧化碳的过程、活动和机制；海水贝类碳汇是指通过海水贝类活动，吸收并固定海水中二氧化碳，并通过收获海水贝类将碳移出水体的过程、活动和机制；浮游植物碳汇是指浮游植物作为初级生产力，通过光合作用吸收并固定海水中二氧化碳的过程、活动和机制。

273 林业碳汇监测内容是什么?

国家和区域尺度的林业碳汇监测主要是对林业碳汇的变化及其原因进行监测，监测内容主要包括土地利用、土地利用变化与林业引起的碳储量变化监测，森林各种经营活动引起的碳储量变化监测，林木自然生长引起的碳储量变化监测，森林灾害引起的碳源、碳汇变化，以及服务于国家温室气体清单内容开展的监测。

根据国家清单要求，对于全国尺度的碳汇监测周期需要2年开展一次，对于现有全国5年一次的森林资源清查数据，需要分阶段进行内插按年等分处理。

274 土地利用的监测内容是什么?

土地利用监测是利用遥感遥测技术，对一个国家或地区土地利用状况的动态变化进行定期或不定期的监视和测定。监测内容主要包括耕地、林地、草地、水面、交通、城市用地等各类生产建设用地面积的变化和各种自然灾害对土地利用所造成的破坏和影响等的分析。

土地利用监测的目的在于为国家和地区有关部门提供准确的土地利用变化情况，便于及时进行土地利用数据更新与对比分析，以及编制土地利用变化图件等。它是开展土地利用动态变化预测，农作物产量预测，自然灾害防治及合理组织土地利用，加强土地管理与保护的一项不可缺少的基础性工作。

275 生物量地面试点监测包括哪些内容?

生物量数据是研究林业和生态问题的基础数据，是计算林业碳储量的重要依据。森林生态系统和草原生态系统中温室气体交换过程包括植物光合作用（储存CO_2）、植物呼吸作用（释放CO_2）以及土壤中的有机物通过微生物分解作用转化为温室气体释放到大气中的过程（释放CO_2），林业碳储量的变化与温室气体的排放量息息相关。生物量的增长意味着碳储量的增加，温室气体排放量的减少。开展生物量地面监测的主要内容有：

（1）监测方法：采用生物量测定法，该方法是研究自然生产力的基本方法。一个种群活个体的总量或总重量即生物量。生物量一般以单位面积或单位体积的数量来表示，某一面积或体积在一定时刻内的生物量就是现存量。

（2）监测范围：选择森林、草原典型生态系统开展生物量地面监测，其中森林生态系统选择吉林长白山、海南中部山区、云南白马雪山等3个试点区域；草原生态系统选择内蒙古草甸草原、青海三江源高寒典型草原区2个试点区域开展监测。

（3）监测项目：乔木层调查项目包括物种名录、样地内每木胸径、树高、冠幅；灌木层调查项目包括物种名录、株数/多度、盖度、丛幅、高度、基径（地表高度5cm 、10cm 处的树干直径）；草本层调查项目包括物种名录、群落盖度、株数/多度、高度、生物量（干重、鲜重）；另外需调查的项目包括地表凋落物干重、土壤有机碳含量、土壤容重和土壤层厚度。

（4）监测频次：每年在植物生长季开展监测。

276 生态系统碳通量监测包括哪些内容?

（1）监测方法：生态系统通量监测主要采用涡度相关法。该方法是通过三维风速、气体浓度和水分脉动的观测来获取二氧化碳、热量和水分的通量。涡度相关法是长期定位观测生态系统碳通量的重要方法，涡度相关技术的进步使得长期、连续的通量观测成为可能，为研究生态系统碳通量的变化规律及其对环境变化的响应提供了可行途径。

（2）监测范围：在深圳市的赤坳水库、杨梅坑水库两个通量观测站点开展亚热带常绿阔叶林生态通量监测。

（3）监测项目：H_2O/CO_2通量、三维风速、空气温度、气压。

（4）监测频次：全天候自动观测。

277 如何利用碳平衡方程估算碳通量?

利用碳平衡方程估算碳通量的关键是能否对生态系统各项CO_2净交换量进行准确的测定或评估。随着植物叶片的光合作用和呼吸作用、土壤微生物的呼吸通量、凋落物分解过程等测定技术的进步，许多项目的精确测定已经成为可能。叶片光合作用和呼吸作用的测定方法主要有半叶法、碱吸收测定法、氧电极测定法、红外气体分析仪测定法。土壤呼吸的测定方法主要有静态气室–碱吸收法、静态箱–气相色谱法、动态（静态）气室红外二氧化碳分析仪法。树干和根呼吸，主要方法是利用与土壤呼吸测定相似的原理开发各种适合树干和根系的测定装置。凋落物分解的测定一般是分类进行。对于枯叶和小枝的分解速本测定，常用方法是尼龙网袋法，对于较大的枝条，则都用拴线法。分解速率通常用失重法来测定（通常采用网袋法，定期回收测定凋落物的消失量）。

278 卫星遥感技术在碳监测中具有什么作用?

卫星遥感监测的重要作用是解决传统碳监测技术中空间和时间分辨率不足，无法准确获取全球和区域尺度上二氧化碳通量（单位时间内通过单位面积的二氧化碳总量）信息的问题。碳源/汇的估算需用同化反演模式，需结合地基观测和卫星观测数据。传统的地基网络观测数据具有较高的精度，但空间分辨率不足，海洋、沙漠以及赤道区域缺乏足够的观测信息，因此很难获取全球区域范围内温室气体的源/汇分布信息。卫星遥感观测可以在较高的空间分辨率上大尺度地进行全球观测。

卫星遥感监测可以使温室气体监测工作连续化、实时化。遥感数据经过汇总、整理、计算、模拟等技术处理，可对区域碳排放趋势的实时动态变化以及碳减排的效果形成及时的反馈与评价，把碳排放信息展示从“过去时”推进到“现在时”，并绘制“实时全景碳地图”，有助于解决传统监测技术中时空分辨率不足的问题，改进气候变化预测结果的可信度和稳定性。

279 如何开展温室气体立体遥感监测?

立体遥感是从空中同步获取地面目标的三维位置和通感光谱等信息，实现定位、定性数据的一体化。在全国及重点区域温室气体监测工作中运用立体遥感监测可以体现空间地物的细节特征，多层次多方面的数据来源保证了温室气体监测的准确性，能够更全面地展示重点区域温室气体空间中数据源所处的位置。

监测范围：全国尺度及重点区域的温室气体卫星遥感监测，目前监测的重点范围是京津冀、长三角、珠三角和汾渭平原等地区。同时，在河北香河、安徽合肥等地开展地基遥感监测。

监测项目：CO_2和CH_4柱浓度监测。

监测方法：可采用卫星遥感监测或地基遥感监测。

监测频次：全年连续监测，并按年度汇总监测数据。

280 中国碳监测卫星有哪些?

2016年12月22日，中国第一颗用于温室气体观测的卫星（TANSAT）在酒泉卫星发射基地成功发射，成为继日本GOSAT-1和美国OCO-2后，国际上第三颗具有高精度温室气体探测能力的卫星。这是我国第一代温室气体监测专用卫星，实现了空间温室气体高精度监测的从无到有。截至2018年，我国共发射3颗温室气体监测卫星，分别为TANSAT、FY-3D/GAS和GF-5/GMI。

TANSAT以高光谱温室气体探测仪（ACGS），云和气溶胶偏振成像仪（CAPI）为主要载荷。采用全物理高精度反演算法IAPCAS，该算法对GOSAT的反演精度优于1.5 ppm，是中国在碳监测方面取得的重要成果。

FY-3D/GAS装载了10台套先进的遥感仪器，包括红外高光谱大气探测仪、近红外高光谱温室气体监测仪、广角极光成像仪和电离层光度计等，可实现对云、气溶胶、水汽、陆地表面特性、海洋水色等的高精度定量反演，有效提高对植被、冰雪、雾霾、森林草原火险、洪涝等的监测能力。

GF-5/GMI搭载了大气痕量气体差分吸收光谱仪（EMI）、大气主要温室气体监测仪（GMI）、大气多角度偏振探测仪（DPC）、大气环境红外甚高分辨率探测仪（AIUS）、可见/短波红外高光谱相机（AHSI）与全谱段光谱成像仪（VIMS）等6台遥感仪器，可对大气气溶胶、二氧化硫、二氧化氮、二氧化碳、甲烷等气体，以及水华、水质、核电厂温排水、陆地植被、秸秆焚烧、城市热岛等多个地表环境要素进行实时监测。

281 碳核算遥感监测的内容是什么？

重点省份碳排放核算遥感监测的目的是服务支撑国家温室气体清单校核工作，主要监测内容包括：

监测范围：首批选择河北、河南、山东、山西、陕西、内蒙古等6个重点省（自治区）作为碳排放核算遥感监测试点。

监测项目：重点监测CO_2排放量。

监测方法：基于大气污染物及温室气体卫星遥感协同监测数据，结合排放反演模型及多尺度、多分辨率网格嵌套式高分辨率碳同化反演模式系统，获取重点省份CO_2排放情况。同化反演模式系统采用集合卡尔曼滤波或四维变分等同化算法，同化反演模式系统应具备全球、区域多尺度嵌套的碳浓度和通量的同步反演、高频融合卫星、地面观测数据的同化能力。反演目标区域重点省份空间分辨率不低于10千米，时间分辨率为月或年。反演输入数据所需的温室气体排放清单，可使用国内外认可的全球和区域温室气体排放清单以及各重点省份已有的局地温室气体排放清单。

监测频次：全年连续监测，监测数据按年度汇总。

282 生态系统碳汇遥感监测的方法有哪些？

生态系统碳汇的精准估算是当今全球碳循环研究的前言问题之一，利用卫星遥感开展生态系统碳汇估算方法主要有三种。

（1）基于温室气体浓度探测的同化反演方法，也就是“自上而下法”，即采用大气化学传输模式，结合地基或卫星观测的大气CO_2浓度数据来反演区域碳通量。利用 GOSAT、OCO-2 等温室气体卫星观测反演的 XCO_2时间序列数据，能够定性反映地表植被碳汇时空强度信息。但是，自上而下的大气化学传输模式估算结果不确定性很大。

（2）利用生态过程模型模拟方法估算陆地和海洋生态系统碳汇。由于不同模型的物理机制、数据源以及参数设定不同，估算结果不确定性很大。例如采用16个常用的动态植被模型，CABLE、DLEM、JSBACH、LPJ、ORCHIDEE-CNP、VISIT、CLASS-CTEM、ISAM、JULES、LPX、ORCHIDEE-Trunk、CLM5.0、ISBA-CTRIP、LPJ-GUESS、OCNv2、SDGVM等，对全球陆地生态系统碳汇估算结果差异巨大。

（3）基于数据驱动的机器学习模型的碳源/汇估算方法。当前国际通量观测网络、海洋CO_2走航现场观测，为全球碳循环研究积累了大量的实测数据，且卫星定量遥感也提供了全球陆地、海洋、大气的丰富定量遥感产品，为尺度扩展提供了可能，特别是以深度学习为代表的机器学习方法为地球大数据驱动的全球碳源/汇估算提供新的研究模式。然而，现有数据驱动产品的拟合能力还有待进一步提升，不同方法的碳通量产品之间难以统一，依然无法通过数据产品闭环碳循环。因此，迫切需要综合当前模型与数据驱动方法的优势，发展新的高精度生态系统碳源/汇监测方法，降低生态系统碳汇估算不确定性，完善全球、国家和区域等不同空间尺度的生态系统碳收支定量计算方法，提供高精度、精细分辨率、长时间序列的生态系统碳源/汇资料。

283　如何构建碳监测网络体系?

中国碳监测未来的总体发展思路是满足国际履约需求、支撑国内应对气候变化工作。“十四五”期间，重点是统一规划温室气体监测的总体框架，整合国内相关部门和研究机构资源，初步建立“天空地海”一体的包括大气和水体、涵盖温室气体浓度和典型排放源排放量的立体监测网络。

具体建设内容有：以生态环境部和中国气象局等现有的温室气体监测为基础，整合我国温室气体监测站点和平台，形成国际公认、方法统一、结果可比和数据共享的温室气体监测体系；加强温室气体监测数据的分析和利用，建立部门间数据共享机制和多源温室气体监测数据集成与应用平台；建立和完善温室气体监测的质量保证/质量控制体系。基本满足温室气体清单和企业排放数据校核、温室气体减排效果评估和多尺度温室气体时空分布分析的需求。

284 如何保证碳监测的准确性?

为保障碳监测数据的准确性，需要从量值溯源和标准化两方面着手。一是要建立国际等效可比、国内高精度传递的量值溯源/传递技术体系，即统一温室气体监测的“度量衡”，特别是要跟国际公认的温室气体监测“度量衡”等效可比。二是要在仪器、点位布置、监测方法、监测频次等方面加强标准化工作，使碳监测工作统一规范、有据可依。

为保证排放源监测结果的可比性，按照《碳监测评估试点工作方案》的要求，试点监测所用标准气体由中国环境监测总站联合中国计量科学研究院统一研制。烟气流量/流速监测宜优先量值溯源至我国国家计量基/标准，其他相关温湿度、压力等监测仪应溯源至我国计量基/标准。

为保证区域背景和城市温室气体监测量值溯源，国家监测总站联合中国计量科学研究院共同开展我国主要温室气体国家基准/标尺的研制、维持与国际比对，逐步构建量值准确、统一的区域温室气体监测量值溯源体系，保障监测数据与国际基准/标尺等效可比，其他配套气象监测仪器等溯源至相关计量基/标准。

第十四章 CCUS技术

285 什么是CCUS技术？

CCUS的概念由中国在2006年的北京香山会议上首次提出，已在全球范围内得到推广。CCUS技术是CCS技术的新发展。二氧化碳捕集与封存技术（Carbon Capture and Storage，CCS）是指通过碳捕集技术，将工业和有关能源产业所生产的二氧化碳分离出来，再通过碳封存手段将二氧化碳储存起来，并长期与大气隔绝的过程。

二氧化碳捕集、利用与封存技术（Carbon Capture，Utilization and Storage，CCUS），是指将CO_2从工业过程、能源利用或大气中分离出来，直接加以利用或注入地层以实现CO_2永久减排的过程。与CCS技术相比，是把生产过程中排放的二氧化碳进行提纯，继而投入到新的生产过程中实现循环再利用，而不是简单地封存。

CCUS技术主要包括捕集、输送、利用与封存。捕集是指将CO_2从工业生产、能源利用或大气中分离出来的过程；输送是指将捕集的CO_2通过罐车、船舶和管道等方式，运送到可利用场所或封存场地的过程；利用是指通过物理、化学以及生物等技术手段，将捕集的CO_2实现资源化利用的过程。根据利用形式的不同，可分为CO_2的地质利用、化工利用和生物利用等；封存是指通过工程技术手段将捕集的CO_2注入深部地质储层或海洋特定海水层，实现CO_2与大气长期隔绝的过程。

286 为什么要发展CCUS技术？

CCUS是一种用于减缓气候变化、减少二氧化碳排放的技术，也是唯一能够大量减少工业流程中温室气体排放的手段。如果单纯依赖传统路径，如节能减排、提高能效、发展绿色能源等技术方式，只能解决节能降碳的部分问题，无法有效地实现现有的温室气体减排目标。利用CCUS技术可以对能源领域、工业生产过程的碳排放进行有效控制，从而降低碳排放总量。同时，发展CCUS技术会加速CO_2资源化利用，增加高附加值的碳转化技术产品，形成具有商业价值的新兴碳产业，带动相关行业经济发展。在对传统能源的优化改造方面，CCUS可以与化石能源组合从而提高能源利用效率，降低排放强度，实现和新能源的互补，为经济社会发展、保障能源安全和“双碳”目标实现提供支撑。因此，发展CCUS技术具有特殊的战略意义。

287 CCUS技术的产业模式有哪些？

按CCUS产业捕集、运输、利用及封存环节不同形式的组合关系，可将目前国内外CCUS产业模式分为三类：

第一类是CU型，产业环节组合为捕集—利用，即对排放的CO_2进行捕集，其捕集的CO_2直接利用于化学品、制冷、饮料等。

第二类是CTUS型，产业环节组合为捕集—运输—利用（封存），如美国在Oklahoma运行中的Enid化肥项目，捕集量约为0.68亿吨/年，采用陆陆管道运输模式，将捕集的CO_2用于驱油。目前，世界上大规模综合性项目中，美国、加拿大及中东地区以CTUS-EOR（驱油）产业模式为主。

第三类是CTS型，产业环节组合为捕集—运输—封存，如挪威在北海已运行的Sleipner项目，是将CO_2注入盐水层实现封存。欧洲、澳大利亚、新西兰则以CTS-盐水层及废弃油气田模式居多。

我国运行及在建项目中，多以CO_2利用为主，因此，产业模式多为CU型，部分为CUS型，完整产业链的CTUS型相对较少；计划执行的大规模项目中，完整产业链、永久封存的产业模式CTUS或CTS开始增多。

288　国外CCUS技术发展现状如何？

随着应对气候变化科学研究不断深入，国际上众多研究机构和企业投入大量资金进行CCUS技术开发和示范应用，CCUS成为一项新兴产业，从技术角度看，其所涉及到的捕集、运输和封存3大环节，均有较为成熟的技术可以借鉴。但就整个产业链而言，目前还处在研发和示范阶段。

在捕集方面，燃烧后捕集技术在电力行业的应用已较为成熟，所有发电类型的电厂均可采用；燃烧前捕集属新兴技术，虽然设备投资较大，但捕集成本较低；纯氧燃烧捕集技术不太成熟，成本高，应用较少。捕集技术在各工业部门成熟度差异较大，发展状况不一，其中从高纯CO_2源捕集方面的技术相对较为成熟；而低浓度的CO_2捕集，如水泥、钢铁、炼油等行业则尚待发展完善。

在运输方面，CO_2可通过罐车、船舶和管道等方式运送至目的地，运输方式灵活多样，但运输的安全可靠性至关重要。大规模运输可通过管道和船舶运输，短距离和小体积运输可采用罐车作为工具，管道运输是陆上大量运输二氧化碳最廉价的方式，管道运输已经实施多年，技术比较成熟，并且已有大规模应用的案例。在北美洲有一条陆上二氧化碳管网，总长度超过8000公里。CO_2的船舶运输，从原理上来说与液化石油气（LPG）和液化天然气

（LNG）的运输相似，但由于成本和技术问题，尚未广泛应用。

在封存方面，利用CO_2驱油的技术较为成熟，国内外已开展的一系列CO_2驱油项目，为CO_2在油气藏和其他地质体的封存做出了工程实践的样板。目前，国际上也已开展海上盐水层及废气油气田封存CO_2的示范项目。CCUS的技术成本是影响其大规模应用的重要因素。

289 国外CCUS典型项目有哪些？

根据GCCSI的统计，目前世界上共有CCUS项目超过400个，其中年捕集规模在40万吨以上的大规模综合性项目有43个（含目前运行、在建和规划的项目）。大规模综合性项目个数及CO_2捕集量主要集中在北美洲和欧洲，占62%；其次是澳大利亚和中国。

美国2020年新增12个CCUS商业项目。运营中的CCUS项目增加至38个，约占全球运营项目总数的一半，CO_2捕集量超过3000万吨。美国CCUS项目种类多样，主要应用在水泥制造、燃煤发电、燃气发电、垃圾发电、化学工业等领域。欧盟2020年有13个商业CCUS项目正在运行，其中爱尔兰1个，荷兰1个，挪威4个，英国7个。另有约11个项目计划在2030年前投运，其主要设施集中在欧洲北海周围。欧洲的CCUS项目由于制度成本以及公众接受度等因素，进展较为缓慢。

290 国内CCUS技术发展现状如何？

目前中国的CCUS各技术环节均取得了显著进展，部分技术已经应用于实际生产中。

捕集技术：第一代碳捕集技术（燃烧后捕集、燃烧前捕集、富氧燃烧）

发展趋于成熟，但成本和能耗偏高、缺乏广泛的大规模示范工程经验是制约该代技术发展的瓶颈；而第二代技术（如新型膜分离、新型吸收、新型吸附、增压富氧燃烧等）仍处于实验室研发或小试阶段，该技术成熟后其能耗和成本会比第一代技术降低30%以上，2035年前后有望大规模推广应用。

输送技术：在现有CO_2输送技术中，罐车运输和船舶运输技术已达到商业应用阶段，主要应用于规模10万吨/年以下的CO_2输送。

利用与封存技术：在CO_2地质利用与封存技术中，CO_2地浸采铀技术已经达到商业应用阶段，强化采油技术（EOR）已处于工业示范阶段，强化咸水开采技术（EWR）已完成先导性试验研究，驱替煤层气技术（ECBM）已完成中试阶段研究，矿化利用已经处于工业试验阶段，强化天然气、强化页岩气开采技术尚处于基础研究阶段。

中国已具备大规模捕集利用与封存CO_2的工程能力，正在有序开展大规模CCUS示范与产业化集群建设，提高捕集、压缩、运输、注入、封存等全链条技术单元之间的兼容与集成优化，加快突破全流程示范的相关技术瓶颈。

291 国内CCUS示范项目有哪些?

中国已投运或建设中的CCUS示范项目约为40个，捕集能力300万吨/年，多以石油、煤化工、电力行业小规模的捕集驱油示范为主，缺乏大规模的多种技术组合的全流程工业化示范。2019年以来，CCUS示范项目在捕集、地质利用与封存、化工利用和生物利用等方面均取得新的进展。典型项目包括：国家能源集团国华锦界电厂新建15万吨/年燃烧后CO_2捕集与咸水层封存项目，中海油丽水36-1气田CO_2分离、液化及制取干冰项目，20万吨/年微藻固定煤化工烟气CO_2生物利用项目，1万吨/年CO_2养护混凝土矿化利用项目和3000吨/年碳化法钢渣化工利用项目等。

292 国内CCUS全流程项目主要有哪些?

目前国内集碳捕集、利用与封存为一体的全流程CCUS项目主要有中国石化集团公司2010年建成的4万吨/年燃煤电厂烟气二氧化碳捕集、输送和驱油封存全流程示范项目和延长石油集团在靖边油田开展的CCUS示范项目。

中国石化集团公司胜利油田于2010年建成了4万吨/年燃煤电厂烟气二氧化碳捕集、输送与驱油封存全流程示范项目并投运，该项目为国内首个CCUS全流程工程，包括CO_2捕集、输送、地质封存、驱油、采出液地面集输处理等工程内容，2010年工程整体投运，设计运行时间为20年。该项目CO_2捕集规模为4万吨/年，烟气CO_2捕集率大于80%，最终产品纯度为99.5%，捕集运行成本小于200元/吨。该项目为世界上首套以燃煤电厂CO_2捕集与驱油联用的工业示范工程，CO_2捕集工程总投资4000余万元，碳捕集工程气源为胜利燃煤电厂的烟气尾气，由于用于驱油的二氧化碳纯度要求较高（99%），增大了捕集难度。该项目采用自主研发的成套CO_2捕集纯化技术，捕集过程采用有机胺（MSA）化学吸收工艺，通过CO_2与化学吸收剂的可逆反应实现CO_2捕集，该CO_2捕集溶剂及工艺较常规MEA工艺再生能耗降低20%，同时吸收剂损耗有大幅下降，捕集成本同比降低35%。

陕西延长石油集团在鄂尔多斯地域同时拥有煤、油、气，拥有建设一体化CCUS项目的基础。2014年中美共同发表了《中美气候变化联合声明》，明确提出推进碳捕集、利用与封存重大示范，选定陕西延长石油集团煤化工CCUS项目为中美双边合作项目。陕西延长石油集团于2012年在靖边油田开展煤化工CCUS示范项目，该项目为全球首个集煤化工CO_2捕集、油田CO_2驱油与封存为一体的CCUS项目。该项目的煤化工厂和油田处于同一地域，CO_2运输成本较低，煤化工的CO_2捕集属于燃烧前捕集，工业尾气中的CO_2浓度较高（>80%）。该项目的捕集装置利用低温甲醇洗工艺捕集煤化工尾气排放中的高浓度CO_2，采用氨吸收法对油田采出气中的CO_2进行分离提纯，已建成的捕集装置捕集能力可达5万吨/年，捕集成本小于100元/吨。驱油封存工程中的靖边乔家洼CO_2驱先导试验区于2012年9月投注第一口CO_2注气井，截至2017年5月，建成注入井组5个，单井平均日注15～20吨液态CO_2，累计注入7.3万吨，有较好的增油效果。驱油封存工程第二期在吴起油田开展CO_2混相驱提高采收率试验，2014年8月已完成5个井组的CO_2注入和地面注采集输工作，2015年注入规模达到36个井组，年注CO_2达30万吨，年封存CO_2量18万吨。

293 碳捕集主要类型有哪些？

碳捕集的主要类型有工业废气碳捕集、环境空气碳捕集（DAC）、生物质碳捕集（BECCS）等三大类。工业废气碳捕集为传统碳捕集方式，指采用不同的手段将工业过程中产生的CO_2捕集起来的过程，包括燃烧前捕集、燃烧后捕集和富氧燃烧等；环境空气碳捕集（DAC）是指通过工程系统或设备从环境空气中捕集CO_2并储存的过程；生物质碳捕集是一项重要的负排放技术，是对生物质燃烧或转化过程中产生的CO_2进行捕集的过程。

DACS即直接空气捕集与封存（Direct Air Capture and Storage，DACS）技

术的简称，是指采用工程系统直接从大气中捕集CO_2封存起来，是直接从大气中去除二氧化碳的技术之一。二氧化碳在世界各地都以相同浓度聚集在空气中，这意味着DACS工厂可以位于任何地方。目前全球有15家DACS工厂——Climeworks公司在瑞士、冰岛和意大利有3家。这些小型工厂每年捕获约9000吨二氧化碳。大气中二氧化碳的浓度非常稀，仅为0.04%，这使去除和储存成为一个挑战。这意味着DACS的成本明显高于其他一些二氧化碳捕获技术。

BECCS即生物质能-碳捕集与封存（Bioenergy with Carbon Capture and Storage，BECCS）技术的简称，是指将生物质燃烧或转化过程中产生的CO_2进行捕集和封存，从而实现捕集的CO_2与大气的长期隔离。由于生物质本身通常被认为是零碳排放，即生物质燃烧或转化产生的CO_2与其在生长过程吸收的CO_2相当，因此其封存的CO_2在扣除相关过程中的额外排放之后就成为负排放的CO_2。

BECCS和DACS均被认为是负碳排放技术。

294 工业废气碳捕集有哪些主要技术？

工业生产过程中CO_2的排放主要来自燃煤发电和其他工业过程中化石燃料的使用。电力、钢铁、水泥、煤化工、天然气开采等是碳捕集的重点应用行业。

电力行业CO_2的捕集方式包括了燃烧前捕集、燃烧后捕集和富氧燃烧三种。其中，燃烧前捕集主要是利用煤气化和重整反应，在燃烧前将燃料中的含碳组分分离出来，转化为CO_2和H_2，H_2作为清洁燃料使用，CO_2利用相应的分离技术分离后压缩储存，这项技术成本较高，适用于整体煤气化联合循环电站；燃烧后捕集技术相对成熟，该技术是通过建设独立的碳捕集系统，从电厂燃烧后的废烟气中分离CO_2，适用于各类新建、改建、扩建电厂的CO_2减排，可处理不同浓度的气源；富氧燃烧技术也是电厂CO_2的有效方法，该技术是采用空分系统制取高浓度O_2（>95%），然后将燃料与氧气一同输送到专门的纯氧燃烧炉中进行燃烧。由于使用了高浓度O_2，燃烧烟气中主要成分是CO_2和水蒸气，CO_2浓度可达95%以上，可直接捕集利用。

钢铁企业有多个CO_2排放源和工艺单元，如石灰窑、发电厂、热风炉、焦炉、高炉、转炉等。这些排放单元具有大量的烟气排放，对烟气中CO_2的捕集，一般采用燃烧后捕集技术，并可以实现余热资源的有效利用。此外，高炉炉顶煤气循环回收，也是实现CO_2的捕集的有效方法，该技术是利用氧气鼓风并将高炉炉顶煤气应用真空变压吸附（VPSA）技术脱除二氧化碳后返回高炉重新利用的工艺。由于使用纯氧代替预热空气，可以回收一氧化碳作为还原剂，减少焦炭的使用量。

水泥行业的碳捕集技术主要分为五个环节，即捕集提浓、压缩分水、精制精馏、冷冻液化、成品罐装。捕集具体过程包括：烟气预处理，即烟气在脱硫水洗塔去除杂质；二氧化碳吸收，即烟气在吸收塔内形成富液；二氧化碳解析，在解吸塔内通过蒸汽加热解析出纯度95%以上的CO_2。压缩分水、精制精馏、冷冻液化、成品罐装为纯化精制过程，具体包括：压缩和升压、纯化、精馏和液化、贮存和发运。

煤化工、天然气处理等行业主要是根据伴生气的不同特性，而采用不同的吸收分离方法。天然气开采过程从伴生气中分离CO_2一般采用化学吸收法，而对于排放浓度较高的煤化工行业则通常采用物理吸收法，以低温甲醇洗和变压吸附为主。

华润海丰电厂规划总容量为4x1000MW+4x1000MW机组，分期建设，一期1号和2号机组为2x1000MW超超临界燃煤发电机组，于2015年正式投运。碳捕集测试平台示范项目依托华润海丰电厂1号机组，设计并建设两套并行的碳捕集装置，且另外预留捕集装置位置。碳捕集测试平台设计碳捕集量不低于2万t/a，运行时间5500h/a。该平台建成后将是中国首个多技术并联的国际性碳捕集技术测试平台，也是南方首个CCUS中等规模试验示范项目。

295 碳捕集分离技术有哪些?

CO_2捕集分离技术是CCUS的重要环节，对采用燃烧前及燃烧后捕集的系统，技术关键在于如何从烟气这一混合气体中对不同浓度的CO_2进行分离，主要方法有：溶剂吸收法、吸附法、膜分离法及深冷分离法等。其中溶剂吸收法、吸附法、膜分离法适用于工业废气中低浓度CO_2的捕集，深冷分离法（低温精馏法）适用于高浓度CO_2工业废气的碳捕集。

296 碳捕集溶剂吸收法的原理和特点是什么?

CO_2溶剂吸收法是利用CO_2在溶液中的溶解度与其他组分的溶解度不同来达到分离目的。按照吸收过程的物理化学原理（吸收过程中CO_2与吸收溶剂是否发生化学反应）主要分为化学吸收法和物理吸收法。

化学吸收法是利用吸收剂溶液对混合气体进行洗涤来分离CO_2。CO_2与吸收剂在吸收塔内进行化学反应而形成一种弱联结的中间体化合物，然后在还原塔内加热富CO_2吸收液使CO_2解吸出来，同时吸收剂得以再生。典型的吸收剂有乙醇胺、热碱溶液、氨水等。

物理吸收法是在加压条件下用有机溶剂吸收CO_2等酸性气体，对含有酸性气体的有机溶剂进一步分离，达到脱除CO_2的目的。其中低温甲醇洗法是利用CO_2、H_2S及其他组分在甲醇溶液中溶解度的不同来实现CO_2分离的。常用的物理吸收剂有聚乙二醇二甲醚、低温甲醇等。

297 碳捕集吸附法的原理和特点是什么？

吸附法的原理是通过固体吸附剂在一定条件下对CO_2进行选择性吸附，而后通过恢复条件将CO_2解吸，从而达到分离CO_2的目的。一个完整的吸附工艺通常分为吸附和解吸两个过程。根据吸附剂与吸附质相互作用的不同，可分为物理吸附和化学吸附，根据解吸方法不同又可分为变压吸附、变温吸附。

物理吸附是在低温条件下靠分子间作用力将CO_2聚集在吸附剂表面，这种吸附方式分子间作用力较弱，对吸附剂的分子结构影响不大。通常采用沸石、分子筛等固体吸附剂进行选择性吸附。这些吸附剂具有无毒、价廉、比表面积大、易再生等优点，但存在吸附选择性低、容量低的缺点。常用于常温或低温吸附，吸附及解吸操作通常采用能耗较低的变压吸附法，可应用于合成氨、制氢、天然气开采等行业。

化学吸附是CO_2与吸附剂表面的化学基团发生化学作用从而将CO_2聚集在吸附剂表面，这种吸附方式是一种化学反应，吸附剂与CO_2的结合力较强，对吸附剂的分子结构影响较大。化学吸附剂主要有金属氧化物、类水滑石化合物以及表面改性多孔材料等，这些吸附剂吸附容量大、选择性好，对吸附过程有利，但解吸过程难，再生能耗高。吸附剂解吸再生操作须采用能耗较高的变温吸附法，可应用于制氢、天然气开采等行业。

298 碳捕集膜分离法的原理和特点是什么？

膜分离法主要有常规膜分离和膜接触器分离两种技术。主要应用于制氢、天然气开采等行业。

常规膜分离法是利用选择透过性的膜对不同气体渗透速率的差异来分离混合气体中的CO_2。常用的复合膜有无机膜、有机聚合物膜、混合基质膜等3类，具有工艺简单、能耗低、投资小等优点，但也有分离纯度低、膜材料持久性差等缺点。

膜接触器技术属于一类广义的膜分离过程，是膜分离技术与化学吸收技术结合且不通过两相的直接接触而实现对CO_2的选择性分离。常用的膜接触器技术为中空纤维膜接触器和化学吸收剂的组合，具有装置简单、接触面积大、选择性较高等优点，但依然存在膜材料持久性差的缺点。

299 碳捕集深冷分离法的原理和特点是什么？

深冷分离法又称低温精馏法，是通过加压降温的方式使气体液化以实现CO_2的分离。该方法在高压和极低温度的条件下，先将原料气各组分冷凝液化，再根据各组分间相对挥发度的差异，采用精馏操作脱除CO_2。目前深冷分离法主要用于分离回收油田伴生气中的CO_2。

深冷分离法是在液态下对CO_2进行分离，分离出的CO_2更利于运输和储存。同时此方法不使用化学或物理吸附剂，不存在吸附腐蚀的问题。缺点在于深冷过程中能耗较高，且设备投资较大。

300 空气中碳捕集有哪些主要技术?

空气中直接捕集（Direct Air Capture，DAC）CO_2是指通过工程系统从环境空气中去除CO_2的技术。其技术原理为：空气中CO_2通过吸附剂进行捕集，完成捕集后的吸附剂通过改变热量、压力或温度进行吸附剂再生，再生后的吸附剂再次用于CO_2捕集，而纯CO_2则被储存起来。由于空气中的CO_2含量仅为0.04%，从空气中捕集CO_2相当于从一个体积巨大的混合气体中分离出一种极稀浓度组分的过程，单纯靠物理过程捕集难度很大，必须选用合适的吸收剂高效吸收。目前化学吸收与固体吸附法是主流技术，使用的强碱吸收剂主要是NaOH、KOH和$Ca(OH)_2$等，这些吸收剂吸附过程条件温和，能耗也相对较低。DAC工艺一般由空气捕集模块、吸收剂或吸附剂再生模块、CO_2储存模块三部分组成。目前在工业领域的应用还处于初步阶段，限制发展的主要因素为成本过高，主要是吸附剂的再生环节需要较多的能耗。DAC技术关键在于高效低成本吸收/吸附材料的设计与高效低成本设备的开发。

301 碳捕集的运行成本如何?

对于低浓度CO_2工业尾气来说，从低浓度CO_2提纯生产食品级或工业级产品（CO_2浓度99%），需要先捕集，然后再进行提纯。该方法的生产成本主要包括捕集成本和液化提纯成本，CO_2液化需要大量的能耗，降低成本只能从捕集过程和节能设施上去考虑。以电厂烟气捕集1万吨/年食品级液体CO_2项目为例，生产CO_2的成本为181～359元/吨。

对于高浓度CO_2工业尾气来说，通常采用精馏法回收提纯CO_2。这种方法适用于CO_2浓度高于88%的气源，从而省去了捕集过程，成本大幅降低。该方法降低成本取决于气源压力和工艺设备的节能措施（比如冷箱集成）。

以高浓度气源生产10万吨/年液体食品级CO_2项目为例，生产CO_2的成本为60～146元/吨。

302 碳资源化利用有哪些主要方式？

碳资源化利用是将捕集的CO_2提纯后投入新的生成过程循环再利用的一种。主要方式有化工利用、电化学利用、生物利用和矿化利用，此外还可应用于日常生活中的冷藏冷冻、食品包装、焊接、饮料和灭火材料等方面，但这些过程所使用的CO_2最终会继续排放到大气中，从总体来看这对减缓气候变化并没有实质上的贡献。

在化工利用方面，CO_2作为原料用于生产各种化学品是最成熟的碳利用技术，已初具规模。据统计，全球每年近1.1亿吨CO_2用于化工生产，其中尿素生产是化工利用中CO_2消耗量最大的行业，每年利用CO_2超过7000万吨；其次是无机碳酸盐生产，每年消耗CO_2达3000万吨；在甲醇生产中利用CO_2加氢还原合成CO，每年消耗CO_2达600万吨。另外，可利用CO_2合成药物中间体水杨酸和碳酸丙烯酯等，每年消耗约2万吨。

在生物利用方面，利用CO_2制生物柴油是一个重要的发展方向。美国从1976年就启动了微藻能源研究，蓝宝石公司开发出了微藻能源成套技术，微藻示范养殖规模达到300英亩，微藻生产原油成本达到86美元/桶，具备了进一步产业化的基础。目前国内的研究也取得了突破性进展，中科院青岛能源所已筛选了产油微藻藻株，同时建立了高效、低成本、可规模化的微藻高密度培养工艺，开发了微藻细胞经济高效连续气浮采收技术和直接从湿藻中提取油脂技术。

在矿化利用方面，利用CO_2与工业固废磷石膏反应生产硫铵也是一项重要技术。国外开发了基于氯化物的CO_2矿物碳酸化反应技术、湿法矿物碳酸法技术、干法碳酸法技术等。中国科学院过程工程研究所在四川达州开展了5万吨/年钢渣矿化工业验证项目，浙江大学等在河南强耐新材股份有限公司开展了CO_2深度矿化养护制建材万吨级工业试验项目，四川大学联合中国石油化工集团等公司开发了低浓度尾气CO_2直接矿化磷石膏联产硫基复合肥技术。

碳资源化利用案例

案例 1：华能集团北京高碑店热电厂碳捕集示范项目

2008年6月，由华能集团自主设计并建设的中国第一套燃煤电厂烟气CO_2捕集装置在华能北京热电厂投入运行，每年捕集3000吨CO_2。装置投运以来，CO_2回收率大于85%，纯度达到99.99%，各项指标均达到设计值。装置运行可靠度和能耗指标也都处于国际先进水平。项目捕集并用于精制生产的食品级CO_2可实现再利用，以供应北京碳酸饮料市场。

案例 2：华能集团上海石洞口碳捕集示范项目

华能集团于2009年12月在上海石洞口第二电厂启动的CO_2捕集示范项目使用了具有自主知识产权的CO_2捕集技术，年捕集CO_2规模达12万吨，捕集CO_2纯度达到99.5%以上。捕集的CO_2部分通过精制系统提纯后用于食品加工行业，其余部分用于工业生产。该捕集装置在投产时是当时世界上最大的燃煤电厂烟气CO_2捕集装置。

案例 3：中电投重庆双槐电厂项目

2010年1月，中国电力集团建设的重庆合川双槐电厂CO_2捕集工业示范项目正式投入运营，该装置每年可捕集1万吨CO_2，浓度在99.5%以上，CO_2捕集率达到95%以上。在此基础上，中电投集团完成了15万t/a的碳捕集装置方案研究和工程设计，开展了CCS全流程方案预可研工作。目前该装置捕集的CO_2主要用于焊接保护和电厂发电机氢冷置换等领域。

303 碳封存利用有哪些主要方式?

碳封存利用主要是地质封存利用，主要应用方式有强化采油技术和强化煤气层开采技术，其中利用CO_2强化石油开采技术最为成熟，是目前唯一达到商业化水平的地质封存利用技术。

强化采油技术是通过把捕集来的CO_2注入油田中驱油，使即将枯竭的油田再次采出石油，提高原油采收率。国际上强化石油开采技术发展较快，基础理论、室内试验到矿产实践已系统配套。在CO_2腐蚀控制技术方面，已经开发出了有明显防腐效果的缓蚀剂、防护涂料等产品。国内的强化石油开采技术起步较晚，还处于先导试验阶段。

煤体表面吸附CO_2的能力是CH_4的2倍，强化煤气层开采技术利用这一特点将CO_2压注到煤层中来驱替CH_4，从而提高煤层气采收率，并实现CO_2的封存。美国伯灵顿公司在圣胡安盆地北部正在进行储层模拟试验和经济性评价，加拿大阿尔伯塔研究院早在2002年就完成了CO_2强化煤层气开采先导性试验。我国中联煤层气公司通过与阿尔伯塔研究院等国际机构合作，于2004

年在山西沁水盆地建成并投入运行，开始进行相关试验，并取得了较为满意的结果。但该技术总体上仍处于试验阶段。

304 如何通过CCUS技术提高尿素生产效率?

目前全球的CO_2利用量是每年1.2亿吨，其中大多数用于生产尿素。中海石油天野化工有限责任公司位于内蒙古自治区呼和浩特市，现有设计年产30万吨合成氨、52万吨尿素装置，最初合成氨工艺中采用炼油厂减压渣油为原料，合成气净化采用低温甲醇洗工艺，尿素生产装置采用氨气提工艺。2005年合成氨装置由渣油改为天然气为原料，设置并改造二氧化碳回收装置，将合成氨过程中产生的含CO_2混合气经低温甲醇洗工艺提纯后，供给尿素生产，尿素生产装置增加$CO_2$400m^3/h，日增产尿素20t，尿素按照500元/吨计算，年生产时间300天，尿素年产值增加300万元。尿素装置采用合成氨工序中回收的CO_2后，外排的二氧化碳量减少300m^3/h，从而降低了生产成本。

305 强化采油技术中驱替的方式有哪些?

强化采油技术是以CO_2为驱油介质提高石油采收率的一项技术，也称为驱油技术或提高原油采收率技术（CO_2-EOR）。CO_2驱油技术主要有混相驱替和非混相驱替，当注入地层的压力高于最小混相压力时，称为混相驱替；当达不到最小混相压力时，称为非混相驱替。混相驱替和非混相驱替的注气方式相同，一般工艺流程为：CO_2经捕集液化运输至油田，储液罐中的液态CO_2经喂液泵升压后，进入CO_2压注泵，再次增压后进入换热器加热。随后高压CO_2经气阀组配注至注气井，在压力的作用下，实现原油的驱替。为保证压力泵的正常工作，注入的液态CO_2温度应不低于0℃。

306 矿化利用技术的典型工艺是什么？

CO_2矿化利用是将CO_2与矿物进行反应，形成新生矿物，并将CO_2固定在新生矿物中，特别是生成碳酸盐矿物，在固定CO_2的同时还能产生附加收益。

CO_2矿化利用典型工艺是磷石膏（$CaSO_4 \cdot 2H_2O$）与CO_2反应“一步法”制硫铵与碳酸盐。磷石膏主要来自生产湿法磷酸过程中形成的废渣，我国每年产生磷石膏废渣5000万吨左右。利用工业固废磷石膏矿化CO_2技术是采用磷石膏氨水悬浮液直接吸收CO_2，反应后生成碳酸钙和硫酸铵，首先CO_2与氨水反应得到碳铵溶液，碳氨溶液与磷石膏在反应器内反应进一步得到硫酸铵和碳酸氨的混合浆料，混合浆料经充分反应和分离得到硫酸铵和碳酸钙。CO_2矿化磷石膏制硫铵实现了以废治废，有助于消除固废磷石膏对环境的污染，同时提高了CO_2和磷石膏资源化利用的经济性。

307 碳封存有哪些主要方式？

碳封存（Carbon Storage）是将CO_2捕集、压缩后运输到选定地点长期封存。碳封存的主要方式是地质封存、海洋封存和化学封存。按照封存位置不同，可分为陆地封存和海洋封存；地质封存按照地质封存体的不同，可分为咸水层封存、枯竭油气藏封存等。

地质封存是将CO_2注入地下的地质构造中，如油田、天然气储层、含盐地层和不可采煤层等。海洋封存是将CO_2注入海底。化学封存是利用CO_2与金属氧化物发生反应生成稳定的碳酸盐从而将CO_2永久性地固定。与碳封存利用技术比较，这种技术侧重于CO_2的封存，并不产生经济效益。

308 咸水层封存的发展潜力如何？

地层深部含盐水层封存技术的基本原理是通过封闭构造内的咸水吸收CO_2从而实现CO_2的固定。该技术对地质条件有较高要求，理想的CO_2封存地层深度为1200～1500米之间，且地质构造上要与地下饮用水源隔离。据估算，我国深部含盐水层的封存潜力巨大，1000～3000米深部含盐水层的CO_2储存潜力在1435亿吨，其中柴达木盆地、塔里木盆地的CO_2封存能力均在100亿吨以上；鄂尔多斯盆地的CO_2封存潜力在60亿～80亿吨，可作为未来实施碳封存项目的重点区域。

国家能源集团在内蒙古鄂尔多斯地区建设的神华10万吨/年CO_2捕集与封存项目，于2011年正式投运。该项目的CO_2捕集气源为中国神华煤制油化工有限公司生产过程排放的CO_2，该公司主要从事以煤制油与煤化工业务为主的相关业务，于2008年建成世界首套百万吨级煤炭直接液化示范工厂。该厂的煤制氢装置采用低温甲醇洗技术，在进行H_2S浓缩和再生前设置两级闪蒸提高H_2回收率，尾气中排放的CO_2含量约占87.6%。神华10万吨/年CO_2捕集与封存项目将煤制氢阶段产生的CO_2捕集提纯后封存至煤炭直接液化厂以西约11千米处地下2495米的咸水层，该项目于2011年1月成功实现现场试注作业，2011年3月进入正式注入阶段，每年注入10万吨CO_2，至2014年4月完成30万吨CO_2的注入目标，共捕集尾气近35.6万吨。

309 海洋封存有哪些方式？

海洋面积广阔、体量巨大，可作为全球最大的贮库用于封存CO_2，在全球碳循环中将扮演重要角色。目前关于海洋封存CO_2的研究结果表明，CO_2的封存主要包括四种方式，一是将压缩的CO_2气体直接注入深海1500米以下，以气态、液态或者固态的形式封存在海洋水柱之下，其中固态CO_2的封存效率最高；二是将CO_2注入海床沉积层中，封存在沉积层的孔隙水之下；三是利用CO_2置换强化开采海底天然气水合物；四是利用海洋生态系统吸收和存储CO_2。但也有研究认为由于洋流的影响，注入深海的液态CO_2会导致海水酸化，危及海洋生态系统的平衡。目前虽然深海封存理论上潜力巨大，具有一定的可行性，但仍处于理论研究和模拟实验阶段，封存成本很高，在经济技术可行性和对海洋生物的影响上还需要更进一步的研究。

310 地质封存与地质封存利用的区别是什么？

CO_2地质封存，是将CO_2捕集、压缩后运输到指定地点长期封存，封存介质主要是深部含盐水层、废弃的油气田等，封存过程不产生经济效益。

CO_2地质封存利用，既是一种封存技术，也是一种生产技术，封存介质主要是枯竭油气藏、不可采煤层等，在实现碳封存的同时，利用CO_2的理化性质可以用于提高石油和天然气的生产，在提高地下矿物开采效率的同时，实现了CO_2的地质封存，而且对地表生态环境影响很小，具有较高的安全性和可行性。

311 什么是CCUS环境风险评估？

中国十分重视CCUS技术的发展，也高度重视CCUS项目的环境影响和环境风险。2016年6月21日原环境保护部（现生态环境部）发布了《二氧化碳捕集、利用与封存环境风险评估技术指南（试行）》，对中国CCUS项目的环境友好发展提出了明确要求和技术指导。

CCUS环境风险评估指对CCUS项目建设、运行期间及场地关闭后发生的可预测突发性事件或事故（一般不包括人为破坏及自然灾害）引起CO_2及其他有毒有害、易燃易爆等物质泄漏，或突发事件产生的新的有毒有害物质，所造成的对人群健康与环境影响和损害进行评估，并提出防范、应急与减缓措施。

312 为什么要开展CCUS项目环境风险评估?

CCUS作为一项新兴的应对气候变化技术，它在实施过程中面临着高能耗、高投入和环境风险不确定性等挑战。特别是CCUS涉及地质封存，而地质的复杂性存在着潜在的环境影响和环境风险，这种不确定性严重地制约着政府和民众对这一最有效的二氧化碳减排技术的认知和接受程度。

中国在示范项目的选址、建设、运营和地质利用与封存场地关闭及关闭后的环境风险评估、监控等方面均需要必要的监管，需要逐步完善相关的法律法规和标准规范，探索建立健全环境风险防控体系。

《二氧化碳捕集、利用与封存环境风险评估技术指南（试行）》作为发展中国家第一个CCUS环境风险评估技术文件，填补了发展中国家在这一领域的空白，明确了二氧化碳捕集、利用与封存环境风险评估的流程，明确了以定性评估为主的风险矩阵评价方法，提出了环境风险防范措施和环境风险事件的应急措施，对于加强二氧化碳捕集、运输、利用和封存全过程中可能出现的各类环境风险的管理具有里程碑意义，是对中国建设项目环境风险评估技术的补充和完善。

313 怎样开展CCUS环境风险评估?

二氧化碳捕集、利用与封存环境风险评估流程分六步进行，分别是：

（1）确定环境风险评估范围；

（2）系统地识别潜在的环境风险源和环境风险受体；

（3）确定环境本底值；

（4）开展环境风险评估；

（5）确定环境风险水平，对环境风险水平不可接受的项目，针对存在的问题，调整工程设计方案，进行再评估，直至环境风险降至可接受风险水平；

（6）对环境风险水平评估为可接受水平的项目，采取环境风险防范及应急措施。

CCUS环境风险评估流程如图（5–1）所示。

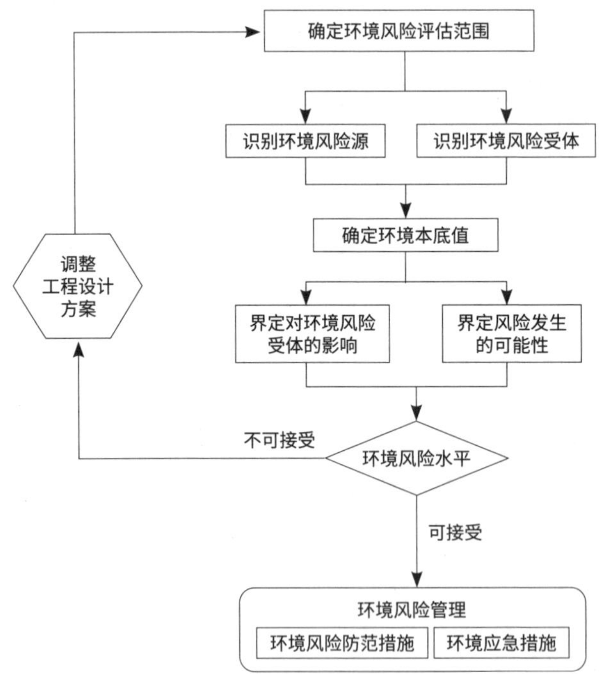

图 5–1 二氧化碳捕集、利用与封存环境风险评估流程图

314 CCUS技术开发和应用有哪些鼓励政策?

《2030年前碳达峰行动方案》提出在工业领域钢铁行业中，探索开展氢冶金、二氧化碳捕集利用一体化等试点示范；在绿色低碳科技创新行动中，聚焦化石能源绿色智能开发和清洁低碳利用、可再生能源大规模利用、新型电力系统、节能、氢能、储能、动力电池、CCUS等重点，深化应用基础研究；推广低成本CCUS技术创新，建设全流程、集成化、规模化CCUS示范项目；在国际合作中推动开展可再生能源、储能、氢能、CCUS等领域科研合作和技术交流。

国家鼓励CCUS技术的开发和应用，目前，促进CCUS产业发展的政策措施主要有：政府及公共基金、国家激励政策、税收（碳税）、强制性减排政策及碳交易等。其中，激励政策包括政府或组织机构投资补贴、税收减免、矿区使用费的优惠、CO_2价格担保和政府对投资贷款的担保等。需要指出的是，目前CCUS项目多处在研发和示范阶段，主要靠政府的资金支持和国家激励政策，以及税收等。随着强制性减排的推行与碳交易市场的完善，CCUS将会大规模工业化推广和商业化运行。

2020年全球新筹备的17个商业CCUS设施，也主要得益于多项激励措施。美国从2008年开始对实施的碳捕集与封存项目提供税收抵扣，如对于采用咸水层封存的CCUS项目，每吨CO_2给予50美元抵免额；对采用提高石油采收率（CO_2-EOR）的CCUS项目，每吨CO_2给予35美元的抵免额。

315 如何加快CCUS产业发展?

CCUS技术在未来全球减排降碳中扮演重要角色，可从顶层设计、技术攻关、产业示范、基础设施、政策法规等方面加快CCUS产业发展。

在加强产业顶层设计方面，要制定CCUS国家发展规划，并将CCUS技术作为国家重大科技专项予以支持，搭建系统的政策框架体系，有序推动CCUS在石化、化工、电力、钢铁、水泥等行业应用。

在加强关键核心技术攻关方面，要统筹产学研联合攻关，推进协同创新，围绕低浓度二氧化碳捕集、工业化利用、封存、碳汇计量等关键环节开展核心技术攻关，推动CCUS全产业链技术提升。

在推动产业示范及商业应用方面，要支持能源化工等行业CCUS产业示范区建设，加速推进CCUS产业化，逐步将CCUS项目作为公益性项目纳入能源、矿业的绿色发展技术支撑体系及战略性新兴产业序列。

在完善财税激励政策方面，探索制定适合中国国情、面向碳中和目标的CCUS税收优惠和补贴激励政策，对利用和封存二氧化碳项目实施税收减免或碳减排补贴。同时，要加快制定完善CCUS行业规范、技术标准、法律法规等。

参考文献

REFERENCES

[1] 曹伯勋. 地貌学及第四纪地质学[M]. 武汉: 中国地质大学出版社, 1995.

[2] 中华人民共和国国务院新闻办公室.中国应对气候变化的政策与行动白皮书[R]. 2021.

[3] 联合国政府间气候变化专门委员会. 气候变化与土地：IPCC 关于气候变化、荒漠化、土地退化、可持续土地管理、粮食安全及陆地生态系统温室气体通量的特别报告全球碳排放现状与挑战[R]. 2019.

[4] 联合国政府间气候变化专门委员会. 2021气候变化：自然科学基础[R]. 2021.

[5] 世界气象组织. 2019年全球气候状况[R]. 2019.

[6] 世界气象组织. 2020年全球气候状况[R]. 2020.

[7] 世界气象组织. 全球季节性气候最新通报[R]. 2021.

[8] 中大咨询研究院. 全球碳排放现状与挑战[R]. 2021.

[9] 能源基金会. 家庭低碳生活与低碳消费行为调研报告[R]. 2020.

[10] 丁一汇. 气候变暖我们面临的灾害和问题[J]. 中国减灾, 2003,02.

[11] 历史上地球的重大气候变化[EB/OL]. 滁州气象, 2020-10-07. https://www.czqxj.net.cn/list_qihou_1.

[12] 卢露.碳中和背景下完善我国碳排放核算体系的思考[J].绿色经济,2021,12.

[13] 邝兵. 碳排放核查员培训教材 [M]. 中国标准出版社2015.

[14] 孟早明，葛兴安.中国碳排放权交易实物[M].北京：化学工业出版社，2017.

[15] ICAP. Emissions Trading Worldwide: Status Report 2021. Berlin: International Carbon Action Partnership,2021.

[16] 国际碳行动伙伴组织 (ICAP) . 全球碳排放权交易市场进展：2021年度报告执行摘要[R]. 柏林：国际碳行动伙伴组织,2021

[17] 李涛. 北美地区碳排放交易机制经验与启示[J]. 海南金融, 2021(06): 83-87.

[18] 绿色金融系列16——中国碳交易市场发展现状[EB/OL]. 2021-10-31[2021-12-31]. https://baijiahao.baidu.com/s?id=1715091110019440372&wfr=spider&for=pc.

[19] 陈晓燕. 碳交易与碳金融市场——低碳经济发展的资金机制[J]. 科技创新与应用, 2015(10): 259-261.

[20] 刘铭, 孙铭君, 彭红军. 我国林业碳汇融资发展对策研究[J]. 中国林业经济, 2019(04): 1-4+8. DOI:10.13691/j.cnki.cn23-1539/f.2019.04.001.

[21] 中国网. 我国初步具备主要温室气体含量全球监测能力[EB/OL]. 2018-01-15[2021-12-31]. http://news.china.com.cn/2018-01/15/content_50228702.htm.

[22] 中国新闻网. 气象局：将进一步加强温室气体相关监测和研究[EB/OL]. 2018-01-15[2021-12-31]. https://www.chinanews.com.cn/cj/2018/01-15/8424383.shtml.

[23] 中国气象局科技与气候变化司. 2016年中国温室气体公报[EB/OL]. 2018-01-17[2021-12-31]. http://www.cma.gov.cn/root7/auto13139/201801/t20180117_460485.html

[24] 中华人民共和国自然资源部. 中国应对气候变化的政策与行动[EB/OL]. 2010-04-02[2021-12-31]. http://www.mnr.gov.cn/zt/hd/dqr/41earthday/zfhd/201004/t20100402_2055322.html.

[25] 方精云,于贵瑞,任小波,等.中国陆地生态系统固碳效应——中国科学院战略性先导科技专项“应对气候变化的碳收支认证及相关问题”之生态系统固碳任务群研究进展[J].中国科学院院刊,2015,30(06):848-857+875.DOI:10.16418/j.issn.1000-3045.2015.06.019.

[26] Yang Y,Yang Q,Sun X, et al. A Comparative Research of the Simulation Capability of NOAH, SHAW, and CLM Models in Semi-Arid Areas of Northwestern China[J]. Climatic and Environmental Research, 2016.

[27] 郭丽娟. 东北东部森林碳循环过程的集水区尺度模拟[D].东北林业大学,2013.

[28] 龚元,纪小芳,花雨婷,等.基于涡动相关技术的森林生态系统二氧化碳通量研究进展[J].浙江农林大学学报,2020,37(03):593-604.

[29] 中国气象局科技与气候变化司. 2017年中国温室气体公报[EB/OL]. 2019-04-30[2021-12-31]. http://www.cma.gov.cn/root7/auto13139/201904/t20190430_523535.html.

[30] 中华人民共和国生态环境部. 2019年中国海洋生态环境状况公报[EB/OL]. 2020-06-03[2021-12-31]. https://www.mee.gov.cn/hjzl/sthjzk/jagb/.

[31] 中华人民共和国生态环境部. 碳监测评估试点工作方案[Z]. 2021-09-21.

[32] 张硕. 颠覆碳排放监测数据的时间范式，“实时全景碳地图”实现对碳排放实时、高频率监测[EB/OL]. 2021-08-10[2021-12-31]. https://www.163.com/dy/article/GH2288V605119734.html.

[33] 生态环境监测司、中国环境监测总站、卫星环境应用中心、国家海洋环境监测中心. 国内外温室气体监测调研报告[R].北京, 2021.

[34] 国家应对气候变化战略研究和国际合作中心、中国环境监测总站、生态环境部卫星环境应用中心、国家海洋环境监测中心、国家环境分析测试中心. 温室气体监测专项研究报告[R]. 北京, 2021.

[35] 崔金星, 刘明明. 碳监测的概念演变及其法律价值[C]. 可持续发展 · 环境保护 · 防灾减灾——2012年全国环境资源法学研究会（年会）论文集. [出版者不详], 2012: 49-53.

[36] 胡秀芳，碳监测工作组：对监测数据的准确度要求非常高，需要从量值溯源和标准化两方面着手[EB/OL]. 2021-07-31[2021-12-31]. https://cenews.com.cn/opinion/plxl/202107/t20210730_979187.html.

[37] 刘毅, 王婧, 车轲, 等. 温室气体的卫星遥感——进展与趋势[J]. 遥感学报, 2021, 25(01): 53-64.

[38] 刘毅, 王婧, 车轲, 等. 温室气体的卫星遥感——进展与趋势：遥感学报，1007-4619(2021)01-0053-12.

[39] 江苏生态环境. 走进碳达峰碳中和卫星遥感技术实现温室气体高精度监测. 2021-07-29 [2021-12-31]. https://www.sohu.com/a/480296734_121106832.

[40] 丁一汇. 构建全球气候变化早期预警和防御系统[J]. 可持续发展经济导刊, 2020(Z1): 44-45.

[41] 陈健华, 鲍威, 陈亮. 碳排放评价数据库及工具研究[J]. 质量与认证, 2014(01): 56-58. DOI:10.16691/j.cnki.10-1214/t.2014.01.007.

[42] 杨延征, 马元丹, 江洪, 等. 基于IBIS模型的1960—2006年中国陆地生态系统碳收支格局研究[J]. 生态学报, 2016, 36(13): 3911-3922.

[43] 周迪. 不同草地利用方式对内蒙古典型草原温室气体通量和草地生态系统碳平衡的影响[D]. 内蒙古大学, 2018.

[44] 余涛,廉培勇,宋希明.林业碳汇研究发展进展与展望[J]. 南方农业, 2016, 10(09): 102-104.DOI:10.19415/j.cnki.1673-890x.2016.09.060.

[45] 北京和碳环境技术有限公司. 温室气体排放清单编制浅析[EB/OL]. 2018-12-3[2021-12-31]. http://www.peacecarbon.com/cn/content/?517.html.

[46] 王献红. 二氧化碳捕集和利用[M]. 北京:化学工业出版社, 2016: 39-56.

[47] 陆诗建. 碳捕集、利用与封存技术[M]. 北京: 中国石化出版社, 2020: 190-193.

[48] 王高峰,秦积舜,孙伟善. 碳捕集、利用与封存案例分析及产业发展建议[M]. 北京: 化学工业出版社, 2020: 13-23.

[49] 蔡博峰, 李琦,张贤,等. 中国二氧化碳捕集利用与封存（CCUS）年度报告（2021）——中国CCUS路径研究[R]. 生态环境部规划院, 中国科学院武汉岩土力学研究所, 中国21世纪议程管理中心, 2021.

[50] 雷英杰. 中国二氧化碳捕集利用与封存(CCUS)年度报告(2021)发布建议开展大规模CCUS示范与产业化集群建设[J]. 环境经济, 2021(16):3.

[51] 蔡博峰, 李琦,林千果,等. 中国二氧化碳捕集利用与封存（CCUS）年度报告（2019）——中国CCUS路径研究[R]. 生态环境部规划院气候变化与环境政策研究中心, 2020.

[52] 蔡博峰, 庞凌云, 曹丽斌, 等.《二氧化碳捕集、利用与封存环境风险评估技术

指南(试行)》实施2年(2016—2018年)评估[J]. 环境工程, 2019, 37(02): 1-7. DOI:10.13205/j.hjgc.201902001.

[53] 张杰, 郭伟, 张博, 等. 空气中直接捕集CO_2技术研究进展[J]. 洁净煤技术, 2021, 27(2):12.

[54] 王栋. CO_2捕集与资源化利用技术研究进展[J]. 化工环保, 2021, 41(04): 481-484.

[55] 陈璐菡, 徐金球, 孙志国. CO_2捕集技术的研究进展[J]. 上海第二工业大学学报, 2020, 37(01): 8-16. DOI:10.19570/j.cnki.jsspu.2020.01.002.

[56] 王静, 龚宇阳, 宋维宁,等.碳捕获、利用和封存（CCUS）技术发展现状及应用展望[EB/OL]. 2021-07 [2021-12.31]. http://www.craes.cn/xxgk/zhxw/202107/W020210715614159269764.pdf.

[57] 刘楠楠. 多孔介质中气驱油动力机理及应用研究[D]. 中国地质大学(北京), 2020. DOI:10.27493/d.cnki.gzdzy.2020.000079.

[58] 吉洋, 牛贵锋, 罗昌华. 水气交替注入工艺研究及在渤海油田应用[J]. 石油矿场机械, 2015, 44(12): 52-54.

[59] 李新宇, 唐海萍. 陆地植被的固碳功能与适用于碳贸易的生物固碳方式[J]. 植物生态学报,2006(02):200-209.

[60] 郜晴, 马锦义, 邵海燕, 等.不同生活型园林植物固碳能力统计分析[J]. 江苏林业科技, 2020, 47(02): 44-47.

[61] 雷秋晓, 史义存, 苏子义, 等.制氢技术的现状及发展前景[J]. 山东化工, 2020, 49(08): 72-75. DOI:10.19319/j.cnki.issn.1008-021x.2020.08.024.

[62] 张贤, 李阳, 马乔, 等. 我国碳捕集利用与封存技术发展研究[J]. 中国工程科学, 2021,23(06): 70-80.

[63] 王潇. 浅议我国煤炭进出口现状和发展趋势[J]. 科技视界, 2018(30): 205-206. DOI:10.19694/j.cnki.issn2095-2457.2018.30.090.

[64] 崔文鹏, 刘亚龙, 卫巍, 等.尾气二氧化碳直接矿化磷石膏理论与实践[J]. 能源化工, 2015, 36(03): 53-56.

[65] 王维波, 汤瑞佳, 江绍静, 等.延长石油煤化工CO_2捕集、利用与封存(CCUS)工程实践[J]. 非常规油气, 2021, 8(02): 1-7+106. DOI:10.19901/j.fcgyq.2021.02.01.

[66] 王剑力. 低温甲醇洗气体净化工艺的应用[J]. 石化技术, 2021, 28(09): 7-8.

[67] 高涛, 次会玲. CO_2汽提法尿素生产工艺研究[J]. 河北化工, 2012, 35(06): 38-41.

[68] 邵辉, 田斌斌, 巫克勤, 等.油田CO_2驱提高采收率技术及现场实践分析——评《化学驱提高石油采收率》[J]. 新疆地质, 2021, 39(01): 171.

[69] 薛华. 草舍油田CO_2驱地面工艺技术研究及应用[J]. 石油规划设计, 2014, 25(05): 30-32+36+50.

[70] 赵思琪. 磷石膏分解渣捕集二氧化碳矿化及过程机理研究[D]. 昆明理工大学, 2018.

[71] 耿彦民. 碳排放纳入环境影响评价体系分析[C]. 第十八届长三角科技论坛环境保护分论坛（上海市环境科学学会2021年学术年会）暨上海市环境科学学会第八届会员代表大会论文集. [出版者不详], 2021:229-232. DOI:10.26914/c.cnkihy.2021.022848.

[72] 洪宗平, 叶楚梅, 吴洪, 等.天然气脱碳技术研究进展[J/OL]. 化工学报: 1-26 [2021-12-30]. http://kns.cnki.net/kcms/detail/11.1946.TQ.20210825.1332.002.html.

[73] 朱文渊. 合成氨装置酸性气用于尿素装置的研究[J]. 大氮肥, 2021, 44(03): 213-216.

[74] 樊涛. NHD脱硫脱碳工艺在合成氨装置的应用[J]. 中国石油和化工标准与质量, 2019, 39(24): 211-212.

[75] 刁玉杰, 马鑫, 李旭峰, 等. 咸水层CO_2地质封存地下利用空间评估方法研究[J]. 中国地质调查, 2021, 8(04): 87-91. DOI:10.19388/j.zgdzdc.2021.04.09.

[76] 孟猛, 邱正松, 刘均一, 等.注超临界CO_2开发煤层气技术研究进展[J]. 煤炭科学技术, 2016, 44(01): 187-195. DOI:10.13199/j.cnki.cst.2016.01.032.

[77] 常彬杰. 低温甲醇洗技术在神华煤制氢装置中的应用[J]. 神华科技, 2009, 7(03): 80-83.

附录 1　政策法规

序号	文件名称	文件编号	发布时间	发布机构
1	中国 21 世纪议程——中国 21 世纪人口、环境与发展白皮书		1994 年 3 月	国务院
2	国务院关于加快发展循环经济的若干意见	国发〔2005〕22号	2005 年 9 月	国务院
3	千家企业节能行动实施方案	发改环资〔2006〕571号	2006 年 4 月	国家发展和改革委员会等五部委
4	节能减排综合性工作方案	国发〔2007〕15号	2007 年 5 月	国务院
5	中国应对气候变化国家方案	国发〔2007〕17号	2007 年 6 月	国务院
6	中国应对气候变化科技专项行动	国科发社字〔2007〕407 号	2007 年 6 月	科学技术部等 14 个部门
7	关于积极应对气候变化的决议		2009 年 8 月	全国人大常委会
8	关于开展低碳省区和低碳城市试点工作的通知	发改气候〔2010〕1587号	2010 年 7 月	国家发展和改革委员会
9	关于启动省级温室气体清单编制工作有关事项的通知	发改办气候〔2010〕2350 号	2010 年 9 月	国家发展和改革委员会
10	清洁发展机制项目运行管理办法（修订）	国家发展和改革委员会，科学技术部，外交部，财政部令第 11 号	2011 年 8 月	国家发展和改革委员会
11	“十二五”节能减排综合性工作方案	国发〔2011〕26号	2011 年 9 月	国务院
12	关于开展碳排放权交易试点工作的通知	发改办气候〔2011〕2601号	2011 年 10 月	国家发展和改革委员会
13	“十二五”温室气体排放工作方案	国发〔2011〕41 号	2011 年 12 月	国务院
14	温室气体自愿减排交易管理暂行办法	发改气候〔2012〕1668号	2012 年 6 月	国家发展和改革委员会
15	节能减排”十二五”规划	国发〔2012〕40号	2012 年 8 月	国务院
16	“十二五”国家碳捕集利用与封存科技发展专项规划	国科发社字〔2013〕142 号	2013 年 2 月	国家科技部

续表

序号	文件名称	文件编号	发布时间	发布机构
17	关于推动碳捕集、利用和封存试验示范的通知	发改气候〔2013〕849号	2013 年 4 月	国家发展和改革委员会
18	国务院关于加快发展节能环保产业的意见	国发〔2013〕30号	2013 年 8 月	国务院
19	关于加强碳捕集、利用和封存试验示范项目环境保护工作的通知	环办〔2013〕101号	2013 年 10 月	生态环境部
20	关于加强应对气候变化统计工作的意见	发改气候〔2013〕937号	2013 年 12 月	国家发展和改革委员会
21	国家适应气候变化战略	发改气候〔2013〕2252号	2013 年 11 月	国家发展和改革委员会等九部委
22	2014—2015 年节能减排低碳发展行动方案	国办发 (2014)23 号	2014 年 5 月	国务院
23	国家应对气候变化规划（2014—2020 年）	发改气候〔2014〕2347号	2014 年 9 月	国家发展和改革委员会
24	碳排放权交易管理暂行办法	国家发展改革委令 2014 年 17 号	2014 年 12 月	国家发展和改革委员会
25	强化应对气候变化行动——中国国家自主贡献		2015 年 6 月	国务院
26	关于落实全国碳排放权交易市场建设有关工作安排的通知	发改气候〔2015〕1024号	2015 年 11 月	国家发展和改革委员会
27	关于切实做好全国碳排放权交易市场启动重点工作的通知	发改办气候〔2016〕57号	2016 年 1 月	国家发展和改革委员会
28	关于进一步规范报送全国碳排放权交易市场拟纳入企业名单的通知	发改办气候〔2016〕57号	2016 年 5 月	国家发展和改革委员会
29	能源技术革命创新行动计划 (2016—2030 年)	发改能源〔2016〕513号	2016 年 4 月	国家发展和改革委员会
30	关于构建绿色金融体系的指导意见	银发〔2016〕228号	2016 年 8 月	中国人民银行、财政部等七部委
31	关于印发开展气候适应型城市建设试点的通知	发改气候〔2016〕1687号	2016 年 8 月	国家发展改革委住房城乡建设部
32	“十三五”控制温室气体排放工作方案	国发〔2016〕61号	2016 年 10 月	国务院
33	“十三五”节能减排综合工作方案	国发〔2016〕74号	2016 年 12 月	国务院
34	全国碳排放权交易市场建设方案（发电行业）	发改气候规〔2017〕2191号	2017 年 12 月	国家发展和改革委员会

续表

序号	文件名称	文件编号	发布时间	发布机构
35	国民经济行业分类	GB/T4754-2017	2017 年 6 月修订	国家质量监督检验检疫总局 国家标准化管理委员会
36	关于做好 2016、2017 年度碳排放报告与核查及排放监测计划制定工作的通知	发改办气候〔2017〕1989号	2017 年 12 月	国家发展和改革委员会
37	绿色产业指导目录（2019 年版）	发改环资〔2019〕293号	2019 年 2 月	国家发展和改革委员会等七部委
38	关于做好 2018 年度碳排放报告与核查及排放监测计划制定工作的通知	环办气候函〔2019〕71号	2019 年 4 月	生态环境部
39	关于做好全国碳排放权交易市场发电行业重点排放单位名单和相关材料报送工作的通知	环办气候函〔2019〕528号	2019 年 5 月	生态环境部
40	中国碳捕集、利用与封存技术发展路线图		2019 年 10 月	国家科技部
41	关于做好 2019 年度碳排放报告与核查及发电行业重点排放单位名单报送相关工作的通知	环办气候函〔2019〕943号	2019 年 12 月	生态环境部
42	关于促进应对气候变化投融资的指导意见	环气候〔2020〕57号	2020 年 10 月	生态环境部
43	建设项目环境影响评价分类管理名录（2021 版）	生态环境部令第 16 号	2020 年 11 月	生态环境部
44	碳排放权交易管理办法（试行）	中华人民共和国生态环境部令 第 19 号	2020 年 12 月	生态环境部
45	2019—2020 年全国碳排放权交易配额总量设定与分配实施方案（发电行业）	国环规气候〔2020〕3号	2020 年 12 月	生态环境部
46	纳入 2019—2020 年全国碳排放权交易配额管理的重点排放单位名单	国环规气候〔2020〕3号	2020 年 12 月	生态环境部
47	新时代的中国能源发展白皮书		2020 年 12 月	国务院
48	关于统筹和加强应对气候变化与生态环境保护相关工作的指导意见	环综合〔2021〕4号	2021 年 1 月	生态环境部
49	国务院关于加快建立健全绿色低碳循环发展经济体系的指导意见	国发〔2021〕4号	2021 年 2 月	国务院
50	碳排放权交易管理暂行条例（草案修改稿）	环办便函〔2021〕117号	2021 年 3 月	生态环境部

续表

序号	文件名称	文件编号	发布时间	发布机构
51	关于加强企业温室气体排放报告管理相关工作的通知	环办气候〔2021〕9号	2021 年 3 月	生态环境部
52	关于印发企业温室气体排放报告核查指南（试行）的通知	环办气候函〔2021〕130号	2021 年 3 月	生态环境部
53	关于加强高耗能、高排放建设项目生态环境源头防控的指导意见	环环评〔2021〕45号	2021 年 5 月	生态环境部
54	碳排放权登记管理规则（试行）	公告 2021 年 第 21 号	2021 年 5 月	生态环境部
55	碳排放权交易管理规则（试行）	公告 2021 年 第 21 号	2021 年 5 月	生态环境部
56	碳排放权结算管理规则（试行）	公告 2021 年 第 21 号	2021 年 5 月	生态环境部
57	环境影响评价与排污许可领域协同推进碳减排工作方案	环办环评函〔2021〕277号	2021 年 6 月	生态环境部
58	关于开展重点行业建设项目碳排放环境影响评价试点的通知	环办环评函〔2021〕346号	2021 年 7 月	生态环境部
59	碳监测评估试点工作方案（环办监测函 435 号）	环办监测函〔2021〕435号	2021 年 9 月	生态环境部
60	关于完整准确全面贯彻新发展理念做好碳达峰碳中和工作的意见		2021 年 9 月	生态环境部
61	关于在产业园区规划环评中开展碳排放评价试点的通知	环办环评函〔2021〕471号	2021 年 10 月	生态环境部
62	关于做好全国碳排放权交易市场第一个履约周期碳排放配额清缴工作的通知	环办气候函〔2021〕492号	2021 年 10 月	生态环境部
63	关于做好全国碳排放权交易市场数据质量监督管理相关工作的通知	环办气候函〔2021〕491号	2021 年 10 月	生态环境部
64	“三线一单”减污降碳协同管控试点工作方案（征求意见稿）	环评函〔2021〕112号	2021 年 10 月	生态环境部
65	中国应对气候变化的政策与行动白皮书		2021 年 10 月	国务院
66	2030 年前碳达峰行动方案	国发〔2021〕23号	2021 年 10 月	国务院
67	“十四五”节能减排综合工作方案	国发〔2021〕33号	2021 年 12 月	国务院
69	关于开展气候投融资试点工作的通知	环办气候〔2021〕27号	2021 年 12 月	生态环境部

附录 2　技术标准、指南

序号	文件名称	文件编号	发布时间	发布机构
1	省级温室气体清单编制指南（试行）	发改办气候〔2011〕1041号	2011 年 5 月	国家发展和改革委员会
2	造林项目碳汇计量与监测指南	办造字〔2011〕18 号	2011 年	国家林业局
3	温室气体资源减排项目审定与核证指南	发改办气候〔2012〕2862号	2012 年 10 月	国家发展和改革委员会
4	中国发电企业温室气体排放核算方法与报告指南（试行）	发改办气候〔2013〕2526号	2013 年 10 月	国家发展和改革委员会
5	中国电网企业温室气体排放核算方法与报告指南（试行）		2013 年 10 月	国家发展和改革委员会
6	中国钢铁生产企业温室气体排放核算方法与报告指南（试行）		2013 年 10 月	国家发展和改革委员会
7	中国化工生产企业温室气体排放核算方法与报告指南（试行）		2013 年 10 月	国家发展和改革委员会
8	中国电解铝生产企业温室气体排放核算方法与报告指南（试行）		2013 年 10 月	国家发展和改革委员会
9	中国镁冶炼企业温室气体排放核算方法与报告指南（试行）		2013 年 10 月	国家发展和改革委员会
10	中国平板玻璃生产企业温室气体排放核算方法与报告指南（试行）		2013 年 10 月	国家发展和改革委员会
11	中国水泥生产企业温室气体排放核算方法与报告指南（试行）		2013 年 10 月	国家发展和改革委员会
12	中国陶瓷生产企业温室气体排放核算方法与报告指南（试行）		2013 年 10 月	国家发展和改革委员会
13	中国民航企业温室气体排放核算方法与报告格式指南（试行）		2013 年 10 月	国家发展和改革委员会
14	北京市固定资产核查项目节能评估和审查工作指南	京发改〔2007〕1107号	2013 年 12 月	北京
15	广东省 2014 年度碳排放配额分配实施方案	粤发改气候〔2014〕495号	2014 年 8 月	广东

续表

序号	文件名称	文件编号	发布时间	发布机构
16	中国石油天然气生产企业温室气体排放核算方法与报告指南（试行）	发改办气〔2014〕2920号	2014 年 12 月	国家发展和改革委员会
17	中国石油化工企业温室气体排放核算方法与报告指南（试行）		2014 年 12 月	国家发展和改革委员会
18	中国独立焦化企业温室气体排放核算方法与报告指南（试行）		2014 年 12 月	国家发展和改革委员会
19	中国煤炭生产企业温室气体排放核算方法与报告指南（试行）		2014 年 12 月	国家发展和改革委员会
20	建筑碳排放计量标准	CECS 374:2014	2014 年 12 月	中国工程建筑协会
21	造纸和纸制品生产企业温室气体排放核算方法与报告指南（试行）	发改办气候〔2015〕1722号	2015 年 7 月	国家发展和改革委员会
22	其他有色金属冶炼和压延加工业企业温室气体排放核算方法与报告指南（试行）		2015 年 7 月	国家发展和改革委员会
23	电子设备制造企业温室气体排放核算方法与报告指南（试行）		2015 年 7 月	国家发展和改革委员会
24	机械设备制造企业温室气体排放核算方法与报告指南（试行）		2015 年 7 月	国家发展和改革委员会
25	矿山企业温室气体排放核算方法与报告指南（试行）		2015 年 7 月	国家发展和改革委员会
26	食品、烟草及酒、饮料和精制茶企业温室气体排放核算方法与报告指南（试行）		2015 年 7 月	国家发展和改革委员会
27	公共建筑运营单位（企业）温室气体排放核算方法和报告指南（试行）		2015 年 7 月	国家发展和改革委员会
28	陆上交通运输企业温室气体排放核算方法与报告指南（试行）		2015 年 7 月	国家发展和改革委员会
29	氟化工企业温室气体排放核算方法与报告指南（试行）		2015 年 7 月	国家发展和改革委员会
30	工业其他行业企业温室气体排放核算方法与报告指南（试行）		2015 年 7 月	国家发展和改革委员会
31	河北省化工生产企业温室气体排放核算方法与报告指南（试行）		2015 年 9 月	河北
32	工业企业温室气体排放核算和报告通则	GB/T 32150-2015	2015 年 11 月	国家发展和改革委员会

续表

序号	文件名称	文件编号	发布时间	发布机构
33	二氧化碳捕集、利用与封存环境风险评估技术指南（试行）	环办科技〔2016〕64号	2016年6月	生态环境部
34	建设项目环境影响评价技术导则总纲	HJ 2.1-2016	2016年12月	生态环境部
35	基于项目的温室气体减排量评估技术规范通用要求	GB/T 33760-2017	2017年5月	国家质量监督检验检疫总局、国家标准化管理委员会
36	工业企业污染治理设施污染物去除协同控制温室气体核算技术指南（试行）	环办科技〔2017〕73号	2017年9月	生态环境部
37	国家重点节能低碳技术推广目录	国家发展和改革委员会公告2018年第3号	2018年1月	国家发展和改革委员会
38	建筑碳排放计算标准	GB/T 51366-2019	2019年4月	住房和城乡建设部
39	大型活动碳中和实施指南（试行）	生态环境部公告 2019 年 第 19 号	2019年5月	生态环境部
40	重庆市建设项目环境影响评价技术指南——碳排放评价(试行)	渝环〔2021〕15号	2021年1月	重庆
41	重庆市规划环境影响评价技术指南——碳排放评价(试行)	渝环〔2021〕15号	2021年1月	重庆
42	企业温室气体排放报告核查指南(试行)	环办气候函〔2021〕130号	2021年3月	生态环境部
43	电子信息产品碳足迹核算指南	DB11/T 1860-2021	2021年6月	北京
44	浙江省建设项目碳排放评价编制指南（试行）	浙环函〔2021〕179号	2021年7月	浙江
45	重点行业建设项目碳排放环境影响评价试点技术指南（试行）	环办环评函〔2021〕346号	2021年7月	生态环境部
46	规划环境影响评价技术导则产业园区	HJ 131-2021	2021年9月	生态环境部
47	重点行业温室气体排放监测试点技术指南	环办监测函〔2021〕435号	2021年9月	生态环境部
48	城市大气温室气体及海洋碳汇监测试点技术指南	环办监测函〔2021〕435号	2021年9月	生态环境部

续表

序号	文件名称	文件编号	发布时间	发布机构
49	区域大气温室气体及生态系统碳汇监测试点技术指南	环办监测函〔2021〕435号	2021 年 9 月	生态环境部
50	建筑节能与可再生能源利用通用规范	GB 55015-2021	2021 年 9 月	住房和城乡建设部
51	山西省重点行业建设项目碳排放环境影响评价编制指南（试行）	晋环函〔2021〕437号	2021 年 9 月	山西
52	海南省规划碳排放环境影响评价技术指南（试行）	琼环函〔2021〕260号	2021 年 9 月	海南
53	海南省建设项目碳排放环境影响评价技术指南（试行）	琼环函〔2021〕260号	2021 年 9 月	海南
54	陕西省煤化工行业建设项目碳排放环境影响评价技术指南（试行）	陕环环评函〔2021〕65号	2021 年 9 月	陕西
55	陕西省煤电行业建设项目碳排放环境影响评价技术指南（试行）	陕环环评函〔2021〕65号	2021 年 9 月	陕西
56	企业温室气体排放核算方法与报告指南 发电设施（2021 年修订版）（征求意见稿）	环办便函〔2021〕547号	2021 年 11 月	生态环境部
57	河北省钢铁行业建设项目碳排放环境影响评价试点技术指南（试行）	冀环环评函〔2021〕956号	2021 年 11 月	河北
58	江苏省重点行业建设项目碳排放环境影响评价技术指南（试行）	苏环办〔2021〕364号	2021 年 11 月	江苏
59	二氧化碳捕集利用与封存术语	T/CSES41-2021	2021 年 12 月	中国环境科学学会
60	火电厂烟气二氧化碳排放连续监测技术规范	DL/T2376-2021	2021 年 12 月	中国电力企业联合会
61	广东省石化行业建设项目碳排放环境影响评价编制指南（试行）（征求意见稿）	粤环函〔2022〕70号	2021 年 12 月	广东
62	山东省钢铁、化工行业建设项目碳排放环境影响评价试点项目清单	环办环评函〔2021〕346号	2021 年 12 月	山东
63	高耗能行业重点领域节能降碳改造升级实施指南（2022 年版）（17 个行业）	发改产业〔2022〕200号	2022 年 2 月	国家发展和改革委员会、工业和信息化部、生态环境部、能源局
64	碳金融产品	JR/T 0244-2022	2022 年 4 月	中国证券监督管理委员会

附录 3　国家温室气体自愿减排方法学

序号	批次	方法学编号	方法学名称
1	第一批	CM-001-V02	可再生能源并网发电方法学
2		CM-002-V01	水泥生产中增加混材的比例
3		CM-003-V02	回收煤层气、煤矿瓦斯和通风瓦斯用于发电、动力、供热和 / 或通过火炬或无焰氧化分解
4		CM-004-V01	现有电厂从煤和 / 或燃油到天然气的燃料转换
5		CM-005-V02	通过废能回收减排温室气体
6		CM-006-V01	使用低碳技术的新建并网化石燃料电厂
7		CM-007-V01	工业废水处理过程中温室气体减排
8		CM-008-V02	应用非碳酸盐原料生产水泥熟料
9		CM-009-V01	硝酸生产过程中所产生 N_2O 的减排
10		CM-010-V01	HFC-23 废气焚烧
11		CM-011-V01	替代单个化石燃料发电项目部分电力的可再生能源项目
12		CM-012-V01	并网的天然气发电
13		CM-013-V01	硝酸厂氨氧化炉内的 N_2O 催化分解
14		CM-014-V01	减少油田伴生气的燃放或排空并用做原料
15		CM-015-V01	新建热电联产设施向多个用户供电和 / 或供蒸汽并取代使用碳含量较高燃料的联网 / 离网的蒸汽和电力生产
16		CM-016-V01	在工业设施中利用气体燃料生产能源
17		CM-017-V01	向天然气输配网中注入生物甲烷
18		CM-018-V01	在工业或区域供暖部门中通过锅炉改造或替换提高能源效率
19		CM-019-V01	引入新的集中供热一次热网系统
20		CM-020-V01	地下硬岩贵金属或基底金属矿中的甲烷回收利用或分解
21		CM-021-V01	民用节能冰箱的制造
22		CM-022-V01	供热中使用地热替代化石燃料
23		CM-023-V01	新建天然气电厂向电网或单个用户供电
24		CM-024-V01	利用汽油和植物油混合原料生产柴油
25		CM-025-V01	现有热电联产电厂中安装天然气燃气轮机

续表

序号	批次	方法学编号	方法学名称
26	第一批	CM-026-V01	太阳能—燃气联合循环电站
27		CMS-001-V01	用户使用的热能，可包括或不包括电能
28		CMS-002-V01	联网的可再生能源发电
29		CMS-003-V01	自用及微电网的可再生能源发电
30		CMS-004-V01	植物油生产并在固定设施中用作能源
31		CMS-005-V01	生物柴油生产并在固定设施中用作能源
32		CMS-006-V01	供应侧能源效率提高—传送和输配
33		CMS-007-V01	供应侧能源效率提高—生产
34		CMS-008-V01	针对工业设施的提高能效和燃料转换措施
35		CMS-009-V01	针对农业设施与活动的提高能效和燃料转换措施
36		CMS-010-V01	使用不可再生生物质供热的能效措施
37		CMS-011-V01	需求侧高效照明技术
38		CMS-012-V01	户外和街道的高效照明
39		CMS-013-V01	在建筑内安装节能照明和 / 或控制装置
40		CMS-014-V01	高效家用电器的扩散
41		CMS-015-V01	在现有的制造业中的化石燃料转换
42		CMS-016-V01	通过可控厌氧分解进行甲烷回收
43		CMS-017-V01	在水稻栽培中通过调整供水管理实践来实现减少甲烷的排放
44		CMS-018-V01	低温室气体排放的水净化系统
45		CMS-019-V01	砖生产中的燃料转换、工艺改进及提高能效
46		CMS-020-V01	通过电网扩展及新建微型电网向社区供电
47		CMS-021-V01	动物粪便管理系统甲烷回收
48		CMS-022-V01	垃圾填埋气回收
49		CMS-023-V01	通过控制的高温分解避免生物质腐烂产生甲烷
50		CMS-024-V01	通过回收纸张生产过程中的苏打减少电力消费
51		CMS-025-V01	废能回收利用（废气 / 废热 / 废压）项目
52		CMS-026-V01	家庭或小农场农业活动甲烷回收
53	第二批	AR- CM-001-V01	碳汇造林项目方法学
54		AR- CM-002-V01	竹子造林碳汇项目方法学
55	第三批	CM-027-V01	单循环转为联合循环发电

续表

序号	批次	方法学编号	方法学名称
56	第三批	CM-028-V01	快速公交项目
57		CM-029-V01	燃放或排空油田伴生气的回收利用
58		CM-030-V01	天然气热电联产
59		CM-031-V01	硝酸或己内酰胺生产尾气中 N_2O 的催化分解
60		CM-032-V01	快速公交系统
61		CM-033-V01	电网中的 SF_6 减排
62		CM-034-V01	现有电厂的改造和 / 或能效提高
63		CM-035-V01	利用液化天然气气化中的冷能进行空气分离
64		CM-036-V01	安装高压直流输电线路
65		CM-037-V01	新建联产设施将热和电供给新建工业用户并将多余的电上网或者提供给其他用户
66		CM-038-V01	新建天燃气热电联产电厂
67		CM-039-V01	通过蒸汽阀更换和冷凝水回收提高蒸汽系统效率
68		CM-040-V01	抽水中的能效提高
69		CM-041-V01	减少天然气管道压缩机或门站泄露
70		CM-042-V01	通过采用聚乙烯管替代旧铸铁管或无阴极保护钢管减少天然气管网泄漏
71		CM-043-V01	向住户发放高效的电灯泡
72		CM-044-V01	合成氨 - 尿素生产中的原料转换
73		CM-045-V01	精炼厂废气的回收利用
74		CM-046-V01	从工业设施废气中回收 CO_2 替代 CO_2 生产中的化石燃料使用
75		CM-047-V01	镁工业中使用其他防护气体代替 SF_6
76		CM-048-V01	使用低 GWP 值制冷剂的民用冰箱的制造和维护
77		CM-049-V01	利用以前燃放或排空的渗漏气为燃料新建联网电厂
78		CM-050-V01	在 LCD 制造中安装减排设施减少 SF_6 排放
79		CM-051-V01	货物运输方式从公路运输转变到水运或铁路运输
80		CM-052-V01	新建建筑物中的能效技术及燃料转换
81		CM-053-V01	半导体行业中替换清洗化学气相沉积 (CVD) 反应器的全氟化合物 (PFC) 气体
82		CM-054-V01	半导体生产设施中安装减排系统减少 CF_4 排放
83		CM-055-V01	生产生物柴油作为燃料使用

续表

序号	批次	方法学编号	方法学名称
84	第三批	CM-056-V01	蒸汽系统优化
85		CM-057-V01	现有己二酸生产厂中的 N_2O 分解
86		CM-058-V01	在无机化合物生产中以可再生来源的 CO_2 替代来自化石或矿物来源的 CO_2
87		CM-059-V01	原铝冶炼中通过降低阳极效应减少 PFC 排放
88		CM-060-V01	独立电网系统的联网
89		CM-061-V01	硝酸生产厂中 N_2O 的二级催化分解
90		CM-062-V01	减少原铝冶炼炉中的温室气体排放
91		CM-063-V01	通过改造透平提高电厂的能效
92		CM-064-V01	在现有工业设施中实施的化石燃料三联产项目
93		CM-065-V01	回收排空或燃放的油井气并供应给专门终端用户
94		CM-066-V01	从检测设施中使用气体绝缘的电气设备中回收 SF_6
95		CM-067-V01	基于来自新建钢铁厂的废气的联合循环发电
96		CM-068-V01	利用氨厂尾气生产蒸汽
97		CM-069-V01	高速客运铁路系统
98		CM-070-V01	水泥或者生石灰生产中利用替代燃料或低碳燃料部分替代化石燃料
99		CM-071-V01	季节性运行的生物质热电联产厂的最低成本燃料选择分析
100		CM-072-V01	多选垃圾处理方式
101		CM-073-V01	供热锅炉使用生物质废弃物替代化石燃料
102		CM-074-V01	硅合金和铁合金生产中提高现有埋弧炉的电效率
103		CM-075-V01	生物质废弃物热电联产项目
104		CM-076-V01	应用来自新建的专门种植园的生物质进行并网发电
105		CM-077-V01	垃圾填埋气项目
106		CM-078-V01	通过引入油 / 水乳化技术提高锅炉的效率
107		CM-079-V01	通过对化石燃料蒸汽锅炉的替换或改造提高能效，包括可能的燃料替代
108		CM-080-V01	生物质废弃物用作纸浆、硬纸板、纤维板或生物油生产的原料以避免排放
109		CM-081-V01	通过更换新的高效冷却器节电
110		CM-082-V01	海绵铁生产中利用余热预热原材料减少温室气体排放

续表

序号	批次	方法学编号	方法学名称
111	第三批	CM-083-V01	在配电电网中安装高效率的变压器
112		CM-084-V01	改造铁合金生产设施提高能效
113		CM-085-V01	生物基甲烷用作生产城市燃气的原料和燃料
114		CM-086-V01	通过将多个地点的粪便收集后进行集中处理减排温室气体
115		CM-087-V01	从煤或石油到天然气的燃料替代
116		CM-088-V01	通过在有氧污水处理厂处理污水减少温室气体排放
117		CM-089-V01	将焦炭厂的废气转化为二甲醚用作燃料，减少其火炬燃烧或排空
118		CM-090-V01	粪便管理系统中的温室气体减排
119		CM-091-V01	通过现场通风避免垃圾填埋气排放
120		CM-092-V01	纯发电厂利用生物废弃物发电
121		CM-093-V01	在联网电站中混燃生物质废弃物产热和 / 或发电
122		CM-094-V01	通过被动通风避免垃圾填埋场的垃圾填埋气排放
123		CM-095-V01	以家庭或机构为对象的生物质炉具和 / 或加热器的发放
124		CMS-027-V01	太阳能热水系统（SWH）
125		CMS-028-V01	户用太阳能灶
126		CMS-029-V01	针对建筑的提高能效和燃料转换措施
127		CMS-030-V01	在交通运输中引入生物压缩天然气
128		CMS-031-V01	向商业建筑供能的热电联产或三联产系统
129		CMS-032-V01	从高碳电网电力转换至低碳化石燃料的使用
130		CMS-033-V01	使用 LED 照明系统替代基于化石燃料的照明
131		CMS-034-V01	现有和新建公交线路中引入液化天然气汽车
132		CMS-035-V01	用户使用的机械能，可包括或不包括电能
133		CMS-036-V01	使用可再生能源进行农村社区电气化
134		CMS-037-V01	通过将向工业设备提供能源服务的设施集中化提高能效
135		CMS-038-V01	来自工业设备的废弃能量的有效利用
136		CMS-039-V01	使用改造技术提高交通能效
137		CMS-040-V01	在独立商业冷藏柜中避免 HFC 的排放
138		CMS-041-V01	新建住宅楼中的提高能效和可再生能源利用
139		CMS-042-V01	通过回收已用的硫酸进行减排

续表

序号	批次	方法学编号	方法学名称
140	第三批	CMS-043-V01	生物柴油的生产和运输目的使用
141		CMS-044-V01	单循环转为联合循环发电
142		CMS-045-V01	热电联产 / 三联产系统中的化石燃料转换
143		CMS-046-V01	通过使用适配后的怠速停止装置提高交通能效
144		CMS-047-V01	通过在商业货运车辆上安装数字式转速记录器提高能效
145		CMS-048-V01	通过电动和混合动力汽车实现减排
146		CMS-049-V01	避免工业过程使用通过化石燃料燃烧生产的 CO_2 作为原材料
147		CMS-050-V01	焦炭生产由开放式转换为机械化，避免生产中的甲烷排放
148		CMS-051-V01	聚氨酯硬泡生产中避免 HFC 排放
149		CMS-052-V01	冶炼设施中废气的回收和利用
150		CMS-053-V01	商用车队中引入低排放车辆 / 技术
151		CMS-054-V01	植物油的生产及在交通运输中的使用
152		CMS-055-V01	大运量快速交通系统中使用缆车
153		CMS-056-V01	非烃采矿活动中甲烷的捕获和销毁
154		CMS-057-V01	家庭冰箱的能效提高及 HFC-134a 回收
155		CMS-058-V01	用户自行发电类项目
156		CMS-059-V01	使用燃料电池进行发电或产热
157		CMS-060-V01	从高碳燃料组合转向低碳燃料组合
158		CMS-061-V01	从固体废物中回收材料及循环利用
159		CMS-062-V01	用户热利用中替换非可再生的生物质
160		CMS-063-V01	家庭 / 小型用户应用沼气 / 生物质产热
161		CMS-064-V01	针对特定技术的需求侧能源效率提高
162		CMS-065-V01	钢厂安装粉尘 / 废渣回收系统，减少高炉中焦炭的消耗
163		CMS-066-V01	现有农田酸性土壤中通过大豆 - 草的循环种植中通过接种菌的使用减少合成氮肥的使用
164		CMS-067-V01	水硬性石灰生产中的减排
165		CMS-068-V01	通过挖掘并堆肥部分腐烂的城市固体垃圾（MSW）避免甲烷的排放
166		CMS-069-V01	在现有生产设施中从化石燃料到生物质的转换
167		CMS-070-V01	通过电网扩张向农村社区供电

续表

序号	批次	方法学编号	方法学名称
168	第三批	CMS-071-V01	在固体废弃物处置场建设甲烷氧化层
169		CMS-072-V01	化石燃料转换
170		CMS-073-V01	电子垃圾回收与再利用
171		CMS-074-V01	从污水或粪便处理系统中分离固体避免甲烷排放
172		CMS-075-V01	通过堆肥避免甲烷排放
173		CMS-076-V01	废水处理中的甲烷回收
174		CMS-077-V01	废水处理过程通过使用有氧系统替代厌氧系统避免甲烷的产生
175		CMS-078-V01	使用从沼气中提取的甲烷制氢
176		AR-CM-003-V01	森林经营碳汇项目方法学
177		AR-CM-004-V01	可持续草地管理温室气体减排计量与监测方法学
178	第四批	CM-096-V01	气体绝缘金属封闭组合电器 SF_6 减排计量与监测方法学
179	第五批	CM-097-V01	新建或改造电力线路中使用节能导线或电缆
180		CM-098-V01	电动汽车充电站及充电桩温室气体减排方法学
181		CM-099-V01	小规模非煤矿区生态修复项目方法学
182	第六批	AR- CM-005-V01	竹林经营碳汇项目方法学
183		CM-100-V01	废弃农作物秸秆替代木材生产人造板项目减排方法学
184		CM-101-V01	预拌混凝土生产工艺温室气体减排基准线和监测方法学
185		CM-102-V01	特高压输电系统温室气体减排方法学
186		CM-103-V01	焦炉煤气回收制液化天然气（LNG）方法学
187		CMS-079-V01	配电网中使用无功补偿装置温室气体减排方法学
188		CMS-080-V01	在新建或现有可再生能源发电厂新建储能电站
189	第七批	CMS-081-V01	反刍动物减排项目方法学
190		CMS-082-V01	畜禽粪便堆肥管理减排项目方法学
191		CM-104-V01	利用建筑垃圾再生微粉制备低碳预拌混凝土减少水泥比例项目方法学
192	第八批	CMS-083-V01	保护性耕作减排增汇项目方法学
193	第九批	CM-105-V01	公共自行车项目方法学

续表

序号	批次	方法学编号	方法学名称
194	第十批	CMS-084-V01	生活垃圾辐射热解处理技术温室气体排放方法学
195		CMS-085-V01	转底炉处理冶金固废生产金属化球团技术温室气体减排方法学
196		CMS-086-V01	采用能效提高措施降低车船温室气体排放方法学
197		CM-106-V01	生物质燃气的生产和销售方法学
198	第十一批	CM-107-V01	利用粪便管理系统产生的沼气制取并利用生物天然气温室气体减排方法学
199	第十二批	CM-108-V01	蓄热式电石新工艺温室气体减排方法学
200		CM-109-V01	气基竖炉直接还原炼铁技术温室气体减排方法学